Ursula Rombach

Vita activa und Vita contemplativa bei Cristoforo Landino

Beiträge zur Altertumskunde

Herausgegeben von
Ernst Heitsch, Ludwig Koenen,
Reinhold Merkelbach, Clemens Zintzen

Band 17

B. G. Teubner Stuttgart

Vita activa und Vita contemplativa bei Cristoforo Landino

Von
Ursula Rombach

B. G. Teubner Stuttgart 1991

Die Deutsche Bibliothek – CIP-Einheitsaufnahme

Rombach, Ursula:
Vita activa und vita contemplativa bei Cristoforo Landino /
von Ursula Rombach. – Stuttgart: Teubner, 1991
(Beiträge zur Altertumskunde; Bd. 17)
Zugl.: Köln, Univ., Diss., 1990/91
ISBN 3-519-07466-4

Printed in Germany
Druck und Bindung: Röck, Weinsberg

Clemens Zintzen

zugeeignet

VORWORT

Die vorliegende Untersuchung ist die überarbeitete Fassung meiner Dissertation, die im Wintersemester 1990/91 von der Philosophischen Fakultät der Universität zu Köln angenommen wurde. Das Rigorosum fand am 17. 11. 1990 statt.

Für die Förderung meiner Promotion durch ein Graduiertenstipendium gemäß GrFG NW 1984 möchte ich an dieser Stelle nochmals allen Verantwortlichen meinen Dank aussprechen.

Mein Dank gilt weiter Herrn Professor Dr. G. Roellenbleck für die Übernahme des Koreferats sowie den Herausgebern der *Beiträge zur Altertumskunde* für die Aufnahme meiner Abhandlung in ihre Reihe. Dem Personal der Biblioteca Casanatense in Rom gebührt mein Dank für die angenehme und unbürokratische Zusammenarbeit.

Von den Freunden und Kollegen, die mich bei meiner Arbeit unterstützt haben, danke ich vor allem Ute Jung, Anne Ley, Dr. Peter Riemer, Klaus Scherberich und Markus Stein, die mir trotz eigener dringender Verpflichtungen geduldig bei der Korrektur und der Erstellung der Druckvorlage geholfen und mich vor manchem Fehler bewahrt haben.

Mein besonderer Dank aber gilt meinem Doktorvater, Herrn Professor Dr. C. Zintzen, der mich nicht nur in Seminaren und Vorlesungen für die Beschäftigung mit der lateinischen Renaissanceliteratur begeisterte und die Behandlung des vorliegenden Themas anregte, sondern auch durch seine beständige wissenschaftliche wie menschliche Unterstützung den zügigen Fortschritt der Arbeit förderte. Ihm sei dieses Buch in tiefer Verbundenheit und Dankbarkeit gewidmet.

Köln, im Mai 1991 — Ursula Rombach

INHALTSVERZEICHNIS

EINLEITUNG

Es war eine Debatte, die die ganze Breite des geistigen Lebens umspannte, die aus der Bewegung des Humanismus und der Stadtstaaten hervorgegangen ist und die noch heute bei den großen Autoren des Quattrocento stark und persönlich berühren kann.[1]

So versuchte F. Schalk die große Bedeutung zu umschreiben, die der Frage nach der rechten Lebensweise des Menschen, der Frage nach vita activa und vita contemplativa, im 15. Jh. zukam.[2] Denn indem zahlreiche italienische Humanisten wie Petrarca, Coluccio Salutati, Leonardo Bruni Aretino, Leon Battista Alberti, Matteo Palmieri, Lorenzo Valla, Marsilio Ficino oder schließlich Cristoforo Landino sich mit diesem Problem beschäftigten, würdigten sie es damit nicht nur der Aufnahme unter die "großen Themen" der Zeit, wie der Frage nach der Unsterblichkeit der menschlichen Seele und ihrer Stellung im Universum, sondern setzten auch eine seit der Antike nahezu kontinuierliche Tradition in der Behandlung dieses zeitlos relevanten Themas fort.

Der Sammelband von B. Vickers[3] geht in chronologisch geordneten Abhandlungen einzelnen Etappen dieser geistesgeschichtlichen Entwicklung nach, wobei der Zeitrahmen von nahezu zweitausend Jahren detaillierte Analysen nur punktuell zuläßt. Die neuen Akzente, die die Behandlung der Frage in der Renaissance gewann, werden in diesem Band am Beispiel Lorenzo Vallas und Coluccio Salutatis ausführlich behandelt.[4] Die Haltung Landinos wird lediglich stark verkürzt referiert.[5] Dies regt vor allem deshalb zu einer intensiven Beschäftigung mit Cristoforo Landino an, da er als einziger dem Problem von vita activa und vita contemplativa einen ganzen auch so von ihm selbst benannten Traktat, nämlich das erste Buch seiner *Disputationes Camaldulenses*, widmete, dieser Aspekt seines Schaffens aber in der Forschung nie ausführlich behandelt wurde.

---

1 Schalk, Otium 243.

2 Zur Begriffsklärung s. Arendt, Vita Activa 18 ff. und Schalk, Tema 559 ff.

3 Vickers, Arbeit, Muße, Meditation, passim.

4 Kahn, Coluccio Salutati 153 ff. Panizza, Active and Contemplative 181 ff.

5 Kristeller, Active and Contemplative Life 144 ff.

Die Schwerpunkte der Landino-Forschung, die M. Lentzen für den Stand von 1981 in einem kurzen Bericht darlegte,[6] sollen hier nur in wenigen Worten skizziert und aktualisiert werden. Nach den Arbeiten von E. Wolf[7] in der 20er Jahren erlebte die Beschäftigung mit dem florentiner Humanisten ihre Renaissance erst Ende der 60er/ Anfang der 70er Jahre vor allem durch die Arbeiten von E. Müller-Bochat, M. Lentzen und R. Cardini. Müller-Bochat bot die erste Interpretation der Vergilallegorese in den Büchern III und IV der *Disputationes Camaldulenses* und setzte sich kritisch mit Landinos allegorischer Methode auseinander.[8] Lentzen benutzte in seinen grundlegenden Studien zur Dante-Exegese Landinos die Vergilallegorese der *Disputationes* als Folie zur - freilich textimmanenten - Erarbeitung der für das Schaffen Landinos konstitutiven neuplatonischen Begriffswelt.[9] Während die *Disputationes* noch zum Vergeich herangezogen werden, bleiben die beiden anderen großen Dialoge sowie die Reden und Prooemien nahezu unberücksichtigt.

Insgesamt dreizehn dieser Einführungsvorlesungen zu Kursen am Studio Fiorentino und Prooemien zu verschiedenen Kommentaren lateinischer Klassiker sowie Dantes und Petrarcas legte R. Cardini 1974 in einer ausführlich kommentierten Edition vor,[10] nachdem er 1973 in einem Sammelband mit dem Titel *La Critica del* Landino die wichtigsten seiner bisherigen Arbeiten in z. T. erweiterter Überarbeitung zusammengefaßt hatte.[11] Schwerpunkte dieser Arbeiten sind vor allem die chronologische Ordnung und Datierung der Lehrveranstaltungen und Werke Landinos, die Entwicklungen innerhalb des Oeuvres, der Versuch seiner Einteilung in Schaffensperioden mit unterschiedlichen methodischen Ansätzen sowie die Würdigung der großen Verdienste Landinos um die Entwicklung der Volkssprache.

Neue Impulse in der Landinoforschung kommen seit dem Beginn der 80er Jahre von A. Field. Schon 1978 identifizierte er den Cod. Cas. 1368 der

---

[6] Lentzen, Wolfenbütteler-Renaissance-Mitteilungen 5, 1981, 95 ff. Deutlich werden hier die großen Bearbeitungslücken in Bezug auf *De anima, De vera nobilitate*, die großen Kommentare und die Volgare-Übersetzungen.

[7] Wolf, Cristoforo Landino und Wolf, Vergilerklärung 453 ff.

[8] Müller-Bochat, Alberti und die Vergil-Deutung.

[9] Lentzen, Studien mit einem Anhang bisher unveröffentlichter Briefe und Reden. Wenig instruktiv dagegen Giannantonio, Landino e l'Umanesimo volgare, da sich der Autor in weiten Teilen auf eine Inhaltsangabe ohne Analyse und Quellenbelege beschränkt, und zu den abgedruckten Texten jeder Kommentar oder Hinweis auf Handschriftenlage oder Textüberlieferung fehlt. Stahel, Allegorisation bietet lediglich eine inhaltliche Darstellung und Übersetzung der Bücher III und IV der Disputationes ohne weiterführende Erläuterungen.

[10] Cardini, Scritti. Nahezu zeitgleich veröffentlicht: Lentzen, Reden.

[11] Cardini, La Critica.

Biblioteca Casanatense in Rom als Konzept einer Vergilvorlesung Landinos,[12] was jedoch in der Forschung kaum Beachtung fand. In seiner Dissertation untersuchte er den Beitrag Landinos zur philosophischen Renaissance, den er - kurz gefaßt - in dessen Allegorese poetischer Werke begründet sieht. Dementsprechend aber liegt der Schwerpunkt des Landino-Kapitels dieser Arbeit auf den Büchern III und IV der *Disputationes Camaldulenses* und der Dichterwertung Landinos.[13] Nach der Veröffentlichung der Einführungsrede Landinos zu einem weiteren Vergilkolleg am Studio Fiorentino[14] und einem Beitrag zur strittigen Datierung der Dantevorlesung Landinos[15] wandte sich Field in seinem jüngsten, 1988 erschienenen Buch wieder dem in seiner Dissertation gewählten Zeitraum vom Frieden von Lodi bis zum Tod Cosimo de'Medicis zu und untersuchte in Anlehnung an den Aufbau seiner Dissertation das Studio Fiorentino, die Lehren und Wirkungen des Johannes Argyropoulos und die platonische Akademie von Florenz unter der Ägide des Marsilio Ficino, um dann Landinos Zugriff auf die Dichtung in dieses Gefüge einzuordnen.[16]

Der erste und einzige Versuch, die *Disputationes Camaldulenses* als Gesamt--konzept auf Basis der anderen Arbeiten Landinos zu verstehen, bleibt weit hinter allen durch den guten Ansatz geweckten Erwartungen zurück, da R. Weiss sich auf eine Inhaltsangabe der *Disputationes*, von *De anima* und der Danteeinführung beschränkt, statt sich seiner Zielsetzung gemäß um gedankliche Verknüpfung der Werke und den Nachweis innerer Kohärenz der vier Bücher der *Disputationes Camaldulenses* zu bemühen.[17] Die nachfolgenden Untersuchungen der *Disputationes* konzentrierten sich dann, ähnlich wie Müller-Bochat, ganz auf die Vergilallegorese der Bücher III und IV, wobei der in der Arbeit von C. Kallendorf[18] zu stark vernachlässigte neuplatonische Hintergrund und dessen Vermittlung durch Macrobius von C. Zintzen herausgearbeitet wurde, der daneben anhand von Einzelbeispielen der Allegorese Landinos vor allem auf die spätantike und mittelalterliche Tradition dieser Interpretationsmethode verweist.[19] Der neueste Aufsatz von M. Lentzen widmet sich

---

[12] Field, Renaiss. Q. 31, 1978, 17 - 20.

[13] Field, Beginning, Appendix C, 529 - 34, Edition Cod. Cas 1368 fol. 203 v - 204 v.

[14] Field, Rinascimento, Ser. II 21, 1981, 235 - 245.

[15] Field, Renaiss. Q. 39, 1986, 16 - 48.

[16] Field, Origins.

[17] Weiss, Das Metaphorische.

[18] Kallendorf, Renaiss. Q. 36, 1983, 519 - 546 reduziert Landinos Intention zu sehr auf den moralphilosophischen Aspekt, indem er die Tugend als höchstes Ziel annimmt, welches aber bei Landino in Wahrheit in der Gotteserkenntnis besteht.

[19] Zintzen, M. Lat. Jb. 20, 1985, 193 ff. Unbegreiflich ist nach der langen Reihe von Untersuchungen zu Landinos Vergilallegorese die Fehldeutung bei Grassi, Einführung 81 ff. der unter Vernachlässigung des neuplatonischen Hintergrundes die

zwar exakt dem auch hier vorliegenden Thema, kann aber auf acht Seiten lediglich eine unvollständige Zusammenfassung des ersten Buches der *Disputationes*, der einzigen verarbeiteten Quelle, bieten und geht in seinen Untersuchungsergebnissen nicht über seine Studien von 1971 hinaus.[20]

Da sowohl in der am Thema als auch in der am Verfasser orientierten Forschung eine solche Abhandlung in detaillierter Form fehlt, ist es das Ziel der hier vorgelegten Untersuchung, die Haltung Cristoforo Landinos zur Frage nach der besten Lebensweise des Menschen zu eruieren, darzustellen und in die geistesgeschichtliche Entwicklung dieser Thematik einzuordnen. Den Kern bildet hierfür die Analyse der Bücher I, III und IV der *Disputationes Camaldulenses*,[21] wobei die ganzheitliche, auf der Dichtungsauffassung Landinos beruhende Konzeption dieses Werkes nachgewiesen werden soll. Neben der Darlegung des philosophischen Gedankengutes soll das Werk auch in seiner das Konzept wesentlich mitbestimmenden "tagespolitischen" Funktion als Fürstenspiegel gewürdigt werden.

Für die Klärung und Darlegung der in den *Disputationes* z. T. nur durch Stichworte angedeuteten philosophischen Zusammenhänge, die mit der Wahl der rechten Lebensweise in Verbindung stehen, werden alle anderen Werke Landinos, soweit sie in modernen Ausgaben vorliegen, beigezogen. Für die Allegorese wird zusätzlich der Cod. Cas. 1368 eingearbeitet, der eine Vergilvorlesung aus dem Jahr 1462/ 63 enthält, also zehn Jahre älter ist als die *Disputationes*, so daß seine Einbeziehung neue Aussagen sowohl zur geistigwissenschaftlichen Entwicklung Landinos als auch zur stets versuchten Periodisierung seiner Werke zuläßt.[22]

Wie schon August Buck betonte, bietet die Renaissance das hervorragende Beispiel eines Forschungsgegenstandes, der nur durch das Zusammenwirken verschiedener Disziplinen bewältigt werden kann.[23] Da die vorliegende Arbeit aus der klassischen Philologie erwächst, können und sollen die Texte und ihre adäquate Interpretation im Mittelpunkt stehen. Die darüber hinausreichenden Bemerkungen sollten als anregende Hinweise auf philosophische, romanistische oder kunsthistorische Fragestellungen verstanden werden. Dabei darf sich jedoch

---

Bücher III und IV als reine Metapher menschlicher Bildung zu politisch-historischem Handeln versteht.

20 Lentzen, Wolfenbütteler-Renaissance-Mitteilungen 14, 1990, 57 ff.

21 Für die vorliegende Untersuchung erscheint es legitim, das zweite Buch der *Disputationes* größtenteils auszuklammern, da in ihm nicht die Frage nach dem Weg des Menschen zum höchsten Gut, sondern die Frage nach der Wesenheit des *summum bonum* behandelt wird.

22 Alle aus dieser Handschrift zitierten Textpassagen werden, sofern nicht anders vermerkt, hier erstmals vorgelegt. Die im Kodex vorgefundene Schreibung wird dabei unverändert beibehalten.

23 Buck, Studia, Einl. 31.

auch die dem Text verpflichtete Interpretation nicht auf diesen allein beschränken. Gerade bei Landino, dem noch Wolf mit Blick auf das "Originalgenie" jede Eigenständigkeit absprach,[24] ist es unabdingbar, möglichst viele seiner mannigfachen Quellen aufzuspüren. Denn erst auf dem Hintergrund der in der typisch eklektisch-synkretistischen Manier des Quattrocento verarbeiteten antiken, mittelalterlichen und zeitgenössischen Quellen wird die Würdigung der Eigenleistung Landinos möglich.

---

[24] Wolf, Vergilerklärung 454.

I. CRISTOFORO LANDINO - "HUMANISTA"[25]
DIE GEISTIGEN STRÖMUNGEN SEINER ZEIT

1. Florenz im Quattrocento - Ein Versuch

Per istum enim poetam (sc. Danthem) resuscitata est mortua poesis ... Ipse vero poeticam scientiam suscitavit et antiquos poetas in mentibus nostris reviviscere fecit.[26]

Aus dieser oft zitierten Äußerung Guidos von Pisa lassen sich mehrere wichtige Erkenntnisse über die Epoche[27] gewinnen, die man als *Renaissance* bezeichnet und als deren Eckdaten man ca. 1300 und 1600 ansetzen kann.[28] Diese Aussage nämlich bestätigt ebenso wie das Gedicht des Benvenuto Campesani (gest. 1323) "Versus ... de *resurrectione* Poete Veronensis"[29] erstens den von der Forschung vertretenen ungefähren Zeitpunkt des Beginns dieser Epoche und verdeutlicht zweitens, daß das Bewußtsein einer "Wiedergeburt" der Antike und eines Neubeginns gegenüber dem Mittelalter bereits im Selbstverständnis der Zeitgenossen verankert war und somit bedeutend älter ist als der von Jules Michelet 1855[30] erstmals verwendete Begriff *Renaissance*. Drittens belegen beide Zeugnisse die zentrale Rolle, die den Dichtern bei dieser "rinascitá" - wie Vasari sie nannte[31] - zukam.[32] Die Dichtkunst rückte vermittels einer neuen Definition in eine so unmittelbare Nähe zur göttlichen Wahrheit, daß sie zum geeigneten Vehikel einer reinigenden Rückbesinnung der Seele auf ihren Ursprung wurde.

---

25 Zur Bezeichnung ***humanista*** vgl. Kristeller, Humanismus und Renaissance I 177 f.

26 Guido von Pisa (1330) cit. nach Kristeller, Humanismus und Renaissance I 230 Anm. 3. In ähnlicher Weise urteilte auch Boccaccio, stellte aber noch Petrarca an Dantes Seite. Vgl. Buck, Begriff, Einl. 5.

27 Renaissance - Ein Epochenbegriff? Vgl. dazu den Forschungsabriß von Buck, Renaissanceforschung 68 ff. und J. Huizinga, Das Problem der Renaissance, Darmstadt 1971.

28 Schalk, Aspetti 225. Kristeller, Classics 3. Kristeller, Humanismus und Renaissance I 11 f.

29 Buck, Literatur und Gesellschaft 145.

30 Buck, Renaissance 9.

31 Buck, Begriff, Einl. 10.

32 Salut. Ep. IV 230, 244. Vgl. dazu Ullman, Renaissance 265 ff. Zur Verwendung der Terminologie bei Ficino s. Fic. Op. om. II 1537: Dum Plato quasi renasceretur; ebd. I 948: resurgenti Platoni; ebd. I 909: antiquam Academiam resurgentem. Weiterhin Kristeller, Philosophie 10.

Viele Gedanken, die bei Dante - noch stark mittelalterlichem Denken verhaftet - angelegt waren, kamen bei Francesco Petrarca (1304-1374) zur Entfaltung. Über ihn schrieb Leonardo Bruni Aretino in seiner Vita:

> *Francesco Petrarca fu il primo il quale ebbe tanta grazi d'ingegno che riconobbe e rivoco in luce l'anticita leggiadria dello stilo perdute e spento.*[33]

Petrarca empfand die Zeit vom 6. Jh. bis in seine Gegenwart als die "dark ages" und er sah die Aufgabe seiner Epoche in einem Anknüpfen an den Ruhm der griechisch-römischen Antike.[34] Daß sich gerade Florenz zum Zentrum des "italienischen Humanismus"[35] entwickelte und so zum Ausgangspunkt einer geistig-kulturellen Erneuerung wurde, die schließlich ganz Europa erfassen sollte, lag, folgt man C. Zintzen, in vier die äußeren Bedingungen beeinflußenden Hauptfaktoren begründet:[36] der Prosperität der bürgerlichen Schichten der Stadt, dem Mäzenatentum der Medici, dem Kontakt mit den Gelehrten des griechischen Ostens und schließlich der Entwicklung und Verbreitung des Buchdrucks.

Der durch Tuch- und Seidenhandel sowie Bankgeschäfte "europäischen" Zuschnitts wachsende Wohlstand der Stadt machte Florenz zu einem Anziehungspunkt für Künstler und Literaten und ermöglichte die beiden Hauptleidenschaften dieser Epoche: Bücher und Bauten.

Im Kampf der selbstbewußten Bürger des republikanischen Stadtstaates gegen die drohende Expansion des ghibellinisch-kaiserlichen Mailand wurde Florenz um 1400 unter den toskanischen Städten zum Vorreiter einer Verteidigung von "libertas" und "res publica" gegen die monarchischen Bestrebungen der Visconti. Ob diese sozio-politischen Konstellationen den Hauptanstoß zur Entstehung der neuen Kultur lieferten, was H. Baron in zahlreichen Arbeiten wahrscheinlich zu machen sucht, soll bei der Analyse der inneren Entwicklung des Humanismus noch genauer untersucht werden.[37]

---

33 Bruni, Vite 65. Zum Lob auf Petrarca s. auch Salutati in einem Brief an Kardinal Padovano 1395, Salut. Ep. III 84: Petrarca scilicet et Boccacius, quorum opera amata, ni fallor, posteritas celebrabit.

34 Trinkaus, Scope 13. Zu den "dark ages": Buck, Renaissance 10, ders., Begriff, Einl. 17 ff. und Mommsen, "Finsteres Zeitalter" 151 ff.

35 Die Begiffe "Renaissance" und "Humanismus" sind zu scheiden. Während "Renaissance" die Rückbesinnung auf die Antike anzeigt, verweist "Humanismus" auf die qualitative Dimension der Entwicklung, auf das Kultur- und Bildungsprogramm.

36 Zum Folgenden vgl. Zintzen, Grundlagen 8 ff.

37 Baron, Crisis 459: "There can be no doubt that the emergence of the vita activa philosophy in Florence cannot be seen in its proper framework unless the crisis about 1400 is given its due place." Ders., In Search of Florentine Civic Humanism: Essays on the Transition from Medieval to Modern Thought, 2 Bde, Princeton 1988. Vgl. dazu G. Bruckner, The Society of Renaissance Florence, New York 1971. Ders., Florenz -

Der Kauf des Hafens von Livorno 1421 eröffnete Florenz den lange begehrten Zugang zum Mittelmeer, und die so erweiterten Handelsbeziehungen brachten neues Kapital in die Stadt. Die Bankiersfamilien der Bardi und Peruzzi und später die der Albizzi und Medici bestimmten nicht nur die weitreichenden Bank- und Geschäftsverbindungen, sondern auch die Politik der Stadt. Dies zeigte sich deutlich bei der Verbannung Cosimos, Lorenzos und Averados de' Medici im Jahre 1433, die ursprünglich für zehn Jahre ausgesprochen worden war.[38] Aber schon nach einem Jahr kehrte Cosimo de' Medici zum Schrecken seines entschiedensten Widersachers, Rinaldo degli Albizzi, im Triumph nach Florenz zurück. Die durch den Abzug von Medici-Kapital destabilisierte Finanzsituation der Stadt veranlaßte die inzwischen gewählte, medicitreue Signoria zur Aufhebung des Beschlusses. Die Stadt feierte Cosimo nun als Retter und ehrte ihn mit dem Titel eines "pater patriae". Nicht nur in diesem Titel lassen sich Analogien zur *res publica restituta* des Augustus feststellen, in der ebenfalls ein *primus inter pares* inmitten republikanischer Institutionen die faktische Macht in Händen hielt. Wie Baron treffend bemerkte, ahmte das Florenz des Quattrocento auch in politischen Dingen die Antike nach.[39]

Die Begeisterung und das Engagement mehrerer Medici-Generationen[40] für Kunst und Kultur der Antike schufen die finanzielle und gesellschaftspolitische Basis, auf der sich die neuen Denkansätze fruchtbringend entwickeln konnten.[41] Betrachtet man zunächst die Leistungen Cosimos des Älteren auf diesem Gebiet, so steht ein Ereignis seiner Regierungszeit im Mittelpunkt: 1438/39 verlegte Papst Eugen IV auf Betreiben Cosimos das Unionskonzil von Ferrara nach Florenz, wo es bis 1442 tagte.[42] 1431 in Basel beschlossen, sollte das Konzil den west-östlichen Kirchenstreit beenden.[43] Zu diesem Zweck reisten Kaiser Johannes VIII. Palaiologos, sein Patriarch Joseph und 22 Bischöfe der Ostkirche mit großem Gefolge nach Italien. Da die Abhaltung eines Konzils für Florenz nicht nur einen Prestigegewinn, sondern auch wirtschaftliche Vorteile

---

Stadtstaat - Kulturzentrum - Wirtschaftsmacht. Aus dem Ital. v. H. Ried, München 1984, ders., The civic World of Early Renaissance Florence, Princeton 1977, dazu die Rez. v. R. G. Witt, Bibl. H & R 40, 1978, 651 ff.

38 Cleugh, Medici 58 - 62. Vgl. auch J. R. Hale, Die Medici und Florenz. Die Kunst der Macht, Stuttgart 1979 und D. Kent, The Rise of the Medici. Faction in Florence 1426 -1434, Oxford 1978.

39 Baron, Crisis 50 ff. In diesem Sinne auch Kristeller, Eight Philosophers 7.

40 Ein Stemma der älteren Medici bei Cleugh, Medici 486.

41 Kristeller, Academy 149 f. Trinkaus, Scope 40: "The domination of Florentine political life by Cosime de' Medici after 1434 assured the continuation and strengthening of the humanist tendencies that already were strong in Florence." In diesem Sinne auch Burke, Renaissance 135 - 137. Eine kritische Auseinandersetzung mit dem Mediceer-Mäzenatentum bei Chastel, L'Art et l'Humanisme 11 ff.

42 Cleugh, Medici 77 ff.

43 Masai, Renaissance Platonicienne 25 ff.

versprach, erreichte Cosimo mit der Zusage, die gesamten Kosten der griechischen Delegation zu übernehmen, daß unter dem Vorwand eines Pestausbruches der Tagungsort von Ferrara nach Florenz verlegt wurde.

Zu dem Konzil, das angesichts der Türkengefahr die Christenheit einen sollte, reisten im Gefolge des byzantinischen Kaisers zahlreiche Gelehrte nach Italien, so z. B. Georgios Gemistos Plethon (1360-1452) und sein Schüler Bessarion (1403-73), um nur die Berühmtesten zu nennen. Ihre Vorträge gaben der humanistischen Bewegung und vor allem der Entwicklung des florentiner Platonismus einen entscheidenden Anstoß.[44] Man kam in Kontakt mit der kontinuierlichen Tradition des byzantinischen Platonismus, der mit seinen stark synkretistischen Zügen die Lehren Platons mit denen des Zoroaster, Orpheus oder Hermes Trismegistos verband, in denen man die Hauptquellen platonischer Weisheit gefunden zu haben glaubte.[45] So war es auch Plethon, der Cosimo für den Platonismus begeisterte und bei ihm die Idee einer Platonischen Akademie reifen ließ,[46] wie man aus Ficinos Einleitung zu seiner Plotin-Übersetzung entnehmen kann:

> *Magnus Cosmus senatus consulto patriae pater, quo tempore concilium in Graecos atque Latinos sub Eugenio Pontifice*

---

44 Cleugh, Medici 79. Zur Bedeutung des Konzils: Robb, Neoplatonism 46, Kristeller, Eight Philosophers 163 f., ders., Classics 53. Zum Einfluß der Byzantiner siehe: D. J. Geanakoplos, Byzantine East and Latin West, Oxford 1966, Kristeller, Humanismus und Renaissance I 161 - 176, F. Masai, Le problème des influences Byzantines sur le Platonisme Italien de la Renaissance, Bull. Assoc. G. Budé, Suppl. lettres d' humanité 12, 1953, 82 ff.

45 Die Auffassung, daß Hermes Trismegistos aus ägyptischen Quellen schöpfe und damit Vorlage für Platon gewesen sei, übernahmen die Denker des italienischen Humanismus: Land. Praef. in Tusc. 13, 7 ff.: Plato, qui ... tum ex aliorum Aegyptiorum, tum maxime e Termaximi Mercurii fontibus disciplinae hausit.... So auch Land. De anima I 18. Zur Identität des Hermes Trismegistos Land. De anima III 75: Eorum omnium is doctissimus est, quem appellant reliqui Aegyptii Toyth, Alexandrini vero Thoth, Graeci Mercurium nominant. Hunc ait Sanchuntiatho, qui ante Troiana tempora apud Phoenices floruit, ... primum litteras adinvenisse, quamvis huius viri ingenium et Aurelius et Lactantius ita extollent, ut alter inter Sybillas ac prophetas enumeret, alter eum a daemonibus cognosse, multa etiam astrorum peritia scisse non dubitet. Vgl. dazu auch Fic. Op. om. II 1863: Hic inter philosophos primus a physicis ac mathematicis ad divinorum contemplationem se contulit... Primus igitur Theologiae appellatus est auctor. Eum secutus Orpheus secundas antiquiae Theologiae partes obtinuit. Orphei sacris initiatus est Aglaophemus, Aglaophemo successit in theologia Pythagoras, quem Philolaus sectatus est divi Platonis nostri praeceptor. Itaque una priscae theologiae undique sibi consona secta ex theologis... exordia sumens a Mercurio, a divo Platone penitus absoluta.

46 Zu Plethon s. C. M. Woodhouse, George Gemistos Plethon. The Last of the Hellenes, Oxford 1986, W. Blum, Georgios Gemistos Plethon, Politik, Philosophie und Rhetorik im spätbyzantinischen Reich, Übers. und Erläut., Stuttgart 1988 und Cleugh, Medici 79.

> *Florentiae tractabatur, philosophum Graecum nomine Gemistum cognomine Plethonem quasi Platonem alterum de mysteriis Platonicis disputantem frequenter audivit, e cuius ore ferventi sic afflatus est protinus, sic animatus, ut inde Academiam quandam alta mente conceperit, hanc opportuno primum tempore pariturus.*[47]

Plethon, der Platon höher schätzte als Aristoteles, vertrat die Realität der Universalien, den göttlichen Ursprung der Welt und die Unsterblichkeit der individuellen Einzelseele, um nur einige der Punkte zu nennen, die zum Streit mit seinem Gegner Scholarios führten, einem Streit, den ihre Schüler Kardinal Bessarion und Georg von Trapezunt fortsetzen sollten.[48] Auf seiner sich an das Konzil anschließenden Vortragsreise durch Italien fand Plethon nachhaltige Resonanz, wenn auch nur bei einem elitären, griechischsprachigen Kreis.[49] Die Gelehrten aus dem Osten beeinflußten nicht nur das philosophische Denken, sondern gaben den Anstoß zu einer Intensivierung der griechischen Sprachstudien, die bereits zu Ende des 14. Jhs. zögernd begonnen worden waren.[50] So bewegte Piero de' Medici seinen Vater Cosimo 1455/6 zur Berufung des Johannes Argyropulos auf den Lehrstuhl für griechische Philosophie,[51] ein Vorgang, der auch für das Leben Landinos bedeutsam war.

Unter der Führung Cosimos und Pieros, die nicht nur als Mäzene der Wissenschaften und der Literatur, sondern auch als Förderer der bildenden Künste hervortraten, entwickelte sich Florenz zu einem so herausragenden kulturellen Zentrum, daß es sogar die Höfe von Urbino und Mailand hinter sich ließ. Zwischen 1434 und 1469 arbeiteten in der Stadt gleichzeitig die Architekten Brunelleschi, Michelozzi und Alberti, die Bildhauer Ghiberti, Donatello und Luca della Robbia, die Maler Fra Angelico, Filippo Lippi, Gozzoli, Uccello, Andrea del Castagno, Antonio und Piero Polaiolo, Domenico

---

47 Fic. Op. om. II 1537.

48 Kristeller, Humanismus und Renaissance I 168 ff. Zur Person des Kardinals Bessarion: Mohler, Bessarion. Zur Plato-Aristoteles-Kontroverse siehe Kurda, Platon 31 - 44. Zur Verteidigung Platons durch Bessarion gegen die Darstellung des Georg v. Trapezunt in seinen *Comparationes phylosophorum Aristotelis et Platonis* (1455) siehe Bessarion, In calumniatorem Platonis libri IV, ed. L. Mohler, Paderborn 1927. Zur Diskussion um den Primat von Aristoteles oder Platon vgl. Moreau, Concordance 49. Den Briefwechsel Bessarions mit Ficino siehe Fic. Op. om. I 616 - 17.

49 Suppl. Fic. II 104: Quippe iam pridem e Bizantia Florentiam spiritus eius (sc. Platonis) ipsis in licteris vivens attica voce resonus ad Cosmum Medicem advolavit.

50 1397 berief Coluccio Salutati Manuel Chrysoloras auf den Griechischlehrstuhl, wobei nicht Cosimo de' Medici, sondern Palla Strozzi den Hauptteil der Berufungskosten trug. Danach blieb der Lehrstuhl bis 1456 vakant, nachdem Theodoros von Gaza 1447 einen Ruf nach Florenz abgelehnt hatte. Vgl. dazu Cleugh, Medici 68. Zur Entwicklung der Sprachstudien s. Bruni, Praef. in Phaedr. 125 - 26.

51 Zur Berufung des Johannes Argyropulos siehe Lentzen, Studien 6 f.

Veneziano und Baldovinetti und daneben Autoren wie Poggio, Filelfo oder der Historiker Giovanni Cavalcanti. Die meisten standen in Diensten der Medici und manche - wie Botticelli und Piero de' Medici - waren ihren Mäzenen in Freundschaft verbunden.[52]

Lorenzo de' Medici, selbst von Landino im neuen Geist erzogen, setzte politisch wie kulturell die Linie seines Großvaters fort. Es gelang ihm, innen- wie außenpolitisch seine Herrschaft zu konsolidieren, und trotz des schweren Attentats, dem sein Bruder Giuliano 1478 zum Opfer fiel,[53] konnte er seine Machtstellung 23 Jahre lang behaupten. Er erweiterte die von seinem Großvater Cosimo 1444 gegründete Bibliothek, besuchte eifrig die Zusammenkünfte der Academia Platonica und war auch selbst literarisch tätig.[54] Neben Dichtern und Philosophen förderte *Il Magnifico* auch die großen Maler und Architekten seiner Zeit.[55] Mit der Vertreibung von Lorenzos "unglücklichem" Sohn Piero freilich endete 1494 vorerst die Macht der Medici und damit auch ihr positiver Einfluß auf alle Gebiete der Kunst.

Den wichtigsten Beitrag zur schnellen Verbreitung dieser neuen Ideen und Geistesströmungen leisteten die Erfindung des Buchdrucks und die Verwendung des im Gegensatz zum Pergament bedeutend billigeren Papiers. Diese Innovationen ermöglichten es, sowohl Traktate als auch die neu edierten oder übersetzten Texte in größerer Zahl und kürzerer Zeit zu verbreiten. 1464 kam die neue Technik nach Florenz, und 1495 begann Aldus Manutius in Venedig den Druck seiner berühmten griechischen und lateinischen Textausgaben.[56]

Wendet man sich nach der Betrachtung der Rahmenbedingungen der italienischen Renaissance ihren Inhalten zu, stößt man unmittelbar auf den Begriff des Humanismus und auf die Kernfrage, ob sich die durch diesen Begriff bestimmte Kultur kontinuierlich aus den Vorgaben des Mittelalters entwickelte oder ob sie eher durch einen Bruch mit der mittelalterlichen Tradition zu charakterisieren ist. Hier freilich müssen, um Projektionen zu vermeiden, die Ergebnisse der modernen wissenschaftlichen Retrospektive geschieden werden vom Bewußtsein der Zeitzeugen, das in vielen Texten auf uns gekommen ist, da für die Frage nach frattura oder continuità nicht in erster Linie der neue

---

[52] Cleugh, Medici 136. Vgl. dazu Chastel, L'Art et l'Humanisme 11 ff. Zu weiteren kulturellen Zentren an den Fürstenhöfen Italiens vgl. Trinkaus, Scope 22.

[53] Cleugh, Medici 150 ff., bes. 168 f.

[54] Cleugh, Medici 217. Zu Lorenzos literarischem Schaffen s. A. Buck, Der Platonismus in den Dichtungen Lorenzo de'Medicis, Berlin 1936.

[55] Cleugh, Medici 212 - 238 passim.

[56] Zur Verbreitung von Schrifttum und Druck vgl. Kristeller, Humanismus und Renaissance I 156 und II 239 ff. Von Federigo von Urbino freilich berichtet Vespasiano da Bisticci, daß er sich geschämt habe, auch nur ein gedrucktes Buch in seiner Bibliothek zu besitzen, s. Burckhardt, Kultur 181.

Materialbefund, sondern Intention, Funktion und Dynamik der Gedanken entscheidend sind.[57]

Der Begriff "Humanismus" leitet sich von den *studia humanitatis* ab, durch die im 15. Jh. der Kanon der *septem artes liberales* an den Universitäten sublimiert wurde.[58] Hatten im Mittelalter Logik (Aristoteles), Grammatik (Aelius Donat), Rhetorik (Cicero), Arithmetik (Boethius), Geometrie (Euklid), Astronomie (Ptolemaios) und Musik (z. B. Boethius) zusammen mit Medizin (Hippokrates), Theologie, römischem (Justinian) und kanonischem Recht den Bildungskanon bestimmt,[59] bildeten sich an der Wende vom 14. zum 15. Jh. durch das Hinzufügen von Poesie und Eloquenz (als Überhöhung von Grammatik und Rhetorik) sowie der Ethik die *studia humanitatis* heraus, die man in der folgenden Weise zu definieren suchte:

> *Omnes artes, quae ad humanitatem pertinent, quoddam inter se habere, ut ait Cicero, commune vinculum et quasi cognatione quaddam contineri.*[60]

Sie wurden Voraussetzung für jedes Studium[61], und jeden, der sich ihnen widmete, konnte man als *humanista* bezeichnen.

Der Mensch in seiner ganzen Individualität[62] rückte in dieser das Diesseits als Eigenwert anerkennenden Stil- und Bildungskonzeption in das Zentrum aller Betrachtungen und bot damit im Gegensatz zu der sich gleichzeitig entwickelnden, durch Logik und *studia divinitatis* bestimmten Scholastik einen auf den Menschen und seine Bedürfnisse ausgerichteten Zugriff auf die Welt, der sich in verschiedener Weise in den Einzeldisziplinen manifestierte.[63]

Den wichtigsten Grundstein für den Fortschritt der *studia* auf der Basis der Originaltextlektüre legten die Humanisten durch die vermehrte Edition lateinischer und griechischer Autoren, von denen letztere - vielfach durch byzantinische Gelehrte in den Westen gelangt - erstmals in großem Umfang ins

---

[57] E. Cassirer, Zur Frage der Eigenständigkeit der Renaissance, in: Buck, Begriff 212 ff. In diesem Sinne auch H. W. Eppelsheimer, Das Renaissanceproblem, ebd. 96 ff., bes. 112.

[58] Kristeller, Humanismus und Renaissance I 177 ff.

[59] Kristeller, Universitäten 18 ff. Ders., Eight Philosophers 152 ff. Außerdem Flasch, Philosophisches Denken 255 ff. Burke, Renaissance 64 f. Zur Entwicklung des Trivium und Quadruvium Kristeller, Humanismus und Renaissance II 207 - 222.

[60] Müllner, Reden und Briefe 57.

[61] Kristeller, Eight Philosophers 22.

[62] Burckhardt, Kultur 123: "Daneben erhebt sich mit voller Macht das Subjektive, der Mensch wird geistiges Individuum und erkennt sich als solches." Vgl. auch Kristeller, Humanismus und Renaissance I 26 f.

[63] Hierzu seine These überstrapazierend Ullman, Foundations 200 ff. Zur zeitlichen Entwicklung von Scholastik und Humanismus s. Kristeller, Humanismus und Renaissance I 87 ff.

Lateinische übersetzt und damit einem größeren Publikum zugänglich gemacht wurden.[64] Die Neuentdeckung, philologisch-historische Bearbeitung und Kommentierung von Texten eröffnete neue Einsichten in das Wesen der Antike und neue Anwendungsperspektiven für die eigene Zeit. Mit der philologischen Arbeit an den antiken Autoren ging das Bestreben einher, den eigenen Stil zu reinigen und das "barbarische" Latein des Mittelalters auf ciceronianische Normen zurückzuführen. Dieses Bemühen fand seinen Niederschlag sowohl in theoretisch-stilistischen Traktaten als auch in der breiten Briefliteratur und den umfangreichen Corpora an Reden und Dialogen, Gattungen, in denen Cicero nicht nur sprachlich, sondern auch formal als Vorbild diente.[65]

Auch die Historiographie orientierte sich an antiken Vorbildern. Die Werke eines Filippo Villani oder Poggio Bracciolini strebten dem Ideal des Livius nach, bei dem man sowohl das adhortative Herausheben von Helden als auch eine "Stadtgeschichtsschreibung" *ab urbe condita* vorfand. Für die Biographien des Vespasiano da Bisticci dienten die Viten des Plutarch als Vorbild.[66] Die Dichtkunst ahmte Vergil und die römischen Elegiker nach, wobei in einer verstärkten Auseinandersetzung mit der Dichtungstheorie der Vorwurf des Atheismus gegen diese Autoren zurückgewiesen wurde.[67]

Betrachtet man zum Abschluß den Bereich der Philosophie, so lassen sich auch hier die beiden bestimmenden Merkmale humanistischer Antikenrezeption nachweisen: Eklektizismus und Synkretismus. Neben Aristoteles, dem

---

64 Chastel, L'Art et l'Humanisme 6. Kristeller, Humanismus und Renaissance I 21 - 23; II 14 - 16. Ders., Eight Philosophers 20. Poggio Bracciolini entdeckte sieben Reden Ciceros, die *Argonautica* des Valerius Flaccus und Quintillians *Institutio Oratoria*. Wiederentdeckt wurden auch Ciceros *Brutus, De Oratore* und der *Orator*, sowie die kleinen Schriften des Tacitus. Zum Beitrag der Humanisten zur biblischen und patristischen Philologie siehe Kristeller, Humanismus und Renaissance I 76 ff.

65 Zum Sprachstreit zwischen Poggio und Valla: Lorenzo Valla, Opera Omnia, ed. E. Garin, Turin 1962. Poggio Bracciolini gegen Vallas Elegantiarum latinae linguae libri sex in seinen Lettere I und II, a cura di H. Harth, Florenz 1984. Die Angriffe Vallas vor allem im Antidotum I 168 (ed. Garin): Totus est talis Pogius, ut eius prope plura sint erata quam verba, und im Apologus I 479 ff.(ed. Camporeale), Lorenzo Valla. Humanesimo e teologia, Florenz 1972, Dagegen Poggio in den beiden ersten Orationes in: Poggio Bracciolini, Opera Omnia, ed. R. Fubini / Th. de Tonelli,4 Bde, Turin 1964 - 69. Zur Briefliteratur und zur *ars dictaminis* Kristeller, Humanismus und Renaissance II 17 ff; II 231; I 97; I 121. Siehe dazu auch Burckhardt, Kultur 210 ff. Zur Rhetorik Kristeller, ebd. I 122 ff; II 18; II 230. Ebd. I 25 zur Nachwirkung der Briefe und rhetorischen Schriften Ciceros.

66 Zur Historiographie: Hay, Geschichte 39 ff. und Kristeller, Humanismus und Renaissance II 19 ff. mit Hinweis auf den Beginn der Quellenkritik und das Fehlen der theologischen Spekulation in der Geschichtsschreibung. Vgl. auch Burckhardt, Kultur 231 ff. Zur Biographie: Kristeller, Humanismus und Renaissance II 20, der zu Recht den Aufschwung der Biographie und der Porträtkunst in den Kontext des bewußten Individualismus stellt.

Schulphilosophen der Scholastik, gewann durch die Cicerorezeption stoisches und skeptisches, aber auch epikureisches, durch Lukrez vermitteltes Gedankengut neue Anhänger.[68] Den größten Aufschwung aber erlebte im 14. und 15. Jh. der Platonismus. Zwar hatte es auch während des Mittelalters im Westen eine platonische Tradition gegeben, welche sich aber nur auf wenige Texte zumeist aus zweiter Hand stützen konnte: Augustinus, Boethius, Macrobius, Victorinus und Chalcidius mit seinem Kommentar zu Platons Timaios dienten als "Steinbruch". Daneben wurden seit dem 8. Jh. die Schriften des Pseudo Dionysius Areopagita, im 12. /13. Jh. auch erstmals Platons Phaidon und Menon und einige Proklostexte ins Lateinische übersetzt.[69] Diese Ansätze aber wurden von dem Ende des 13. Jhs. an der Universität Bologna eingeführten Aristotelismus überlagert, der durch die seit dem 12. Jh. betriebene Übersetzung der Werke des Aristoteles aus dem Arabischen ins Lateinische stets mit neuen Texten versorgt worden war.[70]

Welches waren nun die Gründe für die sich an diese Talsohle anschließende Blütezeit des Platonismus? Wichtig war - wie schon erwähnt - der Kontakt mit der ungebrochenen Platontradition der Byzantiner.[71] Angeregt durch Coluccio Salutati, der auch 1396 Manuel Chrysoloras nach Florenz berufen hatte,[72] übersetzte Leonardo Bruni 1405 Phaidon, Phaidros, Apologie, Kriton und die platonischen Briefe. 1435 folgte eine gesonderte Übersetzung der Alkibiadesrede aus Platons Symposion.[73] Danach begann Marsilio Ficino seine umfangreiche Übersetzertätigkeit,[74] und um 1460 konnte Kardinal Bessarion zu Recht behaupten, daß Platon in Italien nahezu vollständig vorhanden sei.[75] Mit der Gründung der *Academia Platonica* durch Cosimo de' Medici 1462/3 erreichte der Platonismus in Florenz einen Höhepunkt. Die *Academia* war - wie eine Reihe anderer Zirkel dieser Zeit[76] - trotz des Titels keine institutionalisierte Akademie

---

67 Kristeller, Humanismus und Renaissance II 22.

68 Kristeller, Eight Philosophers 4. Ders., Humanismus und Renaissance I 84.

69 Zur mittelalterlichen Tradition des Platonismus: Kristeller, Humanismus und Renaissance I 162 ff. Zu den Platonübersetzungen: Ders., Suppl. Fic. I CLVI - CLVII.

70 Kristeller, Humanismus und Renaissance I 40 ff. Trinkaus, Scope 7.

71 Kristeller, Humanismus und Renaissance I 165 ff.

72 Vgl. dazu Zintzen, Grundlagen 9.

73 Kessler, Philos. Jb. 1988 4 - 6. Zur Hochschätzung Brunis für die Briefe Platons s. ebd. 8 Anm. 16. Vgl. auch Lentzen, Studien 44 Anm. 11 zum Handschriftentransfer aus Konstantinopel. Für die Hinwendung zum Griechischen vgl. Kristeller, Classics 15 und Schalk, Aspetti 225.

74 Kristeller, Humanismus und Renaissance I 59 ff. Ders., Suppl. Fic. II 103.

75 Rossi, Quattrocento 310.

76 Der ab 1454 bestehende Kreis um Alamanno Rinuccini, den Schüler des Johannes Argyropoulos, bezeichnete sich ebenfalls als *Achademia* bzw. nach der Berufung des Argyropoulos an das Studio Fiorentino als *Chorus Academiae Florentinae*.

im heutigen Sinne, sondern ein nach dem Vorbild der Akademie Platons in Athen geschaffener Kreis von befreundeten Philosophen und Literaten.[77] Unter der geistigen Leitung des Marsilio Ficino[78] trafen sich Männer wie Matteo Palmieri, Leon Battista Alberti, Pico della Mirandola, die Brüder Lorenzo und Giuliano de' Medici und Cristoforo Landino in einer Medicivilla in Careggi, um - in dem Bewußtsein, eine direkte Linie von Platon über Plotin und Porphyrios fortzusetzen - philosophische Disputationen abzuhalten und Platons Geburts- und Sterbetag zu begehen:[79]

> *Convivium laborum requies, remissio curarum, ingenii pabulum, amoris et magnificentiae argumentum, esca benivolentiae, amicitiae condimentum, fomentium gratiae, vitae solatium.*[80]

Ficino prägte mit seinen Studien über die Einheit der Welt, die Stufung des Seins, den *appetitus naturalis*, die platonische Liebe und die Unsterblichkeit der menschlichen Einzelseele das Bild dieses philosophischen Zirkels. Man rezipierte Platon und die Neuplatoniker, aber auch die Hermetischen Schriften oder Pseudo Dionysius Areopagita, und aus diesem Synkretismus entwickelte sich ein neuer Platonismus florentiner Prägung, eine *philosophia perennis*. Von ihr glaubte man, daß sie von den Ägyptern und den orphischen Hymnen stammende Weisheiten enthalte, die, durch die chaldäischen Orakel, Platon und die Neuplatoniker tradiert, in die Gegenwart gelangt seien. Durch diese ewigen Wahrheiten werde nicht nur die heidnische Philosophie mit der christlichen Religion verbunden, sondern die *pia philosophia* führe gerade zu einer

---

S. dazu V. R. Giustiniani, Alamanno Rinuccini 1426 - 1499. Zur Geschichte des florentinischen Humanismus, Köln/Graz 1965. Field, Origins 55 - 76. Buck, Studia 216. Lentzen, Studien 47.

[77] Field, Origins 3 ff; 175 ff. Grundlegend immer noch A. Della Torre, Storia dell'Academia Platonica di Firenze, 1902. ND Turin 1968. Kristeller, Eight Philosophers 41 ff. Ders., Academy 150. Robb, Neoplatonism 57 ff. Zum Begriff *Academia* Kristeller, Suppl. Fic. II 88, Marsilio Ficino in einem Brief an Cosimo de' Medici am 4. 9. 1462: Quod tandem pro tantis muneribus referam aliud nihil habeo, nisi ut Platonicis voluminibus, que ipse largissime porrexisti, sedulus incumbam, Academiam, quam nobis in agro Caregio parasti, veluti quoddam contemplationis sacellum, legitime colam ibique dum spiritus hoc reget corpusculum Platonis pariter ac Cosmi Medicis natalem diem celebrem. Zu Careggi siehe Field, Origins 199 f.

[78] Zur Führungsrolle des Ficino: Fic. Op. om. II 1537: Deinde dum conceptum tantum (sc. Academiae) magnus ille Medices quodammodo parturiret, me electissimi medici sui Ficini filium adhuc puerum tanto operi destinavit, ad hoc ipsum dedicavit in dies, operam praeterea dedit, ut omnes non solum Platonis, sed etiam Plotini libros Graecos haberem.

[79] Buck, Studia 218. Zur Fortsetzung der platonischen Tradition siehe: Fic. Op. om. I 871 - 72; Fic. De amore 136. Zu den Mitgliedern der platonischen Akademie s. Bandini, Specimen II 55 - 56. Vgl. auch Robb, Neoplatonism 58.

[80] Fic. Op. om. I 739.

sublimierten *religio*.[81] Mit dieser "neuen" Philosophie entstand dem kanonischen Aristotelismus eine ernstzunehmende Konkurrenz.[82] Zwar blieb der Aristotelismus bis ins 18. Jh. die an den Universitäten[83] bestimmende Philosophie, aber auf die drängenden Fragen des späten 14. und 15. Jhs. gab allein der Platonismus befriedigende Antworten, so daß schon Petrarca urteilen konnte:

> *A maioribus Plato, Aristoteles laudatur a pluribus ... in divinis altius ascendit Plato ac Platonici.*[84]

Damit fixierte er den wichtigsten Grund für den Erfolg des Platonismus: seine religiös-psychagogische Ausrichtung und seine schon von Augustinus erkannte "Kompatibilität" mit den christlichen Glaubenslehren.[85] So schreibt denn auch Landino zu Recht: *Puto enim, eandem fere esse et Platonicorum et Christianorum de huiuscemodi re et sententiam et sententiae aprobationem.*[86] Indem man den platonischen Demiurgen oder das plotinische Eine mit dem christlichen Schöpfergott gleichsetzte, konnte man ein geschlossenes ontologisches System der heidnischen Philosophie übernehmen, ohne sich der Häresie schuldig zu machen.[87]

---

81 Fic. Op. om. I 871 - 872. Vgl. dazu Kristeller, Humanismus und Renaissance I 143; II 110.

82 Kristeller, Academy 148: "This Platonism did not oppose the Christian religion or the Aristotelian science of the time and did not attempt to replace them. It rather tended to supplement them in an area of thought that had been neglected up to that moment, but now had become increasingly important for a large number of writers, scholars and thinkers." In diesem Sinne auch Kristeller, Humanismus und Renaissance II 112.

83 Wichtige Erscheinungen, die als charakteristisch für die Renaissance anzusehen sind, fanden erst nach und nach ihren Ausdruck in der akademischen Gelehrsamkeit. Vgl. dazu Kristeller, Universitäten 29 und ders., Academy 147. Cristoforo Landino mit seiner Lehrtätigkeit am Studio Fiorentino und seiner Mitgliedschaft in der Academia Platonica kann hier als ein Bindeglied angesehen werden. Bei ihm - wie bei den meisten Humanisten - findet sich viel peripatetisch-scholastisches Gedankengut, und in seinem ersten philosophischen Dialog, De anima III 81 schreibt Landino: Adversusne tantum philosophum (sc. Aristotelem) pro Platone stabis? Minime.

84 Petr. De ignorantia 754.

85 Land. De anima I 32: Nam sive de Deo, sive de anima disserat, Augustinus ita reliquis omnibus Platonem anteponit, ut etiam perpetuum eius aemulum Aristotelem, tanquam qui in praeceptorem suum semper puer existat, ad postremum tacere adhortetur. Vgl. dazu Moreau, Concordance 54.

86 Land. D. C. 71, 27 - 29; 55, 5 - 9.

87 Daher abzulehnen R. Niebuhr, The Nature and Destiny of Man Bd. I, New York 1941, 61 ff., Bd. II, New York 1943, 157 ff., der die Renaissance als Zeit eines neuen Heidentums auffaßt. In Wahrheit aber bezog man sich unter Umgehung des geordneten logischen Systems, in das die Scholastik die Bibel gebracht hatte, direkt auf die Kirchenväter zurück. Petr. De ignorantia 760: Non Ciceronianus certe nec Platonicus,

Bei Platon fand man *vitae praecepta, naturae principia, divinarum rerum mysteria*[88], und nur mit seiner Lehre ließ sich die Unsterblichkeit der individuellen Einzelseele als Ergänzung zur christlichen Glaubenslehre philosophisch erweisen. Hätte nicht jedes Postulat historischer Größe des Individuums ohne Hoffnung auf ein Leben nach dem Tode seinen Sinn verloren? So schreibt Landino über die Helden der Geschichte:

> *Cur, inquam, sunt ad voluntariam mortem profecti, nisi quod spem sibi indubitatam conceperant, fore ut post mortem eorum animi sempiterna gloria egregiis virtutibus parta fruerentur?*[89]

Der Platonismus ficinischer Prägung konnte aber nicht nur jenseitige Heilserwartungen erfüllen, sondern wies auch der irdischen Schönheit eine wesentliche Rolle im Vollendungsprozeß des Menschen zu. Ein theoretischer Ansatz, der einer sinnenfrohen Epoche nicht nur eine neue Definition der Kunst und des Künstlers, sondern auch eine reuelose Bejahung des Diesseits gestattete.

Im Mittelpunkt jeder philosophischen Betrachtung stand der Mensch, sei es in seiner metaphysischen oder, wie bei den bürgerlichen Humanisten zu Beginn des Quattrocento, in seiner ethischen Dimension.[90] Die Fragen nach der *nobilitas hominis*, nach vita activa - vita contemplativa oder nach der Stellung des Menschen im Universum reflektieren das homozentrische Weltbild, das einen Neuansatz gegenüber dem Denken des Hochmittelalters darstellt.[91]

Auch die Antikenrezeption verfolgte eine neue Intention. Man benutzte die antiken Autoren nicht mehr nur zur Erlernung der Sprache, sondern sie wurden zu Vorbildern bei der bewußt konkurrierenden Neuschaffung einer eigenständigen Literatur. Der Glaube an den Fortschritt der Menschheitsentwicklung ging so weit, daß man die *aemulatio*, die die Römer gegenüber den Griechen angestrebt hatten, durch eine *superatio* der gesamten

---

sed cristianus sum; quippe cum certus michi videar, quod Cicero ipse cristianus fuisset, si vel Cristum videre, vel Cristi doctrinam percipere potuisset. Vgl. auch Petr. Ep. fam. 22, 10 (ed. Rossi) IV 127 f.: Amavisse ego Ciceronem fateor, et Vergilium amavi usque adeo quidem stilo delectatus et ingenio, ut nihil supra ... amavi similiter Platonem ex Graecis atque Homerum ... Sed iam nunc maius negotium maiorque salutis quam eloquentiae cura est ... iamque oratores mei fuerint Ambrosius, Augustinus, Hieronymus et Gregorius, philosophus Paulus, poeta David ... Ebd., 148 - 49: Ad orationem ... utar Marone vel Tullio ... ad vitam vero ... utar tamen iis consultoribus atque iis ducibus ad salutem, quorum fidei ac doctrinae nulla suspicio sit erroris. S. dazu Kristeller, Humanismus und Renaissance I 75.

88 Fic. Op. om. II 1965.

89 Land. De anima III 79. Vgl. Trinkaus, Image II 773.

90 Kristeller, Eight Philosophers 19. Schalk, Aspetti 288.

91 Fic. Theol. Plat. II 256. Pico, De dignitate 3: Legi, patres colendissimi, in Arabis monumentis, interrogatum Abdalam Sarracenum, quid in hac quasi mundana scaena admirandum maxime spectaretur, nihil spectari homine admirabilius respondisse. Cui sententiae illud Mercurii adstipulatur: Magnum, o Asclepi, miraculum est homo!

Antike zu übertreffen suchte.[92] Mit beachtlichem Selbstbewußtsein reihte man die Talente der eigenen Zeit in die Linie der "großen Alten" ein und war bestrebt, ganz Italien in ein zweites Athen zu verwandeln.[93]

> *Tanta erat optimorum ingeniorum atque eruditorum vis totque eadem de re tamque variae opiniones, tanta denique subtilitate disputatae, ut intra magnificos illos lares non modo Academiam Lycaeumque ac postremo Porticum ipsam Athenis migrasse, sed omnem Parisiensem scholam illuc convenisse putares.*[94]

Dieses wichtige Zeugnis Landinos spiegelt neben dem Selbstbewußtsein auch die inhaltliche Vielfalt der humanistischen Bewegung wieder, die davon abhalten sollte, einzelne Tendenzen leichtfertig zu verabsolutieren. Denker verschiedenster Richtungen fanden sich hier ohne feste philosophische Bindung zusammen, alle freilich mit dem Willen, durch die Rückbesinnung auf die Antike gegenüber der "verhaßten gotischen Epoche" eine quantitative wie qualitative Steigerung auf allen Gebieten der Kultur zu erbringen.[95] Dennoch vermochten sie sich nicht völlig aus der ihnen so vertrauten Bildungswelt der Scholastik zu lösen.

In diesem Spannungsfeld verschmolzen die neuen Ansätze der Antikenrezeption mit Teilen der spätmittelalterlichen Tradition. So gelang ein von zahlreichen neuen Akzenten getragener additiver, nicht substitutiver Kulturwandel, eine frattura, die nur auf Basis einer gewissen continuità möglich wurde.[96]

---

[92] Pico/ Bembo, De imitatione 31: Poteris enim inventionem quapiam de re ab aliis traditam, vel aemulari vel superare poteris disponere melius, eloqui etiam ornatius ... crescunt, ut mea fert opinio, verius quam decrescant ingenia. Vgl. Buck, Studia 98. Kristeller, Humanismus und Renaissance II 16, bietet eine allzu verkürzte Sicht der *imitatio*.

[93] Land. D. C. 116, 3 ff.:... sic nos pro comperto habeamus, si Itali populi ... duos praeterea Fredericos haberent, brevi futurum, ut universa Italia alterae Athenae futura sit. So stellt sich z. B. Petrarca in die epische Tradition eines Homer und Ennius: Petr. Africa 9, 229 - 236.

[94] Land. De vera nob. 35. Mit besonderem Stolz auf die eigene Kultur äußert sich Landino auch im Vorwort seines Dante-Kommentars. Land. Proem. al Comm. Dant. 120 ff., bes. 121, 25 -30: Ma credo veramente potere concludere nell'ornato del dire Fiorenza sequitare le vestigie della greca Atene: conviensi nel nome, se è vero quello che non ignobili scrittori greci referiscono che Atene non sia detta da Atena, idest Minerva, ma da anthos, idest fiore; conviensi che come quella vince tutti e'greci idiomi, cosi questa tutti gl'italici.

[95] Burke, Renaissance 35.

[96] Baron, BRL XXII, 1938, 88. Johannes von Salisbury schrieb, daß wir wie Zwerge auf den Schultern von Riesen sitzen und wir nur deshalb weiter sähen als die Alten. Vgl. dazu auch Kristeller, Eight Philosophers 147: "If we wish to insist that there was no sudden break between the Middle Ages and the Renaissance, but a kind of continuity, we must also understand that continuity is not the same thing as stability, but may involve a good deal of gradual change and cumulated innovation."

2. Cristoforo Landino - Leben und Werk

Cristoforo di Bartolomeo Landino da Pratovecchio wurde - wie sein noch immer einziger Biograph Angelo Maria Bandini, der *socius Academiae Florentinae*, Ende der 40er Jahre des 18. Jhs. notierte - am 8. Februar 1424 in Florenz geboren.[97] Seine Familie, aus dem Casentino stammend, lebte in bescheidenen Verhältnissen und ohne nennenswerte Positionen in Staat und Gesellschaft zu bekleiden.[98]

Auf Kosten eines Gönners, des Notars Angelo di Jacopo Atti da Todi, studierte Landino zunächst in Volterra die Jurisprudenz.[99] Bald jedoch verließ ihn das Interesse an diesen Studien,[100] und er wandte sich, inspiriert durch seine Liebe zu einer gewissen Alessandra, der er auch nach Rom nachreiste, der Dichtkunst zu. Nach seinem Rezitationserfolg im *certame coronario* 1441 veröffentlichte er 1443-45 seine im Stil der römischen Liebeselegie verfaßte Gedichtsammlung *Xandra*, mit der er zugleich dem großen Vorbild des

---

[97] Da eine moderne Biographie zu Cristoforo Landino fehlt, stützen sich die folgenden Aussagen im wesentlichen auf: Angelo Maria Bandini, Specimen Literaturae Florentinae Saeculi XV. in quo dum Cristophori Landini Gesta enarrantur virorum ea aetate doctissimorum in literariam rem publicam merita status Gymnasii Florentini a Landino instaurati et acta Academiae Platonicae a Magno cosma Excitatae cui idem praeerat, recensentur et illustrantur, Florenz 1747-1751. Daraus schöpft auch Wolf, Cristoforo Landino, II ff. Vgl. auch Lentzen, Studien 1 - 26. Field, Origins 231 - 239. Field, Beginning 200 - 209. Weiss, Das Metaphorische 19 - 22. Giannantonio, Landino e l'Umanesimo volgare 86 - 89. Zum Geburtsdatum: Bandini, Specimen I 45 und Addendum zu 45 § V; I 46 Anm. 1. Den 8. 2. 1424 übernimmt unkommentiert Lentzen, Studien 2. Korrekt hierzu mit dem Hinweis auf den "modern style of dating" Field, Origins 232, der 1425 als Geburtsjahr angibt. Zur Erläuterung: Seit dem 10. Jh. begann man in Florenz das Jahr mit dem 25. März (sog. *Calculus Florentinus*). Erst im Jahr 1748 befahl Kaiser Franz in seiner Eigenschaft als Großherzog der Toskana, daß das Jahr am 1. Januar beginnen solle. Setzt man voraus, daß Bandini, dessen Werk 1747 - 51 erschien, noch nicht nach der neuen Art datierte, muß man folgerichtig den bei ihm genannten Daten zwischen dem 1. Januar und dem 25. März ein Jahr hinzuaddieren. S. dazu: Brinckmeier, Chronologie 93 - 94 und Grotefend, Zeitrechnung 13.

[98] Lentzen, Studien 2 ff. Giannantonio, Landino e l'Umanesimo volgare, 86 ff. Field, Origins 232 f. Landino über seine Familie: Land. Carm. I 24, 19 - 24; 90 - 120; 125 - 132.

[99] Über die Studienzeit: Lentzen, Studien 4 f. Da Todi verfügte *ex testamento*, daß Landino auch nach seinem Ableben noch drei Jahre weiter studieren solle. Durch den Testamentsvollstrecker lernte Landino wohl auch die Familie seiner späteren Frau Lucrezia di Alberto di Adovardo degli Alberti kennen. Vgl. Bandini, Specimen I 209. Weiss, Das Metaphorische 19 ff. Burke, Renaissance 126.

[100] Vgl. Land. Carm. I 29, 13 - 22.

Canzoniere Petrarcas zu folgen suchte.[101] Während der 40er Jahre vertiefte Landino u. a. bei Carlo Marsuppini seine humanistischen Studien:

> *Postquam autem ex Rhetoricis ac Poeticis institutionibus excessit, a primis dialecticae elementis profectus, ita omnem Aristotelicam, Stoicam ac Platonicam philosophiam perlustravit.*[102]

Als mit dem Tod Carlo Marsuppinis im April 1453 der Lehrstuhl für griechische und lateinische Literatur, Rhetorik, Poesie und Moralphilosophie vakant wurde, begann die Suche nach einem geeigneten Nachfolger für den großen Gelehrten.[103] Während M. Lentzen einen langandauernden Parteienstreit um die Besetzung des Lehrstuhles annimmt, geht A. Field von einer Teilung in zwei Stellen aus, da keiner der Bewerber alle Fächer hätte adäquat vertreten und damit dem Anspruch des Universalgelehrten hätte genügen können.[104]

Festzuhalten bleibt, daß zunächst auf Drängen des Donato Acciaiuoli und seiner Anhänger Johannes Argyropoulos im August 1455 und erneut im darauffolgenden Jahr ein Lehrstuhl angeboten wurde, den der Byzantiner 1457 antrat und der den griechisch-philosophischen Teil des "universal chair" des Marsuppini umfaßte. Francesco da Castiglione übernahm den Lehrstuhl für griechische Sprache und Literatur, während der Wettstreit um die *Venia legendi* für Rhetorik und Poesie fortgesetzt wurde. Erst am 18. Januar 1458 wurde Landino, nicht zuletzt befördert durch seine mittlerweile guten Beziehungen zum Hause der Medici, die *provincia latinas litteras docendi, et Rhetoricis, Poeticisque praeceptis Florentinam Iuventutem instituendi publico decreto* übertragen, während mehrere Zeugnisse darauf hinweisen, daß er bereits vorher

---

101 Die erste Edition (1443 - 45) der *Xandra* in einem Buch widmete Landino Leon Battista Alberti, die zweite 1458 - 59, in drei Büchern konzipiert, wurde Piero de' Medici zugeeignet. Lentzen, Studien 14. Field, Origins 233. Weiss, Das Metaphorische 20. Cardini, La Critica 1. Giannantonio, Landino e l'humanesimo volgare 87 f. Zur Anlehnung an Properz und Petrarca: Cardini, La Critica 3 ff.

102 Bandini, Specimen I 117. Dazu auch ebd. I 132: Egregiam hanc ac vividam animi sui indolem progrediente aetate magis atque magis confirmavit pertinax Landini industria in pervolvendis Graecorum Latinorumque Philosophorum scriptis. Landino über seinen Lehrer Carlo Marsuppini, Land. Ep. ad Petrum medicem, in Land. Carm. (ed. Perosa) 181 - 187, hier: 184,7 - 10: Cur quaeso odissem primo praeceptorem meum? Deinde, quod plurimum est, multis in rebus fautorem auxiliatoremque? Quo ego duce ad hoc quicquid est in me eruditionis perveni. Vgl. Cardini, La Critica 12.

103 Die Beschreibung der Professur Marsuppinis in der Dozentenliste des Studio referiert Field, Origins 80 Anm. 8 aus Gherardi, Statuti 414: Ad legendum Poesiam, Rhetoricam, Phylosophiam Grecam et Eticam.

104 Lentzen, Studien 6 - 8, ders., Rom. Forsch. 81, 1969, 61. In diesem Sinne schon: Marcel, Ficin 189 ff. Field, Origins 77 - 106.

auf privater Basis oder im Rahmen befristeter Lehraufträge am Studio Fiorentino unterrichtet hatte.[105]

Um die Vielfalt der von Landino behandelten Themen und seinen Erfolg im Studio anzudeuten, sei hier das Gedicht eines seiner berühmten Schüler, Ugolino Verino, zitiert:

Quo, Landine tuas percurram carmine laudes,
Praeceptor venerande? tuo de fonte liquores
Ebibit Aonios omnis Syllana iuventus.
In lucem per te Ciceronis saecula rursus,
nunc redeunt; tersum videas si pubis Etruscae
Eloquium, numerisve velis, seu scribere prosa
Clara oratoris nosces, et signa Poetae.

Insignis rhetor lingua, Landine, canora
tu vates pariter lyricos elegosque sonantes
fingis et enodas obscura aenigmata Dantis.[106]

Ugolino Verino besuchte neben Angelo Poliziano, Giovanni Cavalcanti, Francesco Berlingheri und schließlich auch Lorenzo de' Medici die Veran-

---

105 Bandini, Specimen I 171; Ebd. 174 Anm. 1: Quod hoc aetatis anno Latinarum litterarum Professor Florentiae constitutus fuerit arguitur ex publico Professorum Alba Athenei Florentini, ubi sub die XVIII Ian. A. MCCCCLVII haec legas: Cristofano di Bartolomeo Landini da Prato vecchio condotto per due anni a leggere nello studio di Firenze in facultate oratoria, et poetica per 2 anni cominciati hoggi 18. Gennajo 1457 con provisione di cento fiorini l'anno. Für das Datum ist wieder zu beachten der *Calculus Florentinus*, vgl. Anm. 1, unrichtig hier also Lentzen, Studien 7 Anm. 20. Für die späte Einstellung Landinos könnten haushaltstechnische Probleme verantwortlich gewesen sein. Siehe dazu Field, Origins 102. Field weist in diesem Zusammenhang auf einen Brief Alamanno Rinuccinis hin, der belegt, daß Landino im Herbst 1456 eine Vorlesung hielt, was durch einen Eintrag in der Besoldungsliste, die für 1456/ 57 für Landino 45 Florin ausweist, gestützt wird. Vgl. Field, Renaiss. Q. 39, 1986, 32 - 33, bes. Anm. 71. Lentzen, Studien 7 - 8, bes. 8 Anm. 23 und 24. In der Rede zur Überreichung des Dantekommentars 1481, Land. Oraz. deprecat. 171, findet sich der Hinweis, daß Landino schon 27 Jahre die Jugend im Studio unterrichtete.

106 Zitiert nach Bandini, Specimen I 199 und Lentzen, Studien 1, seinerseits zitiert nach A. Cazzari, Ugolino e Michele Verino, Studi biografici e critici, contributo alla storia dell'umanesimo in Firenze, Turin 1897, 39 f. Hingewiesen sei hier auf die Unterschiede in zwei Versen:

Bandini: nunc redeunt; tersum videas si pubis Etruscae
Lentzen: nunc redeunt: tersum videas si scribere prosa
Bandini: Eloquium, numerisve velis seu scribere prosa
Lentzen: Clara oratoris nosces et signa poetae.

Die bei Lentzen fehlende halbe Zeile mag auf einen Irrtum bei der Abschrift zurückzuführen sein. Die letzten drei Verse finden sich wiederum bei Bandini nicht.

staltungen Landinos.[107] Die Lehrinhalte waren weit gestreut und reichten von Cicero, Vergil, Horaz, Juvenal und Persius hin zu den Größen des toskanischen Volgare Dante und Petrarca.[108] Einige neuere Arbeiten über Landino haben sich - nicht zuletzt aufgrund neugefundener Texte - intensiv mit der Abfolge und Datierung der einzelnen *lecturae* beschäftigt, wobei vor allem die Zuweisung der Antrittsvorlesung und die Einordnung der offensichtlich mehreren Vergilvorlesungen strittig blieb.[109]

---

[107] Zu den Schülern Landinos: Bandini, Specimen I 172 ff. Land. D. C. 35, 18 ff.: Haec igitur habui (sc. Lorenzo de' Medici), quae declamatorie et, ut apud Landinum me exercere soleo, magis quam philosophice mihi pro vita civili dicenda viderentur.

[108] Zu den *Opera minora* vgl. Lentzen, Studien 284 ff., freilich nicht mehr umfassend.

Cicero: *Christophori Landini praefatio in Tusculanis Ciceronis habita in gymnasio Florentino*. [Tusculanis statt Tusculanas hat Cardini, La Critica 287 ff gegen Müllner, Reden und Briefe, 118 - 129] ed. Cardini, Scritti I 1 - 16 (Text); II 5 - 16 (Kommentar).

Vergil: 1. *Clarissimi viri Christophori Landini Praefatio in Virgilio habita in gymnasio Florentino 1462*. Ed. Cardini, La Rassegna della Letteratura Italiana, 74, 1970, 288 - 297. Lentzen, Studien 234 - 242 und ed. Cardini, Scritti I 17 - 28 (Text); II 19 - 34 (Kommentar). 2. Vergilvorlesung unveröffentlicht; Codex 1368, Biblioteca Casanatense, Rom. Literatur dazu: Field, Renaiss. Q. 31, 1978, 17 - 20. Ders., Renaiss. Q. 39, 1986, 16 - 48. 3. Eine weitere Einführung zu einer Vergilvorlesung *Christophori Landini viri clarissimi oratio de laudibus Maronis in Florentino habita*. Ed. Field, Rinascimento Ser. II, 21, 1981, 235 - 45.

Horaz: Zum Kurs Horaz, Oden haben wir nur einen Hinweis im Juvenal Kommentar, 1462, fol. 37: Cleopatra ... cuius facinora alibi, scilicet in commentariolis Odarum Horatii, prosecuti sumus. Vgl. dazu: Cardini, La Critica 16 Anm. 21. Von einem Kurs über die Ars Poetica des Horaz sind Aufzeichnungen Bartolomeo Fonzios erhalten. Vgl. dazu: Lentzen, Studien 9 Anm. 28.

Juvenal und Persius: Der Kommentar zu beiden Dichtern ist unediert: Codex J 26 in fol. Biblioteca Ambrosiana, Mailand. Juvenal Cod. J 26 in fol. 1-193. Persius Cod. J 26 in fol. 193v-225. Vgl. dazu Kristeller, Iter I 326.

Dante: *Orazione di Messere Cristoforo Landino quando cominciò a leggere la Divina Commedia di Dante Alighieri*. Ed. Lentzen Rom. Forsch. 81, 1969, 60 -88 und ed. Lentzen, Reden 22 - 35. Lentzen hält diese für die Antrittsvorlesung. Nicht so Cardini, der die Rede in seinen Scritti I 41 - 55 (Text); II 55-66 (Kommentar) edierte. Die Vorlesung selbst wurde noch nicht gefunden.

Petrarca: *Orazione facta per Cristoforo Landino da Pratovecchia quando comminciò a leggere in studio i sonetti di Francesco Petrarca*. Ed. Cardini, La Rassegna della Letteratura Italiana 72, 1968, 287 - 296. Ed. Corazzi, Miscellanea di code inedite orave, Florenz 1853, 125 - 134 und ed. Cardini, Scritti I 29 - 40 (Text); II 35 - 51 (Kommentar).

[109] Zur Datierung bieten einen kurzen Überblick: Lentzen, Wolfenbütteler-Renaissance-Mitteilungen 5, 1981, 95. Field, Origins 236 ff. Zur Dante Vorlesung: Field, Renaiss. Q. 39, 1986, 21. Field datiert die Dantevorlesung Ende der 50er, spätestens Anfang der 60er Jahre, eventuell in die Zeit vor der festen Anstellung 1458. Vgl. ebd. 32 ff. Lentzen hält die Dantevorlesung für Landinos Antrittsvorlesung am Studio

Wichtiger als der Versuch der Periodisierung der Arbeiten Landinos nach verschiedenen methodischen Schwerpunkten erscheint freilich die inhaltliche Auseinandersetzung. Ein auch für das hier behandelte Thema aufschlußreiches Beispiel ist der Codex 1368 der Biblioteca Casanatense, Rom, den Field schon 1978 als eine Handschrift der ersten Vergilvorlesung Landinos identifizierte,[110] eine Ansicht, die sich nach eingehendem Studium des Codex nur bestätigen läßt. Neben den von Field genannten Gründen verweist vor allem die erstaunlich breite interpretatorische Übereinstimmung mit den Disputationes Camaldulenses auf den gleichen Urheber. Diese Zusammenhänge wurden bisher von der Forschung nicht behandelt,[111] obwohl sie einen wichtigen Beitrag zur Erhellung der intellektuellen Entwicklung des Autors leisten können. Hier sei nur so viel angedeutet, daß nach Lektüre dieser Handschrift die Disputationes Camaldulenses nicht mehr als Wendepunkt im Oeuvre Landinos bezeichnet werden können.[112]

Neben seiner akademischen Lehrtätigkeit arbeitete Landino ehrgeizig an seiner politischen Karriere. Nachdem seine Ambitionen, Kanzler der Republik Florenz zu werden, 1465/ 66 gescheitert waren, stieg er 1467 zum Parteikanzler der Guelfen und 1483 endlich zum Kanzleisekretär auf, wozu ihm sein Ansehen als Lehrer und Wissenschaftler wohl den Weg ebnete.[113]

Fiorentino, s. Lentzen, Studien 9 f; 63. Ders., Rom. Forsch. 81, 1969, 60 - 88. Cardini dagegen datiert die Vorlesung an den Anfang der 70er Jahre (1473) und hält eher die *Praefatio in Tusculanis* für die Antrittsvorlesung. Cardini, La Critica 192 ff. Dagegen wiederum Lentzen in seiner Rez., Rom. Forsch. 90, 1978, 538 ff. Weitere Literaturhinweise zur *Praef. in Tusc.* bei Cardini, Scritti I 4.

110 Field, Renaiss. Q. 31, 1978, 17 ff. Ders., Origins 237 Anm. 25 glaubt als Schreiber des Codex Giovanni di Bartolomeo Guidi identifizieren zu können, und verweist auf dessen interessante Verbindungen zu Landino.

111 Zwar verweist Kallendorf, Renaiss. Q. 36, 1983, 520 Anm. 4 auf Fields Entdeckung und bestätigt dessen Autorenzuweisung, nimmt aber trotz eigener Lektüre der Handschrift keine genauere Untersuchung des Textes vor. Field selbst beschränkt sich in seiner Dissertation, Field, Beginnings 200 ff. auf Einzelhinweise zu Übereinstimmungen in der Vorlesung und den *Disputationes* und im Appendix zu Renaiss. Q. 39, 1986, 16 - 48 auf eine vergleichende Zusammenstellung von Textpassagen aus Cod. Cas. 1368 und Laur. Cod. 52, 32, der möglicherweise eine Mitschrift derselben oder einer späteren Vergilvorlesung Landinos enthält. Interessant wäre, die Beziehung der beiden Handschriften zueinander zu klären. Erste Ansätze einer Analyse bei Field, Origins 250 ff.

112 Was die allegorische Textinterpretation angeht, ist eine Äußerung wie Cardini, Scritti Introd. XIX: "Siamo di fronte, cioè ad uno svolgimento abbastanza lineare, scandito in due fasi nettamento distinte, prima e dopo le Camaldulenses, e con obiettivi definiti ...", nicht mehr haltbar.

113 Lentzen, Studien 12 f. Siehe dazu auch die *epistula deprecatoria* Landinos an Lorenzo de' Medici in: Lentzen, Studien 205 - 210 und Weiss, Das Metaphorische 21.

Seit dem Beginn der 70er Jahre wandte Landino sein literarisches Interesse der Abfassung philosophischer Dialoge zu. Das erste Werk dieser Art ist der ab 1471 in drei Büchern verfaßte und den Herzögen Herkules I. und Borso d'Este gewidmete Dialog *De nobilitate animae*,[114] in dem der Autor selbst mit Paolo Toscanelli und Carlo Marsuppini in dessen Haus am Osterfest über die menschliche Seele, ihre Definition durch die Philosophen der Antike, ihre Teile, Wirkungsweisen und mögliche Unsterblichkeit disputiert.[115]

Das im Zentrum dieser Untersuchung stehende Werk Landinos, die *Disputationes Camaldulenses*, soll hier nur kurz charakterisiert werden. Es umfaßt vier Bücher und wurde - wie Lohe wahrscheinlich machen kann - von Landino Ende 1472 fertiggestellt und um 1480 veröffentlicht.[116]

Gewidmet ist das Werk Federigo da Montefeltro, der nach dem Sieg bei Città di Castello im August 1474 von Papst Sixtus IV. zum Herzog von Urbino ernannt wurde. In der Widmung, auf deren Funktion noch näher einzugehen sein wird, begründet Landino seine Wahl damit, daß Federigo den idealen Staatsmann, den *homo universalis* verkörpere, da er innen- und außenpolitische Krisen in Krieg und Frieden meistere und dennoch Zeit finde, sich der Kunst und der Philosophie zu widmen, ein Zeitideal, das zu verwirklichen Federigo da Montefeltro tatsächlich anstrebte.[117] Er verbinde die beiden

---

114 *Christophori Landini De nobilitate animae dialogi, de qua Carolus Marsuppinus, Landinus et Paullus quidam Mathematicus invicem confabulantur.* Bandini, Specimen II, 181 f. Das Werk wurde schon von Landino mit dem Kurztitel *De anima* versehen. Buch I: Ed. Alessandro Paoli/ Giovanni Gentile, Annali delle Università Toscane 34, 1915, Einl. von A. Paoli. Buch II: Annali delle Università Toscane NS 1, fasc. 2, 1916. Buch III: Annali delle Università Toscane NS 2, fasc. 3, 1917, Einl. von G. Gentile. Zur Überlieferung: Lentzen, Studien 15. Den Inhalt referierend Weiss, Das Metaphorische 37 ff. Eine erste Abhandlung zum dritten Buch demnächst in der Diss. von U. Rüsch genannt Klaas. Field, Origins 258 ff. Zur Datierung Lentzen, Studien 16 f. und Gentile, Praef. zum 3. Buch III ff.

115 Land. De anima I 9: Age, igitur, bene volente Deo: explica primum quid anima sit, undeque illi origo existat, deinde quo pacto, in corpore constituta, suas vires exerceat: postremo sitne post interitum hominis incolumnis duratura.

116 Bandini, Specimen II 188 ff. Die maßgebliche Textausgabe stammt von Peter Lohe, Florenz 1980. Zur Datierung des Werkes aufgrund der Titulatur des Federigo da Montefeltro vgl. Lohe, D. C. Introd. XXX-XXXIII und Lohe, Rinascimento 9, 1969, 291 - 99. Kritisch dazu Cardini, La Critica 152 f Anm. 37. Einen Überblick über Drucke und erste Teilausgaben der *Disputationes* gibt Lentzen, Studien 280 f.

117 Land. D. C. 4, 19- 8, 19. Über Federigo da Montefeltro: Vespasiano da Bisticci, Vite di Uomini illustri del sec. XV, I 265 ff. Das Ideal der Verschmelzung von vita activa und vita contemplativa ließ Federigo auch künstlerisch realisieren. Ein Gemälde von Justus von Gent (Villa Barberini, Rom) zeigt den Herzog von Urbino mit seinem Sohn in vollem Harnisch, ein Buch lesend. In der Tat wuchs seine Bibliothek zwischen 1468 und 1482 auf über 1000 Manuskriptbände. Dazu und zum Mäzenatentum des

Lebenswege der vita activa und vita contemplativa in seiner Person, eine Tatsache, die die Widmung über den Rang einer hômmage an den Fürsten zur programmatischen Einleitung des Gesamtwerkes erhebt; eines Werkes, von dem in der Sekundärliteratur oft zu Unrecht behauptet wird, es zerfalle in zwei untereinander unverbundene Teile.[118]

Aufbau und Rahmenhandlung der Disputationes sind einfach.[119] Ausgangspunkt ist eine fiktive Sommerfrische im Kloster Camaldoli bei Florenz im Jahre 1468, also ein Jahr vor dem Regierungsantritt Lorenzo de' Medicis, in deren Verlauf an vier aufeinanderfolgenden Tagen Dialoge stattfinden, an denen auch Giuliano de' Medici teilnimmt. Des weiteren sind mit Alamanno Rinuccini, Piero und Donato Acciaiuoli, Marco Parenti, Antonio Canigiani, Marsilio Ficino, Leon Battista Alberti, der neben Lorenzo de' Medici einen Hauptteil der Gespräche beherrscht, sowie Cristoforo Landino und seine Brüder beim Gastgeber, dem Abt Mariotte Allegri, die Spitzen der intellektuellen florentiner Gesellschaft versammelt.[120]

Das erste Buch behandelt die Frage nach der rechten Lebensweise, der vita activa oder contemplativa, das zweite fragt nach dem Ziel dieser Bemühungen, dem den Menschen gesetzten *summum bonum*. Mit der in den Büchern III und IV folgenden Allegorese der ersten sechs Bücher von Vergils Aeneis stellt Landino seine theoretischen Erwägungen unter die Autorität des augusteischen Dichters, dem als *vates* eine besondere Rolle bei der Vermittlung letztgültiger

---

schwerreichen Condottiere: Clough, JWCI 36, 1973, 129 ff. hier 142. In einem Dankesbrief gibt der Herzog von Urbino der Freude über das ihm gewidmete Werk Ausdruck. Lohe, D. C. Introd. IX - X.: Liber tuus legitur a me quotidie et legetur libentissime, fietque tanta lectitandi delectatio ex scriptis tuis, ut me facile sperem ad illorum gravitatem et altissimos sensus proximum usquequaque accedere posse.

118 So z. B. Grassi, Einführung 82 f. Wolf, Vergilerklärung 453 f. Lentzen, Wolfenbütteler-Renaissance-Mitteilungen 5, 1981, 96 - 97 weist zwar für die Vergil-Allegorese auf den neuplatonischen Hintergrund hin und zieht die Verbindungslinien zum Dante-Kommentar, läßt aber die Verknüpfung mit der theoretischen Grundlegung der Bücher I und II vermissen. Trinkaus, Image 721, bezeichnet die Bücher drei und vier als eine Fortsetzung der ersten beiden, ohne dies näher zu begründen, und reduziert zugleich die Aussage des Gesamtwerkes auf die ethische Dimension. Müller-Bochat, Alberti und die Vergil-Deutung 8: "Mitten durch das Verstehen dieser Dialoge geht ein charakteristischer Riß." Zu Weiss, Das Metaphorische, vgl. Einl.

119 Zusammenfassung der 4 Bücher mit treffender Quintessenz: Bandini, Specimen II 12 - 28.

120 Land. D. C. 8, 20 - 9, 22. Zum Kloster Camaldoli als *locus amoenus* siehe Buck, Studia 216. Zu den beiden Argyropoulos-Schülern: Donato Acciaiuoli, Land. De vera nob. 40, Anm. 20 und Trinkaus, Scope 23. Alamanno Rinuccini, Land. De vera nob. 41 Anm. 21. Vgl. auch: Field, Origins 107 - 126.

Wahrheiten zukommt.[121] Das synkretistisch-philosophische Gedankengut von der Rückkehr der Seele zu ihrem Ursprung, das besonders durch die neoplatonisch-ficinischen Ideen der Academia Platonica beeinflußt war, wurde auf den *Platonicus poeta* Vergil appliziert und damit salviert.[122]

Neben dieser philosphisch-ontologischen Komponente darf die ethisch-adhortative Funktion des Werkes nicht vernachlässigt werden, das in zahlreichen Passagen die Merkmale eines Fürstenspiegels für den jungen Lorenzo de' Medici aufweist[123] und in allen vier Büchern aus der Vermittlung philosophischer Inhalte verbunden mit der Ermahnung zu staatsmännischem Handeln seine literarische Spannung gewinnt.

In der Form folgt Landino - wie es der Titel anzeigt - den *Tusculanae Disputationes* des M. Tullius Cicero, die ja auch bereits Gegenstand seiner Lehrveranstaltungen gewesen waren. Während Cicero aber in seinem Werk

---

121 Zur Intention der Disputationes Landino u. a. im Prooemium zum Horaz-Kommentar, cit. nach Lentzen, Studien 156 Anm. 54: Nam in Marone ceteris omnibus praetermissis quae grammatici rhetorisque partes viderentur et a plurimis iisdemque doctissimis viris conscriptae essent, eos tantum sensus quos divinitas tanti ingenii mirificis figmentis per eam quam Graeci allegoriam nominant penitus abdidit atque pulcherrimis integumentis operuit, pro viribus aperiendos delegi.

122 Vgl. Zintzen, M. Lat. Jb. 20, 1985, 194 ff. Ebd. 195 Anm. 7 eine Bibliographie zu den Büchern III und IV der Disputationes Camaldulenses.

123 In diesem Sinne auch Lentzen, Studien 144 - 45. In diesem Zusammenhang sind auch die Briefe Landinos an seinen Schüler Lorenzo de' Medici zu sehen, so z. B. die *epistola consolatoria* zum Tode seines Onkels Giovanni de' Medici, ed. bei Lentzen, Studien 194 - 200 mit kurzer Einleitung, weitere Briefe ebd. 201 - 210. Im Trostbrief ermahnt Landino seinen damals 14jährigen Zögling, die Tugenden seines Vaters, Großvaters und Onkels in sich zu vereinen und vor allem die *litterae* nicht zu vernachlässigen. Land. Ep. cons. 195 f.: Nam cum te praeceptis nostris non modo doctiorem, verum etiam cunctas ad res prudentiorem fortioremque reddere vehementer studeam. Ebd. 199: Has igitur virtutes omnes optimo quodam contemperamento ita in te accumulari velim, ut cum omnes absolutae in te perfectaeque sint, quae tamen ex illis potissimum excellat nequeant homines internoscere. Quibus quidem in rebus cunctis conficiendis multum tua te natura iuvabit, plurimum exempla ac praecepta domestica. Sed tamen ex rebus omnibus nihil unquam reperies, quo pectora mentesque nostrae melius ad quaeque optima informentur, quam earum litterarum studiis, quibus tu ab ipsa paene infantia deditus non mediocriter profecisti. His ergo omnibus expoliendum te atque omnibus ex partibus elimandum tradas necesse est, nam qui in re publica sua princeps futurus est, eum in primis operam dare oportet, ut quemadmodum ceteros opibus et honoribus excellit, ita doctrina et eloquentia a nemine vincatur. So läßt Landino Lorenzo in D. C. 218, 23- 25 wohl zu Recht sagen: Quis enim non videat universam hanc disputationem non solum meis precibus datam, verum etiam ad me fratremque meum erudiendum elaboratam? Vgl. auch D. C. 10, 21 - 25 die Apostrophe an beide Medicibrüder: Quod etsi litteratis omnibus faciendum saepe sit, vobis tamen, Laurenti Iulianeque, saepissime facere aequissimum est. Videtis enim universam rei publicae molem propter ingravescentem parentis vestri morbum iam vestris umeris sustinendam.

selbst Wortführer ist, tritt Landino als Autor ganz hinter seinen Hauptrednern zurück.

Obwohl Landino sich bemüht, die Unterredungen als authentisch darzustellen, kann man davon ausgehen, daß es sich um - aus "pädagogischen" Gründen verfaßte - Kunstgespräche handelt, denen freilich - wie bei Ficinos Kommentar zu Platons Symposion - ähnliche Unterhaltungen im Kreise der Academia Platonica als Vorbild gedient haben können.[124] So ist auch Leon Battista Alberti als Hauptredner bewußt gewählt, da er sich als Autorität im öffentlichen Leben mit umfassender Bildung, aber ohne einseitige philosophische Festlegung für die Darlegung der Ideen Landinos geradezu anbot. In jedem Fall erfährt der 1472 verstorbene Leon Battista Alberti in diesem Werk Landinos als *homo universalis* eine letzte Ehrung.[125] Die Disputationes Camaldulenses hatten trotz des spöttisch-kritischen Kommentars des Marsilio Ficino einen großen Erfolg, wie sich aus zahlreichen Nachdrucken sowie der schnellen Übersetzung ins Volgare durch zwei Schüler Landinos - Andrea Cambini und Jacopo Carpi - ersehen läßt.[126]

---

124 So auch Lentzen, Studien 144. Dagegen hält Kristeller, Active and Contemplative Life 145, die Gespräche für authentisch.

125 Ihm hatte Landino schon in den 40er Jahren die Erstfassung seiner *Xandra* gewidmet. Siehe auch sein Lob auf Alberti, Land. D. C. 262, 5 ff. Daß Landino Leon Battista Alberti auch als Künstler und Architekten hoch schätzte, zeigt seine Würdigung im Proem. al Comm. Dant. 117, 19 - 31: Ma dove lascio Battista Alberti o in che generazione di dotti lo ripongo? Dirai tra'fisici. Certo, affermo lui esser nato solo per investigare e'secreti della natura. Ma quale spezie di matematica gli fu incognita? lui geometra, lui aritmetico, lui astrologo, lui musico e nella prospettiva maraviglioso più che uomo di molti secoli. Le quali tutte dottrine quanto in lui risplendessino manifesto lo dimostrono nove libri De archite<c>tura da lui divinissimamente scritti, e' quali sono referiti d'ogni dottrina e illustrati di somma eloquenzia. Scrisse De pictura, scrisse De sculptura, el qual libro è intitolato Statua. Né solamente scrisse ma di mano propria fece, e restano nelle mani nostre commendatissime opere di penello, di scalpello, di bulino e di getto da lui fatte.

126 Siehe dazu Lentzen, Studien 19, bes. Anm. 65. Marsilio Ficino urteilte recht abwertend über das Werk des Landino, vielleicht weil seine Rolle in der Academia Platonica nicht genügend berücksichtigt wurde. Fic. Op. om. I 667: Legi questiones [=disputationes] Christophori Landini Camaldulenses: in iis libris Maronis adyta penetrat, Ciceronis dialogos imitatur ad unguem, felicem virum fabricum felicissime. Lege illos, et tu, scio, mecum senties. Vale. Sed qua re in laudando Christophoro tam brevis es, Marsili? Quia habet nescio quid, quod exprimere nequeam. Wadsworth, Modern Philology 50, 1952 - 53, 23 ff.; hier 25 ff. nimmt an, daß Ficinos Verstimmung auf eine falsche Darstellung seiner Position zum Verhältnis von voluntas (amor) - intellectus im zweiten Buch der *Disputationes Camaldulenses* zurückzuführen sei, und er daher *De felicitate* als korrigierende Antwort darauf verfaßt habe. Landino läßt ihn nämlich den Primat des *intellectus* vertreten, dagegen vgl. De felicitate, Fic. Op. om. I 663 und Fic. Theol. Plat. II 291. Vgl. dazu Zintzen, M. Lat. Jb. 20, 1985, 215 Anm. 97. Land. De anima II 129 weist noch auf ein gutes Verhältnis der beiden Gelehrten hin:

Das dritte große dialogische Werk Landinos *De vera nobilitate*, in dem er dem ererbten Adel den durch tugendhaftes Leben errungenen "Leistungsadel" gegenüberstellt, steht in der Tradition eines Buonaccorso da Montemagno, Poggio Bracciolini, Gianozzo Manetti oder Platina. Als terminus post quem kann für die Erstellung des Werkes 1481, wenn nicht gar 1487 festgehalten werden.[127]

In einem fiktiven Gespräch am 2. Dezember 1469 treffen auf einem Bankett anläßlich des Todes Piero de'Medicis die beiden Hauptredner mit den "sprechenden" Namen Philotimos und Aretophilos aufeinander, wobei im Agon der Vertreter der Tugend über den des ererbten Adels den Sieg davonträgt.[128]

Seine Arbeit als Interpret und Kommentator krönte Landino im Jahre 1481 mit der Veröffentlichung seines allegorischen Kommentars zu Dantes *Göttlicher Komödie*, der in Intention und philosophischer Ausrichtung an die Auslegung der Aeneis in den *Disputationes* sowie deren Ansätze in der Vergilvorlesung von 1462/63 anknüpft. Wie die Irrfahrten des Aeneas, so versteht Landino auch die Wanderung des von Vergil geführten Dante durch Inferno, Purgatorio und Paradiso als Allegorie auf die Rückkehr der Seele zu ihrem göttlichen Ursprung.[129]

Sunt profecto in homine omnia a Deo praeclara, ut eum, cum ex multis variisque doctrinis laudem non mediocrem adsecuturum, tum in Platonica disciplina, ad quam quidem rem suis, ut aiunt, astris trahi videtur, inter primus enumeratum iri non dubitem. Zur Verbreitung Lohe in der Einleitung seiner Edition Land. D. C. XXIV-XXX. Zur Verbreitung der Disputationes in Europa vgl. Kallendorf, Renaiss. Q. 36, 1983, 521.

[127] Lentzen, Studien 19 ff. Zur Frage der *nobilitas* in der italienischen Renaissance bes. Anm. 67.

[128] Der Dialog *De vera nobilitate* liegt in zwei kritischen Ausgaben vor: M. Lentzen, Genf 1970 und M. T. Liaci, Florenz 1970.

[129] Eine kritische Ausgabe des in Volgare verfaßten Kommentars zur Divina Comedia fehlt bis heute. Zu den Nachdrucken Lentzen, Studien 27 - 40. Das umfangreiche Prooemium des Dante-Kommentars bei Cardini, Scritti I 95 ff. Die Rede Landinos anläßlich der Überreichung des Kommentars an die Signoria von Florenz bei Cardini, Scritti I 165 ff. und Lentzen, Reden 36 ff. Über den Zusammenhang von Vergil- und Dante-Exegese Land. D. C. 253, 27 - 254, 2: Sed vide, quantum tibi ex tua disputatione debeam! Dum enim mihi planum reddere Maronem tentas idque efficis, eodem tempore in nostri civis divinum poema inducis. Nunc enim demum perspicio, quid sibi velit Danthes, qui primum ad inferos descendat atque inde emergens nullam aliam viam nisi perpurgatoria loca ad caelum inveniat. Siehe auch Land. Proem. al Comm. Dant. 100, 29 - 101, 4: Ora perché avevo novallamente interpretato e alle latine lettere mandato l'allegorico senso della virgiliana Eneide, giudicai non dovere essere inutile a'miei cittadini né ingiocondo se, con quanto potessi maggiore studio e industria, similmente investigassi gl'arcani e occulti ma al tutto divinissimi sensi della Comedia del fiorentino poeta Dante Alighieri; e come el latino poeta in latina lingua avevo espresso così el toscano in toscana interpretassi. Zur Platonisierung von Dantes Göttlicher Komödie durch Landino, leider ohne Hinweis auf die Disputationes

Einen grammatisch-stilistischen Schwerpunkt der Analyse weisen dagegen der 1482 veröffentlichte *Horaz-Kommentar* und der 1488 in Florenz gedruckte *Vergil-Kommentar* auf.[130] Den *Horaz-Kommentar*, der wohl aus den Ergebnissen jahrelanger Lehrtätigkeit Landinos über diesen Autor hervorging und dem eine eigens für dieses Werk gedichtete Ode Polizians vorangeht, widmete Landino Guidobaldo von Urbino, dem Sohn Federigo da Montefeltros.

Zu seinem Zeile für Zeile das Werk Vergils interpretierenden Kommentar, der auch die Kommentare des Servius und des Donat enthält und den Landino Piero de' Medici, dem Sohn Lorenzos, zueignete, schrieb er selbst:

> *Nam quemadmodum in Camaldulensibus philosophi interpretis munus obivimus, sic in his commentariis grammatici rhetorisque vices praestabimus.*[131]

Neben diesen großen Werken sowie einem umfangreichen Corpus an Reden und Briefen, das vor allem eine Einordnung Landinos in das soziale Gefüge des florentinischen Stadtstaates sowie eine Erhellung seiner Beziehungen zum Hause de' Medici und zu anderen berühmten Persönlichkeiten seiner Zeit gestattet,[132] sind von Landino zahlreiche Übersetzungen in die toskanische Volkssprache erhalten, mit denen er sich - untermauert durch theoretische Abhandlungen über die *Questione della lingua* - als Verfechter des *umanesimo volgare* einen Namen machte. So z. B. eine Übersetzung der *Naturalis historia* des älteren Plinius, die Landino Ferdinand I. von Aragon, dem König von Neapel, widmete. Ein anderes Beispiel ist die Übersetzung der *Sforziada* des Giovanni Simonetta ins Volgare. In diese Reihe gehört ebenso das zu Studien-

---

Camaldulenses: Chastel, L'Art et l'Humanisme 109 ff. Zur Vermittlung platonischer Wahrheiten durch Dante über Vergil s. Kristeller, Suppl. Fic. II 184 - 85. Vgl. dazu Buck, Rom. Forsch. 58/ 59, 1947, 244 ff. Möglich ist, daß Landino zum Dank für den Kommentar zum Professor auf Lebenszeit ernannt wurde. Vgl. Lentzen, Studien 36 Anm. 31.

130 Moderne kritische Ausgaben fehlen zu beiden Kommentaren. Zu den anastatischen Nachdrucken aus dem 15. und 16. Jh. siehe Lentzen, Studien 282 - 83. Das Prooemium des Horaz-Kommentars bei Cardini, Scritti I 193 ff. Zum HorazKommentar: Bandini, Specimen I 225 - 29. Die Ode Polizians, vgl. Bandini, Specimen I 228 - 29, nach Aussage Bandinis: Hoc carmen inter Politiani opera non reperitur. Die Einleitungen zu Buch I und II des Vergil-Kommentars: Proemio al Commento Virgiliano, ed. Cardini, Scritti I 203 ff. und Introduzione all' Eneide. ebd. I 226 ff. Zum Vergil-Kommentar vgl. ebenfalls Bandini, Specimen I 220 - 225.

131 Introd. all'Eneide 233, 20 - 22.

132 Eine Gesamtedition der Briefe und Reden fehlt. Zur Veröffentlichung ausgewählter Briefe und Reden vgl. Lentzen, Wolfenbütteler-Renaissance- Mitteilungen 5, 1981, 99 Anm. 2. Zu den *opera minora* s. Lentzen, Studien 23 f; 284 - 286. Einige Briefe an und von Cristoforo Landino: Bandini, Specimen I 152 ff.

und Übungszwecken verfaßte *Formulario di Epistole.*[133] Eine theoretische Auseinandersetzung mit der Volkssprache bot Landino in seiner Prolusio des Petrarca-Kurses. Hier stellte er das Volgare erstmals in seiner *diversità* gleichberechtigt neben die klassischen Sprachen der Antike:

> *M'è fé, acciò che voi intendiate el nostro patrio sermone non avere avuto più debole principio che gl'altri, e per niente altro essere rimaso indrieto se non per carestia di dotti scrittori.*[134]

Denn wie Landino mit zahlreichen Beispielen - wie Leonardo Bruni, Leon Battista Alberti, Matteo Palmieri, Buonaccorso da Montemagno für die Prosa oder Dante, Boccaccio und Petrarca für die Dichtung - belegen konnte, gab es keine literarische Gattung, die nicht von großen Männern auch in die Heimatsprache übertragen werden konnte. Das Stichwort des *trasferimento* charakterisiert die kulturhistorische Leistung der Volgare-Autoren, gleichsam in Analogie zur Umsetzung griechischer Literatur im römischen Westen.[135]

Dennoch lehnte Landino die Beschäftigung mit der lateinischen Sprache vor allem als der Vermittlerin der *artes liberales* nicht etwa ab, sondern sah gerade darin die Voraussetzung für einen souveränen Umgang mit der *lingua toscana*:

> *A voi basti l'auttorità d'Orazio el quale nell'Arte Poetica dice che il fonte e l'origine dell'ornato stile è la dottrina ... E Platone chiaramente afferma tanta cognazione e convenienza essere tra arti liberali che l'una sanza l'altra non si possi avere. Se adunque fa di bisogno l'arte, fa di bisogno la dottrina, e queste sanza la latina lingua non s'acquistano, è necessario essere latino chi vuole essere buono toscano....Datevi addunque agli studi delle buone*

---

133 Vgl. dazu Lentzen, Studien 22 f. Das Prooemium zur Übersetzung der *Naturalis historia* Cardini, Scritti 77 ff. Prooemien zur Übersetzung der *Sforziada* und zum *Formulario di epistole* Cardini, Scritti 183 ff. und 175 ff. Zu diesem Komplex grundlegend Cardini, Landino e l'Umanesimo, in: Cardini, La Critica 113 - 32. Literatur zu diesem Themenkomplex ebd. 113 - 14. Zu dem Thema weiterhin A. Buck, Der Einfluß des Platonismus auf die volkssprachliche Literatur im Florentiner Quattrocento, Schriften und Vorträge des Petrarca Instituts Köln 19, Krefeld 1965. Weiterhin: Giannantonio, Landino e l'Umanesimo volgare, passim. Zu Landinos Verdiensten um das Volgare vor allem 107 ff. M. Santoro, Cristoforo Landino e il volgare, in: Giornale storico della letteratura Italiana 131, 1954, 501 - 42.

134 Land. Prolus. Petr. 35, 22 - 26. Zu dieser Rede Bandini, Specimen I 229 f.: Quapropter Latino eloquio pro viribus expolito, Tuscum sermonem, qui civium incuria, atque ignavia, valde prociderat, ad nitorem pristinum restituere animum curamque intendit, et A. circiter MCCCCLX. Orationem inauguralem publice habuit, in qua cives suos, ut ad id praestandum toto animo incumberent, hortatus est, maiorum nostrorum, Dantis scilicet, Giovanni Boccaccii, Francisci Petrarchae, Leonardi Arretini, Leonis Baptistae Alberti, pro Rep. literaria praeclare gesta recensendo. Quod ut facilius adsequeretur, Tusca Francisci Petrarchae carmina auditoribus suis enucleanda sibi proposuit. Vgl. hierzu Cardini, La Critica 123 f.

> *arti, prestantissimi cittadini, acciò che con quelle possiate elimare e crescere la lingua patria, possiate a voi medesimi reputazione e laude acquistare, possiate alla vostra republica in molti e vari casi sovvenire.*[136]

So konnte Cristoforo Landino am Ende eines Lebens, das sowohl der Wissenschaft als auch dem Staate gedient hatte, auf ein weitgefächertes Oeuvre[137] blicken, dem man mit der bloßen Zuweisung methodologischer Kategorien sicher nicht gerecht wird. Über sich selbst sagte er in seiner *Praefatio in Tusculanis*:

> *Ego enim, praestantissimi patres, si mihi rhetoris nomen - dico enim rhetorem, ut Latini appellant, qui huic praeceptorum tradendorum facultatem dant, dicendi vero vim atque copiam non dant - si rhetoris igitur nomen mihi aliqua ex parte usurpem, erit vestrae porro humanitatis ei, qui non bene in difficili doctrina exercitatus sit, veniam dare; philosophi autem nomen neque mihi postulo neque, si ultro afferatur, accipio. Quam ob rem, cum inter legendum muneri mihi publice imposito pro viribus satisfecero, tum etiam si qui ex philosophia loci occurrent, eos non tanquam huius facultatis professor, sed ut homo qui nonulla legerim, plurima etiam de praeceptore meo, viro omnium quos nostra saecula viderint sine controversa doctissimo et in litteris tum Graecis tum Latinis exercitatissimo, Carlo Arretino, audierim explicabo.*[138]

Obwohl ihm sein Erfolg als Lehrer und Dante-Interpret die Türen zur politischen Karriere öffnete, blieb Landino stets der Literatur treu. Kurz vor seinem Tod zog er sich nach Borgo alla Collina nahe Pratovecchio zurück, wo er bis zu seinem Tode lebte.[139] Über sein Todesdatum jedoch liegen ohne Nennung der jeweiligen Quelle widersprüchliche Angaben vor.[140]

---

135 Land. Prolus. Petr. 40, 1 - 3.

136 Land. Prolus. Petr. 37, 31 - 38, 2 und 40, 9 - 13.

137 Völlige Unklarheit herrscht bezüglich der Existenz bzw. des Verbleibs mehrerer von Bandini in seiner Liste landinischer Werke aufgeführter Titel. Vgl. dazu Lentzen, Studien 258: 1. Liviusübersetzung: *Le Deche di Livio,* Bandini, Specimen II 197 Nr. XXI. 2. *Tractatus de Vestibus et Magistratibus Florentinae Republicae,* ebd. II 201 Nr. XXVI. 3. *Bellum Arbiae, seu infelix conflictus Montis Aperti Carmine Heroico conscriptum,* ebd. II 201 Nr. XXVII. 4. *Commentaria in Ethicam Aristotelis,* ebd. II 201 Nr. XXV. S. dazu Field, Origins 239 Anm. 38.

138 Land. Praef. in Tusc. 6, 31 - 7, 8.

139 Lentzen, Studien 13 und Field, Origins 239.

140 1498 als Sterbedatum: Lentzen, Studien 13. Field, Origins 239 Anm. 38 mit Wiederlegung einer Datierung auf 1504. Dizionario Critico della Letteratura Italiana, 3 Bde, Turin 1973, Bd. 2, 359 ff. Tusculum - Lexikon griechischer und lateinischer

Während Lentzen und Field mit dem Dizionario Critico oder dem Tusculum-Lexikon 1498 als Todesjahr angeben, finden sich bei Bandini unklare Daten, die z. T. unreflektiert von der Forschung übernommen wurden. Er berichtet, daß Landino sich im Alter von 73 Jahren, 1497, aus den öffentlichen Ämtern zurückgezogen und bis zu seinem Tod am 16. März 1504 (oder 1503) auf dem Lande gelebt habe. Dabei lassen sich weder Monats- noch Jahresangabe mit dem genannten Lebensalter von 80 Jahren, 10 Monaten und 13 Tagen in Einklang bringen. Da diese Frage für das hier behandelte Thema unerheblich ist, soll nur auf die Divergenzen hingewiesen werden, die nicht allein das Urteil P. O. Kristellers bekräftigen:

Vir admodum eloquens et eruditus biographum exspectat.[141]

Autoren des Altertums und des Mittelalters, W. Buchwald/ A. Hohlweg/ O. Prinz (Hgg.), München 1982.

1504 als Sterbedatum: Biographical and Bibliographical Dictionary of the Italian Humanists and of the World of Classical Scholarship in Italy 1300-1800, Cosenza (Hg.), Boston 1909. Illustrierte Enzyklopädie der Renaissance, Königstein 1980. Sie gehen auf die vagen Angaben bei Bandini, Specimen II 166 - 67 Anm. 4 und 5 zurück: Ad annum MCCCCXCVII aetatis suae LXXIII Landinus maximis meritorum suorum praemiis cumulatus devenerat: quum a Rep. Florentina decretum fuit, ut ob publicum a secretis munus, quod ingravescente aetate, exercere amplius non poterat, stipendium adciperet ... Morbo itaque gravi conreptus, diem suum obiit ad diem XVII. Kal. Aprilis A. MDIIII, vel, ut alii volunt, A. MDIII, annos natus LXXX, menses X, dies XIII non sine maximo Florentinae urbis, ac totius eruditi orbis maerore. Unterstellt man bei diesen ohnehin zweifelhaften Zahlen noch den *Calculus Florentinus*, kommt man zum 16. März 1505 bzw. 1504.

141 Cit. nach Cardini, Scritti, Einl. IX.

II. VITA ACTIVA - VITA CONTEMPLATIVA. EIN GEISTESGESCHICHTLICHER ABRISS

L'opposition de l'action et de la contemplation notamment et leur synthèse reste fondamentale dans la vie des hommes et il est fatal que dépuis l'antiquité jusqu'à nos jours elle soit restée d'actualité.[142]

Einen Überblick über die Behandlung dieses Themas von der Antike bis in die Zeit Landinos geben zu wollen, wäre angesichts der Komplexität der Thematik und der Fülle der Quellen vermessen. Im Rahmen dieser Darstellung kann und soll daher nur auf einige der wichtigsten Sichtweisen der Problematik durch die Vorstellung ihrer wichtigsten Exponenten hingewiesen werden, um so die Position Landinos besser in die geistesgeschichtliche Entwicklung einordnen zu können.

Der erste, bei dem wir eine theoretische Behandlung der beiden Pole menschlicher Lebensführung finden, ist Platon. Da aber für ihn - wie sein Ideal des Philosophenkönigs zeigt - Erkenntnis und Handlung unauflöslich zusammengehören, fehlen in seinen Abhandlungen die abgrenzenden Termini βίος πρακτικός und βίος θεωρητικός. Die θεωρία ist zugleich praktische Erkenntnis im ethisch-politischen Sinne, so daß im Gorgias Sokrates dem Kallikles erwidern kann, daß nicht der politisch Einsichtige, sondern der Philosoph der ideale Staatsmann sei.[143]

Unter den Vertretern der verschiedenen Lebensweisen, die Platon gemäß den Seelenteilen unterscheidet, ist der φιλόσοφος der glücklichste, da er die Zügellosigkeit meidet und jegliche Affekte in sich beherrscht.[144] Der allein für seine Lust lebende Mensch und sein βίος ἀπολαυστικός werden als anti-sozial empfunden, während das Leben des Philosophen das politische Leben par

---

142 Joly, Thème 192. Grundlegend zu diesem Kapitel weiterhin: Schalk, Tema 559 - 566. André, Otium, passim. Vickers, Arbeit, Muße, Meditation. Zur Begrifflichkeit: Arendt, Vita Activa 18 ff.

143 Plat. Gorg. 491 c und 521 d.

144 Zu den vier Kategorien des φιλόσοφος, φιλοσώματος, φιλοχρήματος und φιλότιμος s. Plat. Phaed. 68b-c und vgl. dazu Plat. Rep. VIII, 555 a ff. und Plat. Rep. IX, 581 c: Διὰ ταῦτα δὴ καὶ ἀνθρώπων λέγομεν τὰ πρῶτα τριττὰ γένη εἶναι, φιλόσοφον, φιλόνικον, φιλοκερδές; Plat. Gorg. 507 c: Ἐγὼ μὲν οὖν ταῦτα οὕτω τίθεμαι καί φημι ταῦτα ἀληθῆ εἶναι· εἰ δὲ ἔστιν ἀληθῆ, τὸν βουλόμενον, ὡς ἔοικεν, εὐδαίμονα εἶναι σωφροσύνην μὲν διωκτέον καὶ ἀσκητέον, ἀκολασίαν δὲ φευκτέον ὡς ἔχει ποδῶν ἕκαστος ἡμῶν. Plat. Theaet. 175d - e.

excellence repräsentiert.[145] Der im Höhlengleichnis[146] aufgezeigte Bildungsgang des Philosophen führt aus dem Gefängnis des Scheins über die noetischen Erkenntnisstufen des Liniengleichnisses[147] von der δόξα zur ἀλήθεια, zur Schau der Idee des Guten. Dieses Erfassen des μέγιστον μάθημα aber birgt zugleich den Auftrag der Paideia. Der Philosoph muß, statt sich für immer der Kontemplation hinzugeben, zurück in die politische Gemeinschaft, er muß das Leben seiner Mitbürger teilen und in der Auseinandersetzung um die bei ihnen umstrittenen Schatten das Licht des von ihm geschauten Urbildes des Gerechten und Guten zur Wirkung kommen lassen, damit die Polis selbst aus dem "wirren Traum" der Meinungen und des Kampfes um die Macht zur Teilhabe an der Erkenntnis des Wahren erwacht[148] und die innere δικαιοσύνη findet, die der Philosophenkönig in seiner Seele schon erreicht hat.[149] Denn wie Platon es im "Philosophen-Königssatz" formuliert, können nur diejenigen Staaten wahrhaft glücklich werden, die entweder von Philosophen beherrscht werden, oder in denen die Herrschenden zu philosophieren beginnen.[150]

Dieses Ideal der originären Verschmelzung von vita activa und vita contemplativa darf für das richtige Verständnis der Arbeiten Landinos nie aus dem Blick geraten.

Während für Platon Ideenschau und politisches Handeln unauflöslich miteinander verbunden waren, und er - im Gegensatz zur Meinung der Sophisten - die Erkenntnis des Grundes als Voraussetzung für jedes politische Handeln annahm, vollzog Aristoteles erstmals die inhaltliche und begriffliche Trennung des βίος πρακτικός vom βίος θεωρητικός. Da für ihn, der im Zeitalter des zur Universalmonarchie aufsteigenden Makedonenreiches lebte, die direkte politische Umsetzung seiner Ideen in einer von αὐτονομία und ἐλευθερία geprägten Polis unmöglich geworden war, transponierte er den βίος πρακτικός in den ethischen Bereich. Aristoteles stellte die ἀρετή des

---

145 Joly, Thème 71.

146 Plat. Rep. VII, 514 a ff.

147 Plat. Rep. VI, 509 c ff.

148 Huber, Aristoteles und Platon 29f.

149 Plat. Rep. VII, 540 a - b: γενομένων δὲ πεντηκοντουτῶν τοὺς διασωθέντας καὶ ἀριστεύσαντας πάντα πάντῃ ἐν ἔργοις τε καὶ ἐπιστήμαις πρὸς τέλος ἤδη ἀκτέον, καὶ ἀναγκαστέον ἀνακλίναντας τὴν τῆς ψυχῆς αὐγὴν εἰς αὐτὸ ἀποβλέψαι τὸ πᾶσι φῶς παρέχον, καὶ ἰδόντας τὸ ἀγαθὸν αὐτό, παραδείγματι χρωμένους ἐκείνῳ, καὶ πόλιν καὶ ἰδιώτας καὶ ἑαυτοὺς κοσμεῖν τὸν ἐπίλοιπον βίον ἐν μέρει ἑκάστους, τὸ μὲν πολὺ πρὸς φιλισοφίᾳ διατρίβοντας, ὅταν δὲ τὸ μέρος ἥκῃ, πρὸς πολιτικοῖς ἐπιταλαιπωροῦντας καὶ ἄρχοντας ἑκαστους τῆς πόλεως ἕνεκα, οὐχ ὡς καλόν τι, ἀλλ' ὡς ἀναγκαῖον πράττοντας. Zentral dazu auch 519 b - 521 b.

150 Plat. Rep. V, 473 d - e.

Menschen ins Zentrum, indem er das höchste Gut des Menschen als ein Tätigsein der Seele im Sinne ihrer ἀρετή (ψυχῆς ἐνέργεια κατ' ἀρετήν) definierte.[151]

So kommen von den drei bei Aristoteles angesetzten Lebensweisen für den "edlen" Menschen im Hinblick auf seine ἀρετή nur zwei in Betracht, βίος πολιτκός und βίος θεωρητικός,[152] während nur der Mob das höchste Gut mit dem reinen Vergnügen identifiziert. Die ἀρετὴ τελεῖα ist dagegen die Verfassung des Menschen, in der die irrationalen Seelenteile dem νοῦς so untergeordnet sind, daß sich dieser ungehindert der θεωρία hingeben kann. In dieser Schau des Göttlichen ist es dem sterblichen Menschen möglich, Anteil zu gewinnen an der Unsterblichkeit und am Göttlichen selbst, indem er das Göttliche in sich selbst zur größtmöglichen Verwirklichung kommen läßt und damit die höchste Lebensform realisiert. Dieses Leben im Geistigen, das bei Aristoteles den ersten Rang einnimmt[153] und sich nicht nur mit der Gotteserkenntnis selbst, sondern mit den sichtbaren Manifestationen des Höchsten in der Welt beschäftigt,[154] bleibt jedoch nur einigen wenigen vorbehalten und wird als übermenschlich angesehen.

Bei Aristoteles wird die Philosophie zum Medium, durch das der Mensch sich auf der höchsten Stufe seiner Möglichkeiten entwickeln kann. Er löste den βίος θεωρητικός von der praktischen Anwendung und verlieh ihm durch die Qualifikation als "Göttliches" eine der menschlichen Sphäre enthobene

---

151 Arist. EN I 6. 1098 a 16 f.

152 Zu den drei Grundformen des Lebens s. Arist. EE I 4. 1215 a 32 ff.: τῶν δ' εἰς ἀγωγὴν εὐδαιμονικὴν τταττομένων τριῶν ὄντων, τῶν καὶ πρότερον ῥηθέντων ἀγαθῶν ὡς μεγίστων τοῖς ἀνθρώποις, ἀρετῆς καὶ φρονήσεως καὶ ἡδονῆς τρεῖς ὁρῶμεν καὶ βίους ὄντας, οὓς οἱ ἐπ' ἐξουσίας τυγχάνοντες προαιροῦνται ζῆν ἅπαντες, πολιτικὸν φιλόσοφον ἀπολαυστικόν. Über die beiden dem Menschen zukommenden Lebensweisen s.Arist. Pol. VII 2. 1324 a 25 ff.: ἀμφισβητεῖται δὲ παρ' αὐτῶν τῶν ὁμολογούντων τὸν μετ' ἀρετῆς εἶναι βίον αἱρετώτατον, πότερον ὁ πολιτικὸς καὶ πρακτικὸς βίος αἱρετὸς ἢ μᾶλλον ὁ πάντων τῶν ἐκτὸς ἀπολελυμένος, οἷον θεωρητικός τις, ὃν μόνον τινές φασιν εἶναι φιλοσόφον. σχεδὸν γὰρ τούτους τοὺς δύο βίους τῶν ἀνθρώπων οἱ φιλοτιμότατοι πρὸς ἀρετὴν φαίνονται προαιρούμενοι, καὶ τῶν προτέρων καὶ τῶν νῦν· λέγω δὲ δύο τόν τε πολιτικὸν καὶ τὸν φιλόσοφον. Vgl. auch Arist. EE I 1. 1214 a 30 - b 5 und vor allem Arist. EN I 5. 1095 b 17 - 19. Vgl. dazu Lobkowicz, Theory and Practice 4 f.

153 Diese Sichtweise ist schon im Protreptikos - rekonstruierbar aus dem Werk des Jamblich - angelegt. Vgl. dazu Düring, Aristoteles 444 ff. Vgl. Arist. Protr. B 45 und B 46 - 51. Arist. EN X 7. 1178 a 5 - 9: τὸ λεχθέν τε πρότερον ἁρμόσει καὶ νῦν· τὸ γὰρ οἰκεῖον ἑκάστῳ τῇ φυσει κράτιστον καὶ ἥδιστόν ἐστιν ἑκάστῳ. καὶ τῷ ἀνθρώπῳ δὴ ὁ κατὰ τὸν νοῦν βίος, εἴπερ τοῦτο μάλιστα ἄνθρωπος. οὗτος ἄρα καὶ εὐδαιμονέστατος. Vgl. ebd. 1178 b 30 ff.

Wertigkeit.[155] Diese glücklichste Lebensweise des Philosophen wird gefolgt vom βίος πρακτικός,[156] der hier erstmals einen Eigenwert gewinnt.[157] Aristoteles entwickelte das Ideal eines Lebens der καλαὶ πράξεις, in dem die Tugenden durch die aus ihnen entspringenden Handlungen um ihrer selbst willen verwirklicht werden.[158]

οὐ γὰρ ἵνα εἰδῶμεν τί ἐστιν ἡ ἀρετὴ σκεπτόμεθα, ἀλλ' ἵν' ἀγαθοὶ γενώμεθα, ἐπεὶ οὐδὲν ἂν ἦν ὄφελος αὐτῆς. [159]

Ziel der Ethik ist somit nicht die Erkenntnis der Tugend, sondern die Erziehung zum wertvolleren Menschen, der als ζῷον πολιτικόν[160] gemäß seiner ἀρετή lebt.[161]

Für die Stoa war das Wissen um die göttlichen und menschlichen Dinge Voraussetzung der Sittlichkeit, die ihrerseits in praktischer Tätigkeit bestand. Die Phronesis war bis zu Panaitios das Wissen um das rechte Handeln. Erst er würdigte den Erkenntnistrieb als solchen, betrachtete die theoretische Forschung als naturgemäße Betätigung des Menschengeistes und sah in ihr erstmals ein gesondertes Gebiet der Phronesis neben der praktischen Erkenntnis, die dank der Verflechtung der Tugenden auf die Bereiche der übrigen übergreift und dort das Handeln regelt.[162] "Finally, in the Stoics as well as in their Roman followers

---

[154] Zu den drei Arten des θεωρεῖν siehe Arist. Met. 1064 b 1 - 3. Arist. Phys. 193 b 22 - 26. Ebd. 194 b 14. Arist. Met. 1026 a 13 - 32.

[155] Arist. EN X 7. 1177 b 27 - 32: ὁ δὲ τοιοῦτος ἂν εἴη βίος κρείττων ἢ κατ' ἄνθρωπον· οὐ γὰρ ᾗ ἄνθρωπός ἐστιν οὕτω βιώσεται, ἀλλ' ᾗ θεῖόν τι ἐν αὐτῷ ὑπάρχει· ὅσῳ δὲ διαφέρει τοῦτο τοῦ συνθέτου, τοσοῦτῳ καὶ ἡ ἐνέργεια τῆς κατὰ τὴν ἄλλην ἀρετήν. εἰ δὴ θεῖον ὁ νοῦς πρὸς τὸν ἄνθρωπον, καὶ ὁ κατὰ τοῦτον βίος θεῖος πρὸς τὸν ἀνθρώπινον βίον. Vgl. Kristeller, Active and Contemplative Life 136.

[156] Zu beachten ist hier: nach Aristoteles ist das Leben πρᾶξις, nicht ποίησις, und hat somit sein Ziel in sich selbst. Vgl. Arist. MM 1211 b 27 ff. und Arist. Pol. I 4. 1254 a 7 ff.

[157] Arist. EN X 9. 1181 b 15 ff. Ebd. X 8. 1178 a 8 - 13 und ebd. 20 - 22.

[158] Arist. EE XV 7. 1248 b 34 - 37: καλὸς δὲ κἀγαθὸς τῷ τῶν ἀγαθῶν τὰ καλὰ ὑπάρχειν αὐτῷ δι' αὐτὰ καὶ τῷ πρακτικὸς εἶναι τῶν καλῶν καὶ αὐτῶν ἕνεκα. καλὰ δ' ἐστὶν αἵ τε ἀρεταὶ καὶ τὰ ἔργα τὰ ἀπὸ τῆς ἀρετῆς.

[159] Arist. EN II 2. 1103 b 27 - 29. Vgl. Arist. MM 1190 b 1 - 6. Siehe dazu Düring, Aristoteles 457.

[160] Arist. Pol. I 2. 1253 a 1 - 4: ἐκ τούτων οὖν φανερὸν ὅτι τῶν φύσει ἡ πόλις ἐστί, καὶ ὅτι ἄνθρωπος φύσει πολιτικὸν ζῷον, καὶ ὁ ἄπολις διὰ φύσιν καὶ οὐ διὰ τύχην ἤτοι φαῦλός ἐστιν, ἢ κρείττων ἢ ἄνθρωπος·

[161] Joly, Thème 125 f. und Lobkowicz, Theory and Practice 25. Zu Cicero s. André, Otium 280 - 334.

[162] Pohlenz, Die Stoa I 202. Vgl. dazu SVF III 173 - 75.

such as Cicero and Seneca θεωρία became a wisdom which was "practical" rather than "theoretical" or even "contemplative". The "logical life" which the Stoics are said to have preferred both to the strictly theoretical and to the merely practical life ... was said to entail both θεωρία and πρᾶξις and this was similar to the "mixed life" of the Peripatetics! But as the emphasis was on the "practical" the θεωρία of the Stoics was little more than the knowledge required for the κατὰ φύσιν ζῆν."[163]

Diese Zusammenfassung von N. Lobkowicz läßt sich durch zahlreiche antike Zeugnisse belegen. Die Stoa rezipierte die drei aristotelischen Lebensformen,[164] lehnte aber die vita voluptuosa als mit dem λόγος nicht vereinbar ab. So schreibt Cicero:

> *Hi non viderunt, ut ad cursum equum, ad arandum bovem, ad indagandum canem, sic hominem ad duas res, ut ait Aristoteles, ad intellegendum et agendum, esse natum quasi mortalem deum, contraque ut tardam aliquam et languidam pecudem ad pastum et ad procreandi voluptatem hoc divinum animal ortum esse voluerunt, quo nihil mihi videtur absurdius.*[165]

Und obwohl man in dieser vita mixta die Kontemplation pries[166] oder wie Seneca aus Enttäuschung im philosophischen *otium* den einzigen Weg sah,[167] räumte man dennoch dem aktiven Leben für den Staat den ersten Rang ein, da man es als das dem Menschen angemessenste erachtete:

> *Placet igitur aptiora esse naturae ea officia, quae ex communitate, quam ea, quae ex cognitione ducantur, idque hoc argumento confirmari potest, quod, si contigerit ea vita sapienti, ut omnium*

163 Lobkowicz, Theory and Practice 50 - 51. Siehe in diesem Sinne auch Joly, Thème 146.

164 Sen. De otio 7, 1: Praeterea tria genera sunt vitae, inter quae quod sit optimum quaeri solet: unum voluptati vacat, alterum contemplationi, tertium actioni.

165 Cic. De fin. 2, 40. Siehe dazu auch Sen. De otio 5, 8: Ergo secundum naturam vivo si totum me illi dedi, si illius admirator cultorque sum. Natura autem utrumque facere me voluit, et agere et contemplationi vacare: utrumque facio, quoniam ne contemplatio quidem sine actione est. So auch Cic. De off. 1, 15; 1, 115. Vgl. dazu Diog. Laert. 7, 126. Zur Ablehnung des Lustvollen Cic. Tusc. 5, 101. Über die hier vertretene Verbindung von vita activa und vita contemplativa s. Aug. De civ. Dei 19, 3, CCL 48, 663: Ex tribus porro illis vitae generibus, otioso, actioso et quod ex utroque compositum est, hoc tertium sibi placere adseverant. Haec sensisse atque docuisse Academicos veteres Varro adserit, auctore Antiocho, magistro Ciceronis et suo, quem sane Cicero in pluribus fuisse stoicum quam veterem Academicum vult videri.

166 Cic. Tusc. 1, 44: Profecto beati erimus, cum corporibus relictis et cupiditatum et aemulationum erimus expertes; quodque nunc facimus, cum laxati curis sumus. Vgl. zur Definition des Philosophen Cic. Tusc. 5, 8 - 9. Cic. De orat. 1, 212.

167 Sen. De otio 8, 3.

> *rerum affluentibus copiis quamvis omnia, quae cognitione digna sint, summo otio secum ipse consideret et contempletur, tamen si solitudo tanta sit, ut hominem videre non possit, excedat e vita.*[168]

Der Epikureismus dagegen lehnte das aktive Leben in der Öffentlichkeit mit dem Leitwort λάθε βιώσας ab. Für seine Anhänger bestand die εὐδαιμονία in einer geistigen ἡδονή, die durch Freiheit von Schmerz, Todes- und Götterfurcht erlangt werden konnte. Die zu diesem Zweck in den Intermundien abgeschlossen vom menschlichen Geschehen angesiedelten Götter waren - bei Leugnung eines hierarchisch geordneten Kosmos - durch Kontemplation in einem noetischen Aufstieg zur Erkenntnis ohnehin nicht zu erfassen. Da in der atomistischen Philosophie jeder Raum für soteriologische Gedanken fehlte, richtete sich die Heilserwartung auf die im Diesseits realisierte Freundschaftsgemeinschaft in der Tradition des κῆπος.[169]

Durch Plotin und die anderen Neuplatoniker erfuhr die Behandlung des Themas in zweifacher Weise eine einschneidende Wandlung. Hatte man bisher durch eine Zusammenfassung von βίος θεωρητικός und βίος πρακτικός als dem Menschen gemäße Lebensformen den βίος ἀπολαυστικός als dem Menschen unwürdig ausgegrenzt, so fand nun durch eine drastische Abwertung des praktischen, politischen Lebens, eine Abkoppelung des schauenden Lebens von den beiden niedrigeren Stufen statt.[170] Der βίος πολιτικός verlor jeden Eigenwert und wurde als Stufe der κάθαρσις funktionalisiert.[171] Im on-

---

[168] Cic. De off. 1, 53; siehe auch in diesem Sinne Cic. De rep. 3, 6: Sin altera sit utra via prudentiae delegenda, tamen, etiamsi cui videbitur illa in optimis studiis et artibus quieta vitae ratio beatior, haec civilis laudabilior est certe et inlustrior, ex qua vita sic summi viri ornantur. Bezeichnend Cic. De off. 1, 70: Quare cum hoc commune sit potentiae cupidorum cum eis quos dixi otiosis, alteri se adipisci id posse arbitrantur si opes magnas habeant, alteri si contenti sint et suo et parvo. In quo neutrorum omnino contemnenda sententia est, sed et facilior et tutior et minus aliis gravis aut molesta vita est otiosorum, fructuosior autem hominum generi et ad claritatem amplitudinemque aptior eorum qui se ad rem publicam et ad magnas res gerendas accommodaverunt.

[169] Kristeller, Eight Philosophers 41. Ders., Active and Contemplative Life 136. Zur Philosophie Epikurs einführend Titus Lucretius Carus, De rerum natura libri sex, ed. C. Bailey, 3 Bde, Oxford 1959; hier Bd. 1, 51 ff.

[170] Vgl. dazu Joly, Thème 182. Lobkowicz, Theory and Practice 54. Kuntz, Plotin and Augustine 66 ff. Speziell zu Plotin weiterhin Arnou, Θεωρία et Πρᾶξις.

[171] Plot. I 2 [19] 2, 13 - 19: αἱ μὲν τοίνυν πολιτικαὶ ἀρεταί, ἃς ἄνω που εἴπομεν, κατακοσμοῦσι μὲν ὄντως καὶ ἀμείνους ποιοῦσιν ὁρίζουσαι καὶ μετροῦσαι τὰς ἐπιθυμίας καὶ ὅλως τὰ πάθη μετροῦσαι καὶ ψευδεῖς δόξας ἀφαιροῦσαι τῷ ὅλως ἀμείνονι καὶ τῷ ὡρίσθαι καὶ τῶν ἀμέτρων καὶ ἀορίστων ἔξω εἶναι καὶ τὸ μεμετρημένον, καὶ αὗται ὁρισθεῖσαι. Vgl. zu diesem Komplex E. Bréhier, Revue des études anciennes 42, 1940, 53 - 58. Plot. I 2 [19] 3, 5 - 22; hier 5 - 10: λέγων δὴ ὁ Πλάτων τὴν ὁμοίωσιν τὴν πρὸς τὸν θεὸν

tologischen System Plotins kam ihm die Aufgabe zu, die mit den Lastern des Körpers befleckte Seele zu reinigen und so für den weiteren Aufstieg zum ἕν, ihrem Ursprung, vorzubereiten. Ziel war nicht die ethische Vortrefflichkeit, sondern die Einswerdung mit dem Göttlichen.[172]

Hier wurde dem βίος θεωρητικός nicht nur der absolute Vorrang eingeräumt, sondern er erfuhr auch eine qualitative Überhöhung. Die γνῶσις des Einen übersteigt die aristotelische ἐπιστήμη θεωρητική und vollzieht sich jenseits allen noetischen Denkens in mystischer Schau, wodurch das θεωρεῖν bei Plotin erstmals die ekstatische Komponente des Enthusiasmos erhielt.[173]

Diesen rigorosen Primat der vita contemplativa konnte Macrobius bei seiner Aufarbeitung der neuplatonischen Philosophie für das römische Publikum nicht mehr vertreten. Er übernahm zwar das porphyrianische Tugendschema, räumte aber auch dem aktiven Staatsmann einen Platz im Elysium ein.[174]

Eine Neubewertung erfuhr die Frage nach dem Vorrang des aktiven oder kontemplativen Lebens in der christlichen Literatur, die in einer ausschließlich auf Gott ausgerichteten und vom Nächsten abgewandten Lebensweise nicht das Ziel menschlichen Daseins sehen konnte.[175] Das erste christliche Zeugnis finden wir bei Clemens von Alexandrien, der noch eine Gleichwertigkeit beider Lebensformen annahm und ihr Zusammenwirken im Begriff der ἀγάπη faßte, durch den er das bipolare System zu ersetzen suchte.[176]

Aber schon Origines nahm bei der Interpretation der Geschichte von Martha und Maria eine Wertung vor, wobei er die durch Martha und Maria verkörperten Lebensweisen als zwei Etappen menschlicher Existenz auffaßte und die zeitlich begrenzte *actio* der ewig währenden *contemplatio* unterordnete.[177] Er formulierte bereits, daß sich die meisten Menschen mit der vita activa begnügen

---

φυγὴν τῶν ἐντεῦθεν εἶναι, καὶ ταῖς ἀρεταῖς ταῖς ἐν πολιτείᾳ οὐ τὸ ἁπλῶς διδούς, ἀλλὰ προστιθεὶς πολιτικάς γε, καὶ ἀλλαχοῦ καθάρσεις λέγων ἁπάσας δῆλός τέ ἐστι διττὰς τιθεὶς καὶ τὴν ὁμοίωσιν οὐ κατὰ τὴν πολιτικὴν τιθείς. Plat. Theaet. 176 b: φυγὴ δὲ ὁμοίωσις θεῷ κατὰ τὸ δυνατόν. Irrig hier Lobkowicz, Theory and Practice 54, der die ἀρεταὶ πολιτικαί auf die politische Oberschicht bezieht.

172 Plot. I 2 [19] 6, 2 - 3: Ἀλλ' ἡ σπουδὴ οὐκ ἔξω ἁμαρτίας εἶναι, ἀλλὰ θεὸν εἶναι.

173 Plot. VI 9 [9] 4, 1 - 3. Plot. IV 3 [49] 14. Plot. VI 9 [9] 9, 56. Vgl. Lobkowicz, Theory and Practice 52.

174 Zur plotinischen Haltung gegenüber politischer Tätigkeit und der Rezeption dieser Gedanken durch Macrobius vgl. Zintzen, M. Lat. Jb. 20, 1985, 212.

175 Vgl. im Neuen Testament z. B. I Cor. 13, 2 und Matth. 22, 37.

176 Clem. Alex. Strom. IV 22 152, 3; ebd. 135, 4.

177 Luc. 10, 38 - 40. Orig. In Lucam fragmentum 171 (ed. Rauer) 298. Vgl. dazu Haas, Dominikanermystik 122 - 23 Anm. 18/ 19.

müßten, während die vita contemplativa als Belohnung im Jenseits auf sie warte.[178]

Der bedeutendste Exponent einer Verschmelzung christlicher Lehre mit heidnisch-platonisierender Philosophie in der Spätantike war Aurelius Augustinus. Auch bei ihm finden sich drei Lebensweisen, bei denen jedoch neben vita activa und vita contemplativa die vita voluptuosa durch eine Mischform der ersten beiden, eine vita composita, ersetzt wird.[179]

Was die Präferenz eines der beiden *genera* angeht, so kritisierte der späte Augustinus, daß seine frühen Weisheitslehren - wohl unter starkem platonisch-neuplatonischem Einfluß - das kontemplative Leben als Dauerform irdischen Daseins zu sehr postuliert hätten,[180] ein Ideal, das ihm als Seelsorger im Bischofsamt von Hippo allzu egoistisch und elitär erscheinen mußte.

Schließlich wurde es für ihn gleichgültig, ob ein Mensch Philosoph oder Politiker war: wichtig war, daß er sein Ziel, Gott näher zu kommen,[181] vor Augen hatte und auf dem Weg dorthin die rechte Balance zwischen Gottesdienst und Nächstenliebe wahrte:

> *Ex tribus vero illis vitae generibus, otioso, actuoso, et ex utroque composito, quamvis salva fide quisque possit in quolibet eorum vitam ducere et ad sempiterna praemia pervenire interest tamen quid amore teneat veritatis, quid officio charitatis inpendat. Nec sic esse quisque debet otiosus, ut in eodem otio utilitatem non cogitet proximi; nec sic actuosus, ut contemplationem non requirat Dei. In otio non iners vacatio delectare debet; sed aut inquisitio aut inventio veritatis; ut in ea quisque proficiat et quod invenerit alteri ne invideat. In actione vero non amandus est honor in hac vita sive potentia, quoniam omnia vana sub sole, sed opus ipsum, quod per eundem honorem vel potentiam fit, si recte atque utiliter fit, id est, ut valeat ad eam salutem subditorum, quae secundum Deum est; ... quam sarcinam si nullus inponit, percipiendae atque intuendae vacandum est veritati, si*

---

178 Orig. In Joan. I 16, Migne PG XIV 49 C [II Homilie in Cant. Cant. 11, Migne PG XIII 56 C]

179 Aug. De civ. Dei 19, 2, CCL 48, 660: In tribus quoque illis vitae generibus, uno scilicet non segniter, sed in contemplatione vel inquisitione veritatis otioso, altero in gerendis rebus humanis negotioso, tertio ex utroque genere temperato, cum quaeritur quid horum sit potius eligendum, non finis boni habet controversiam.

180 Flasch, Augustin 130 und 404.

181 Aug. De civ. Dei 8, 4, CCL 47, 220 - 21, 56 - 62: Si enim homo ita creatus est, ut per id, quod in eo praecellit, adtingat illud, quod cuncta praecellit, id est unum uerum optimum Deum, sine quo nulla natura subsistit, nulla doctrina instruit, nullus usus expedit: ipse quaeratur, ubi nobis serta sunt omnia; ipse cernatur, ubi nobis certa sunt omnia; ipse diligatur, ubi nobis recta sunt omnia.

autem inponitur, suscipienda est propter charitatis necessitatem; sed nec sic omni modo veritatis delectatio deserenda est, ne subtrahatur illa suavitas, et opprimat ista necessitas.[182]

Hierbei ist die vita activa auf die Ethik, *ad mores instituendos*, die vita contemplativa, in der unser göttlicher Teil zur Wirkung kommt,[183] auf die Erkenntnis, *ad conspiciendas naturae causas et sincerissimam veritatem*, bezogen, beide *vitae* aber gehören gemeinsam zum *studium sapientiae*.[184] Für Augustinus kann man demnach einen Primat der vita contemplativa und zugleich die Notwendigkeit ihrer Verbindung mit der vita activa konstatieren, die nicht nur als reinigende Übergangsphase verstanden wird, sondern als Nächstenliebe einen eigenständigen Zielpunkt christlichen Lebens bildet. In diesem Sinne deutet Augustinus auch die Geschichte von Martha und Maria im Lukasevangelium.[185] Beide Schwestern handeln nach seiner Auffassung gut, die das kontemplative Ideal verkörpernde Maria freilich erhält durch das Urteil Christi selbst den Vorrang vor der sie um Hilfe bittenden Martha, die dadurch die Abhängigkeit des aktiven vom kontemplativen Leben deutlich werden läßt:

Marthae et Mariae officium utrumque bonum: melius tamen Mariae.[186]

Denn Maria konzentiert sich allein auf den Herrn, während Martha sich in der Vielzahl der Aktionen verliert.[187] Maria handelt *ex charitate*, Martha *ex*

---

182 Aug. De civ. Dei 19, 19, CCL 48, 686 - 87. Vgl. auch ebd. 19, 2, CCL 48, 660 f.

183 Aug. De Trin. 12, 13, 21, CCL 50, 374.

184 Aug. De civ. Dei 8, 4, CCL 47, 219 - 20: Itaque cum studium sapientiae in actione et contemplatione versetur, unde una pars eius activa, altera contemplativa dici potest. Socrates in activa excelluisse memoratur; Pythagoras vero magis contemplativae, quibus potuit intellegentiae viribus, institisse. Proinde Plato utrumque iungendo philosophiam perfecisse laudatur, quam in tres partes distribuit: unam moralem, quae maxime in actione versatur; alteram naturalem, quae contemplationi deputata est; tertiam rationalem, qua verum disterminatur a falso. Quae licet utrique, id est actioni et contemplationi, sit necessaria, maxime tamen contemplatio perspectionem sibi vindicat veritatis.

185 Luk. 10, 38 - 42.

186 Aug. Serm. 103, 2 , Migne PL 38, 614. Vgl dazu Aug. Serm. 104, 2: Ergo, Maria meliorem partem elegit, quae non auferetur ab ea. Der Bibeltext hat *optimam partem*. Nicht haltbar scheint mir das *bonam partem*, das allein der Itala Codex (d) Cantabrigiensis S. VI University Library Cambridge Nr. 241 bietet, und wodurch das aktive Leben als *mala vita* abgelehnt würde. Vgl. dazu F. H. Scivener, Bezae Codex Cantabrigiensis, Cambridge 1864.

187 Aug. Serm. 103, 2, Migne PL 38, 614: Martha, Martha audi: Tu circa multa es occupata, unum autem opus est; id est unum necessarium est. Non unum opus quasi singulare opus, sed opus est, expedit, necessarium est, quod unum hoc elegerat Maria.

necessitate, und während Maria die Süße der Kontemplation nie mehr genommen werden wird, harrt Martha darauf, einmal von der Last des Handelns befreit zu werden.[188] Damit liegt es nahe, Maria mit dem ewigen, jenseitigen, Martha aber mit dem endlichen, irdischen Leben zu identifizieren:

> *In Martha erat imago praesentium, in Maria futurorum. Quod agebat Martha ibi sumus, quod agebat Maria hoc speramus.*[189]

Eine weitere Autorität des Mittelalters in dieser Frage war Gregor der Große.[190] Auch er verteidigte die Höherwertigkeit des kontemplativen Lebens, sah aber sein Ideal, nicht zuletzt mit Blick auf den eigenen Werdegang, in einer Verschränkung beider Lebensweisen, einer zyklischen, platonisch beeinflußten Rückkehr von der Schau des Göttlichen in die Welt. Das Handeln solle zur Kontemplation, diese wiederum zu besserem Handeln führen:

> *Sed sciendum est quia sicut bonus ordo vivendi est, ut ab activa in contemplativam tendatur, ita plerumque utiliter a contemplativa animus ad activam reflectitur, ut per hoc quod contemplativa mentem accederit, perfectius activa teneatur. Debet ergo nos activa ad contemplativam transmittere et aliquando tamen ex eo quod introrsus mente conspeximus contemplativa melius ad activam revocare.*[191]

Martha und Maria führen in Gregors Wertung beide ein gutes Leben, Maria freilich das bessere, auf die Ewigkeit ausgerichtete, das in seiner Ruhe mit dem

---

Vgl. ebd. 104, 2, Migne PL 38, 617: Non tu malam: sed illa meliorem. Sed unde meliorem? Quia tu circa multa, illa circa unum. Praeponitur unum multis. Non enim a multis unum, sed multa ab uno. Multa sunt quae facta sunt, unus est qui fecit.

188 Aug. Serm. 103, 4, Migne PL 38, 615: Bona sunt haec: melius est tamen quod elegit Maria. Illud enim habet ex necessitate occupationem; istud autem ex charitate suavitatem.

189 Aug. Serm. 104, 3, Migne PL 38, 618. Zum ähnlichen Ansatz schon bei Origines vgl. Haas, Dominikanermystik 111.

190 Zum Lebensideal Gregors s. Straw, Gregory the Great und Butler, Mysticism.

191 Greg. Homil. in Ezech. 2, 2, 11, CCL 142, 232. Vgl. dazu Greg. Moral. 6, 56, CCL 143, 325 - 26: Neque enim perfectus praedicator est, qui vel propter contemplationis studium operanda neglegit, vel propter operationis instantiam contemplanda postponit. Hinc est quod humani generis Redemptor per diem miracula in urbibus exhibet et ad orationis studium in monte pernoctat, ut perfectis videlicet praedicatoribus innuat quatenus nec activam vitam amore speculationis funditus deserant, nec contemplationis gaudia penitus operationis nimietate contemnant; sed quieti contemplantes sorbeant quod occupati erga proximos loquentes refundant. Speculando quippe in Dei amore surgitur sed praedicando ad proximi utilitatem reditur. Vgl. dazu Straw, Gregory the Great 189, 193. Dementsprechend auch Gregors Interpretation von Lea und Rachel, Gen. 29, 16, Homil. in Ezech. 2, 2, 11, CCL 142, 232: Unde et idem Jacob post Rachelis amplexus ad Liae rediit, quia et post visum principium laboriosa vita boni operis non est funditus deserenda.

siebten Schöpfungstag in Analogie gesetzt wird.[192] Diese Interpretationen des Augustinus und Gregors des Großen verdienen nicht zuletzt deshalb besondere Aufmerksamkeit, da Landino sie sich weitgehend zueigen machte.

Im weiteren Verlauf des Mittelalters war das stets dominierende Ideal des kontemplativen Lebens eng mit dem monastischen Prinzip verbunden. Für die Mönchskultur war das aktive Leben nur eine Vorstufe zur Schau Gottes in der Welt und an sich und wurde den Laienbrüdern und dem niederen Klerus zugewiesen, eine Haltung, an der sich später die Mönchskritik der Frührenaissance entzündete. Eine Ausnahme bildeten im 13. Jh. wohl die Mendikantenorden, die ihr Lebensideal darin sahen, aus der Fülle der Kontemplation, ohne diese preiszugeben, in die Aktion überzugehen. Diese Aktion, *quae ex plenitudine contemplationis derivatur*, wurde der reinen Kontemplation in klösterlicher Abgeschiedenheit vorgezogen.[193]

Als Thomas von Aquin sich der Frage nach den beiden Lebensformen annahm, waren die inhaltlichen Unterschiede zwischen dem βίος πολιτικός und θεωρητικός des Aristoteles, den kathartischen und den zur ἕνωσις führenden Tugenden bei Plotin, der *scientia* und *sapientia* des Augustinus und der gregorianischen Nächstenliebe und des kontemplativen Gebets längst verwischt. Die verschiedenen Quellen waren so sehr zu einem bipolaren System verschmolzen,[194] daß Thomas Aristoteles, Augustinus und Gregor den Großen als Autoritäten für seine Darlegung zitieren konnte, als hätten sie in gleichem Verständnis über identische Sachverhalte gehandelt.

Seine Quaestio *De diversis vitis* beginnt Thomas mit der Rechtfertigung einer Einteilung in zwei Lebensformen, obwohl bei Aristoteles oder bei Augustinus deren drei zu finden seien. Die vita voluptuosa scheide als *vita bestialis* aus, und in einer vita composita - wie der des Augustinus - bestehe immer die Dominanz eines der beiden βίοι, so daß - nicht zuletzt im Blick auf den Wahrheitsgehalt der heiligen Schrift mit ihren Gleichnissen von Lea-Rachel und Martha-Maria - von einer Zweiteilung auszugehen sei.[195] Dabei wird zwar

---

192 Greg. Homil. in Ezech. 2, 2, 9, CCL 142, 231; 2, 2, 8,CCL 142, 231.

193 Haas, Dominikanermystik 112.

194 Lobkowicz, Theory and Practice 70.

195 Thom. Sum. theol. II - II qu. 179, ar. 1: Quia ergo quidam homines praecipue intendunt contemplationi veritatis, quidam principaliter intendunt exterioribus actionibus, inde est quod vita hominis convenienter dividitur per activam et contemplativam. Ebd. ar. 2: Intellectus autem dividitur per activum et contemplativum, quia finis intellectivae cognitionis vel est ipsa cognitio veritatis, quod pertinet ad intellectum contemplativum; vel est aliqua exterior actio quod pertinet ad intellectum practicum sive activum. Et ideo vita etiam sufficienter dividitur per activam et contemplativam. ... vita voluptuosa ponit finem in delectatione corporali quae communis est nobis et brutis... Propter quod non comprehenditur sub praesenti

in langer Argumentation der Vorrang der vita contemplativa erwiesen,[196] dennoch kann es das gegenwärtige Leben fordern, sich für die vita activa zu entscheiden:

> *Tamen et in casu est magis eligenda vita activa propter necessitatem praesentis vitae.*[197]

So kann das aktive Leben entweder, indem es zur Ordnung der Affekte beiträgt, als Vorbereitung, *dispositio*,[198] auf die Kontemplation fungieren, oder es kann das kontemplative Leben als dessen Umsetzung in die Praxis ergänzen, niemals aber ersetzen.[199] Daneben wird von Thomas eingeräumt, daß sich bestimmte Menschen mehr für die eine oder die andere Lebensform eignen, ohne sich ihr jedoch in bedingungsloser Exklusivität hingeben zu müssen:

> *Unde et illi qui sunt magis apti ad activam vitam, possunt per exercitium activae ad contemplativam praeparari; et illi nihilominus qui sunt magis ad contemplativam apti possunt exercitia vi-*

---

divisione, prout vita humana dividitur in activam et contemplativam. Et similiter sub activo et contemplativo comprehenditur id quod est ex utroque compositum. Et tamen sicut in quolibet mixto praedominatur aliquod simplex, ita etiam in medio genere vitae superabundat quandoque quidem contemplativum, quandoque vero activum.

[196] Thom. Sum. theol. II - II qu. 182, ar. 1. Thomas referiert hier die acht von Arist. EN X 7. 1177 a 12 - 1178 a dargelegten Gründe für den Vorrang des kontemplativen Lebens: 1. Die *vita contemplativa* entspricht der Geistnatur des Menschen, 2. sie bietet größere Kontinuität als die *vita activa*, 3. sie bietet den größten Lustgewinn, 4. in ihr genügt der Mensch sich selbst, 5. sie wird um ihrer selbst willen erstrebt, 6. sie vollzieht sich in der (göttlichen) Muße, 7. sie entspricht dem göttlichen Teil im Menschen, 8. sie verbindet den Menschen mit dem Göttlichen, die *vita activa* mit den Tieren. Auf diese Darlegung bei Thomas greift auch Land. D. C. 36, 13 - 37, 10 in z. T. wörtlicher Übernahme zurück. Ergänzend hierzu s. Thom. Sum. theol. II - II qu. 182, ar. 2: Vita autem contemplativa directe et immediate pertinet ad dilectionem Dei ... vita autem activa directius ordinatur ad dilectionem proximi ... Et ideo ex suo genere contemplativa vita est maioris meriti quam activa.

[197] Thom. Sum. theol. II - II qu. 182, ar. 2. Ebd.: ad opera vitae activae interdum aliquis a contemplatione avocatur propter aliquam necessitatem praesentis vitae non tamen hoc modo quod cogatur aliquis totaliter contemplationem deserere.

[198] Thom. Sum. theol. II - II qu. 181, ar. 1: Quamvis etiam dici possit quod vita activa dispositio sit ad vitam contemplativam.

[199] Thom. Sum. theol. II - II qu. 182, ar. 1: Et sic patet quod cum aliquis a contemplativa vita ad activam vocatur, non hoc fit per modum subtractionis, sed per modum additionis. Vgl. dazu Kristeller, Active and Contemplative Life 138. Haas, Dominikanermystik 113. Vgl. dazu auch Thom. Sum. theol. II - II qu. 182, ar. 4: dicendum quod a vita activa proceditur ad vitam contemplativam secundum ordinem generationis, a vita autem contemplativa reditur ad vitam activam per viam directionis, ut scilicet vita activa per contemplationem dirigatur; sicut etiam per operationes acquiritur habitus, et per habitum acquisitum perfectus aliquis operatur.

tae activae subire, ut per hoc ad contemplationem paratiores reddantur.[200]

Francesco Petrarca - zu Recht häufig als Begründer des italienischen Renaissancehumanismus apostrophiert - blieb in der Frage nach aktivem und kontemplativem Leben mittelalterlichen Traditionen verhaftet. Er postulierte den Primat der vita contemplativa, die er aber aus dem monastischen Kontext zu lösen und auf das Gebiet des Laiengelehrten zu übertragen begann, womit ihm gleichzeitig ein Anknüpfen an die antike Tradition gelang.[201]

Während der seinem Bruder, einem Karthäusermönch, gewidmete Traktat *De otio religioso* das monastische Leben und dessen Hingabe an Gebet und Meditation pries,[202] stellte Petrarca in *De vita solitaria* allgemein den *homo occupatus* dem *homo solitarius* gegenüber.[203] Die *vita solitaria*, die Petrarca mit dem Leben auf dem Land identifiziert, führt wie ein sicherer Hafen - ein Bild, das noch häufig begegnen wird - zur εὐδαιμονία, da man in ihr von den Stürmen des Lebens ausruhen kann.[204]

Grundsätzlich aber steht jedem die Willensentscheidung frei, wie Herakles am Scheideweg einen der beiden Lebenswege zu wählen.[205] Um diese Entscheidung aber treffen zu können, bedarf es langer Beschäftigung mit der Thematik, wobei das wichtigste - im stoischen Sinne - bleibt, gemäß der Natur zu leben.[206] Der Rückzug in die *solitudo* soll die Möglichkeit geistiger

---

200 Thom. Sum. theol. II - II qu. 182, ar. 4.

201 Baron, BRL XXII, 1938, 85: "He was the heir both to the culture of the Italian city-states and to medieval tradition." Vgl. dazu auch Kristeller, Active and Contemplative Life 139. Zur rechten Lebensweise s. auch P. A. Lombardo, Vita Activa versus Vita Contemplativa in Petrarch and Salutati, Italica 59, 1982, 83 - 92.

202 F. Petrarca, De otio religioso, ed. G. Rotondi, Vatikanstadt 1958.

203 De vita solitaria, secondo lo pseudo-autografo Vaticano 3357, ed. A. Altamura, Neapel 1945, und in: Petrarca, Prose, (ed. Martellotti) 286-594 .

204 Petr. De vita sol. 336 und 340: Sic undique felix ac tranquilla et, ut proprie dicam, arx munita tempestatumque omnium portus est. Quem qui fugit, quid sibi aliud preter portu careat, volvatur rerum pelago, vivat in scopulis, moriatur in fluctibus. Dabei ist mit dem otium gerade kein träges Nichtstun gemeint. Petr. De remediis 76: Species otio diffiniunt: operosi alteram atque ipsa in requie laborantis ac circa honesta studia solliciti, quo nihil est dulcius alteram inertis et languidi et solam requiem complexi, quo nil foedius, nil similius est sepulchro.

205 Petr. De vita sol. 330 ff. Xen. Mem. 2, 1, 21 - 22. Cic. De off. 1, 118.

206 Petr. De vita sol. 330: Qua in re cuique acriter cogitandum erit qualem eum naturam, qualem ipse se fecerit. Siehe dazu Sen. Ep. 45, 9: qui natura magistra utitur, ad illius leges componitur, sic vivit quomodo praescripsit. Vgl. auch Sen. Ep. 41, 8 und Pohlenz, Stoa 306.

Studien und die eines *otium cum dignitate*[207] eröffnen, ohne sich aber, da in die stoische Freundschaftslehre eingebettet, menschenfeindlich auszuwirken.[208] Der *homo solitarius* ist *amicus Dei*, da die wahre Kontemplation nur in der Ruhe möglich ist.[209] Letztlich aber ist jeder Mensch für seine Rückkehr zu Gott auf die Gnade Gottes angewiesen, durch die er auch seine Tugenden erlangt, die bei Petrarca Weg und nicht Ziel menschlichen Daseins sind.[210] In der *sancta solitudo* gewöhnt sich der Mensch, gleichsam als Vorbereitung auf das ewige Leben, an die Gegenwart des Göttlichen und wird zum *angelicus homo*, der, weil die Engel in der Ontologie der Geiststufe entsprechen, den göttlichen Teil im Menschen ausprägt.[211] Bezeichnend für den von Petrarca vertretenen Primat der vita contemplativa ist sein Entsetzen, als er 1345 in der Kathedralbibliothek von Verona Ciceros Briefe an Atticus entdeckte und mit ihnen eine neue, politisch aktive Seite des im Mittelalter zum Paradebeispiel des philosophischen Literaten im *otium* stilisierten römischen Redners, der die Philosophie eher zur Kompensation politischer Mißerfolge während seines erzwungenen Rückzuges ins Privatleben benutzte. In einem Brief an Cicero gibt Petrarca seiner tiefen Enttäuschung Ausdruck und bleibt bei seinem Urteil, daß das literarisch-philosophische Schaffen jeder staatsmännischen Tätigkeit vorzuziehen sei.[212]

Eine Neubewertung erfuhr die Frage nach der rechten Lebensweise durch Coluccio Salutati[213] und weitere Vertreter des "bürgerlichen Humanismus" wie

---

207 Petr. De vita sol. 356/ 58.

208 Petr. De vita sol. 374.

209 Petr. De vita sol. 326: Contemplatio autem omnis amica silentio est, queque se finibus suis tenet.

210 Petr. De vita sol. 356.

211 Petr. De vita sol. 372/ 74: Sit otium modestum et suave, non insolens; sit solitudo tranquilla, non ferox; sit denique solitudo non immanitas, in quam qui venerit miretur humanitatem, que ab urbibus exulat, silvas incolere, seque ursos in populis ac leones, in solitudine angelicum hominem invenisse. Vgl. dazu Schalk, Aspetti 226 - 27.

212 Petr. Ep. fam. 24, 3 (ed. Rossi) Bd. 4, 226. Siehe dazu Baron, BRL XXII, 1938, 86. Baron, Crisis 121. 1394 beantwortete P. Vergerio im Namen Ciceros den Brief Petrarcas.

213 Zu Coluccio Salutati (1331 - 1406) grundlegend: Ullman, Humanism. Kahn, Coluccio Salutati. Bonnell, Italica 43, 1966, 225 - 239, der vor allem auf Augustinus als Voraussetzung für das Salutati-Verständnis verweist und von einer getrennten Terminologie ausgeht, die zwei Arten inneren Lebens von zwei Formen des äußeren Lebens scheidet. Baron, Crisis, passim. Dazu die Rezension von Schalk, HZ 1958, 416 - 20. Baron, BRL XXII, 1938, 72 - 97. Bec, L'Umanesimo civile, passim. J.Lindhardt, Rhetor, Poeta, Historicus. Studien über rhetorische Erkenntnis und Lebensanschauung im italienischen Renaissancehumanismus, Leiden 1979. Trinkaus, Image, Bd. 1: 51 - 102, Bd. 2: 553 - 570, 662 - 673. De Rosa, Salutati. Witt, Hercules.

z. B. Leonardo Bruni,[214] Leon Battista Alberti[215] und Matteo Palmieri.[216] Für das humanistische Selbstverständnis war das Verhältnis von vita activa und vita contemplativa eng verknüpft mit der Frage nach dem Nutzen der *studia humanitatis* für die Gesellschaft bzw. mit der Verpflichtung des Humanisten, sich in den Dienst des Staates und der Gesellschaft zu stellen.[217] Im Gegensatz zu Petrarca war Salutati 1392 über die Entdeckung der *epistulae ad familiares* begeistert, da sie es ihm ermöglichten, Cicero als Verkörperung beider Lebensformen mit Schwerpunkt auf der von ihm selbst gepriesenen vita activa darzustellen.[218] Denn wenn Salutati auch den 1372 gefaßten Plan einer Schrift *De Vita Associabili et Operativa* nie in die Tat umsetzte, maß er dem Handeln in der menschlichen Gesellschaft dennoch einen hohen Stellenwert bei,[219] wobei er das kontemplative Leben, das er als das qualitativ höherwertige betrachtete, nicht ablehnte, sondern lediglich seine Durchführbarkeit im irdi-

---

214 Leonardo Bruni Aretino (1370 - 1444), Humanistisch - philosophische Schriften, ed. H. Baron, Leipzig/ Berlin 1928. Dort auch ein chronologisches Schiftenverzeichnis Brunis 161 - 237. Zu Bruni siehe weiterhin Baron, BRL XXII 1938, 90 f. Baron, Crisis 47 ff. und 191 ff.

215 Leon Battista Alberti (1404 - 72), Della Famiglia, ed. R. Romano, A. Tenenti, Turin 1969. dt. Vom Hauswesen, eingel. F.Schalk, übers. W. Kraus, München 1986. Zur Frage nach aktivem und kontemplativem Leben s. dort 165 ff.175, 222, 235 f. Vgl. dazu Schalk, Tema 564 f. Schalk, Aspetti 228 -29.

216 Zu Matteo Palmieri (1406 - 1475) siehe A. Buck, Matteo Palmieri als Repräsentant des Florentiner Bürgerhumanismus, AKG XLVII, 1965, 77 - 95. Matteo Palmieri, La vita civile, ed. G. Belloni, Florenz 1982, s. dort z. B. 54, 201.

217 Buck, AKG XLVII, 1965, 78. Baron, Crisis 7. Schalk, Tema 563 - 64.

218 Baron, BRL XXII, 1938, 88 - 89. Baron, Crisis 124.

219 Zu dem geplanten Werk s. Salut. Ep. I 156 - 57 den Brief an Giovanni Boccaccio vom 21. 1. 1372. Zu den beiden Lebensweisen s. z. B. Salut. Ep. (ed.cit.) II 453: Scio diversos diversimodis etiam ad Deum ambulasse: hi secretam et solitariam vitam eligunt, quales eremitas anachoretas legimus, quales et cenobitas; nec ignoro multos negociosam et associabilem secutos vitam etiam ad Dei gloriam pervenisse. Vgl. dazu Schalk, Aspetti 229. Bec, Marchands écrivains 440: "Il redonne valeur à toutes les activités terrestres. En un mot, il fait entrer l'Humanisme dans les bureaux de la Chancellerie et de là dans toute la République." In diesem Sinne auch Baron, Crisis 106. Ein Problem stellt für die Forschung die Einordnung der Schrift *De seculo et religione* dar, da in ihr das monastisch-kontemplative Leben gepriesen wird. Während Baron, Crisis 108 - 9 hierin einen Sinneswandel Salutatis sieht, hält Ullman, Humanism 26 - 29 das 1381 für einen befreundeten Mönch verfaßte Werk für einen Freundschaftsdienst und eine rhetorische Übung zugleich, woraus keine Rückschlüsse auf Salutatis eigene Haltung gezogen werden dürften. In diesem Sinne auch Bonell, Italica 43, 1966, 232-33. Zur weiteren Diskussion s. Kahn, Coluccio Salutati 171, Anm. 2. Da Salutati das kontemplative Leben nie grundsätzlich ablehnte, kann von einem Sinneswandel nicht die Rede sein. Salutati zeigt hier als Respektsbezeugung vor der Lebensentscheidung eines anderen Menschen seine Fähigkeit des *in utramque partem disserere*.

schen Dasein in Frage stellte.[220] Auf Erden müsse sich der Mensch mit der vita activa begnügen, da es einerseits eine Gotteserkenntnis für den an seinen Körper gebundenen Menschen ohnehin nicht geben könne, andererseits jedes Wissen einer Aktualisierung bedürfe, um wirksam und vor allem für die Gemeinschaft nützlich zu sein. Auf diesem Hintergrund stellte Salutati in Tradition des alten Disziplinenstreites in seiner Schrift *De nobilitate legum et medicinae* Medizin und Jurisprudenz einander gegenüber, wobei die Medizin als *studio della natura* der vita contemplativa entspricht, die Jurisprudenz aber als Symbol gesellschaftlichen Lebens, *del mondo morale sociale*, das von Salutati bevorzugte aktive Leben repräsentiert.[221] Dabei galt Salutati das aktive Leben als ebenso gottgefällig wie das kontemplative, was er durch zahlreiche Beispiele aus dem Alten und Neuen Testament zu belegen suchte.[222] In diesem Sinne ermahnte er seinen Freund Pellegrino Zambeccari:

> *Plane quidem tu mundum fugiens, a celestibus trahere potes in terram et ego in terrenis remanens erigere potero cor in caelum.*[223]

Ihren Höhepunkt erreicht Salutatis Argumentation für den Vorrang des aktiven Lebens in der Annahme, daß das ewige Leben, d.h. die Vollendung menschlichen Seins in der Kontemplation, in der höchstmöglichen *actio* bestehe; eine Deutung, die eng mit Salutatis Haltung im Voluntarismusstreit

---

220 Salut. Ep. III 305: melior est contemplativa fateor; non tamen semper nec omnibus eligibilior. Inferior est activa sed eligendo multotiens preferenda. Vgl. dazu die eindeutige Entscheidung für den Primat der vita activa, Salut. Ep. III 531: Scio fateorque vitam activam speculativae praestare, sicut melius est bonum esse quam doctum. Siehe dazu Bonnell, Italica 43, 1966, 226. Robb, Neoplatonism 38 f.

221 Salut. De nob. leg. et med. 36 - 38: Sed contemplatio prout active prefertur aliud est a speculatione. Hoc enim sensu dicitur omnium actionum finis et eterna perfectio gaudiorum que numquam perfici potest in via, sed perficietur in patria, cum erit omnia Deus in omnibus et non videbimus per speculum in enigmate, sed prout est. Quo quidem sensu fateor activam precedere tempore, contemplativam vero, sicut sequitur tempore, sic incomparabiliter et meritis et precellere ratione. Sed si contemplationem sumpseris prout solum est speculatio veritatis, active vite dicam nec ratione nec tempore preferendam. Ipsa quidem speculatio quedam actio est, operationi tamen secundum virtutem nec re nec meritis preferenda. Siehe hierzu weiterhin Salut. Ep. II 295, III 542, III 606 f., III 610, IV 221 - 22, IV 234 - 35. Vgl. dazu Kahn, Coluccio Salutati 159 f.

222 Salut. Ep. III 305: Dic, mi, Peregrine, quem Deo reputas gratiosiorem fuisse, Paulum eremitam et ociosum an Abraham occupatum? An Iacob cum duodecim filiis, tot pecorum et duabus uxoribus, tot divitiis tantaque suppellectili acceptiorem Deo non putas extitisse, quam duos Macharios, Theophylum et Hilarionem?

223 Salut. Ep. III 303.

verbunden ist,[224] in dem er dem Willen den Vorrang vor dem Intellekt einräumt:

> *Forte etiam, cum beatitudo eterna sit actus, non habitus, et in amando, in tuendo fruendoque versetur et in ea cesset omnis speculationis contemplationisque discursus, quoniam videbimus sicut est, non fuerit inconveniens dicere quod, sicut contemplativam actu precedit activa, quoniam illam producat et gignat; sic postquam hinc exierimus subsequatur.*[225]

Seine Schrift *De nobilitate* schließt Salutati denn auch mit der Feststellung, daß der vita activa sowohl für das diesseitige als auch für das ewige Leben der Primat gebühre.[226]

Leonardo Bruni Aretino folgte in weiten Teilen der Beurteilung seines Lehrers und Vorgängers im Amt des Kanzlers von Florenz, Coluccio Salutati. Ihm ging es besonders um die Vereinigung beider Lebensformen, wie er sie in Cicero verwirklicht sah. In seinem Cicero *Novus*, mit dem er die Plutarchvita ersetzen wollte, da Cicero gegenüber Demosthenes benachteiligt worden sei, begreift Bruni den Politiker und Philosophen Cicero als Einheit, da sein politisches Handeln durch seine philosophischen Ideen bestimmt worden sei.[227] Zwar erkannte Bruni die *divinitas* eines kontemplativen Lebens an, hielt aber die vita activa, soweit sie uns Menschen betrifft, *quoad nos*, und mit Blick auf die *utilitas* für die in der menschlichen Gesellschaft bessere Lebensform:

> *Utraque sane vita laudes commmendationesque proprias habet. Contemplativa quidem divinior plane atque rarior, activa vero in communi utilitate praestantior.*[228]

---

224 Siehe hierzu Salut. De nob. leg. et med. 14, 94, 98, 164. Vgl. auch Kahn, Coluccio Salutati 156: "But practical reason is superior to contemplation not only on the grounds of its graeter usefulness, but also it governs the will, and it is our capacity for voluntary and therefore moral action which is constitutive of human nature."

225 Salut. Ep. III 305 - 306.

226 Hierzu s. erläuternd Kahn, Coluccio Salutati 171.

227 Bruni, Cicero 114: Homo vere natus ad prodessendum hominibus vel in re publica vel in doctrina, siquidem in re publica patriam consul et innumerabiles orator servavit, in doctrina vero et litteris non civibus suis tantum, sed plane omnibus, qui Latina utuntur lingua, lumen eruditionis sapientiaeque aperuit. Eine deutliche Absage erteilt Bruni denjenigen, die er als Stubengelehrte versteht. Bruni, Vite 53: Nella qual cosa mi giova riprendere l'errore di molti ignoranti, i quali credono, niuno essere studiante, se non quelli, che si nascondono in solitudine ed in ozio. ed io non vidi mai niuno di questi camuffati e rimossi dalla conversazione delli uomini che sapesse tre lettere.

228 Bruni, Isagogicon 39.

Eine Reihe dieser Gedanken, vor allem die Bewertung Ciceros und die Betonung des gesellschaftlichen Nutzens, werden sich bei Cristoforo Landino wiederfinden.

Im Gegensatz zu dem von den "bürgerlichen Humanisten" vertretenen Primat des aktiven Lebens forderte der seit der Mitte des Quattrocento erstarkende Platonismus, vor allem vertreten durch Marsilio Ficino und die Academia Platonica, die völlige Hingabe des Menschen an die Kontemplation, die ihn allein zur Vollendung führen könne.[229] Diese Wandlung in der Geisteshaltung allein durch die politischen Veränderungen in Florenz, das Ende der Freiheitskriege gegen Mailand im Äußeren und den Aufstieg der Medici zur führenden Familie von Florenz, erklären zu wollen,[230] erscheint zu einseitig und läßt einige interessante Aspekte der Rezeptionsgeschichte außer Acht, die sich in verschiedene Phasen gliedern läßt. Der ersten Phase der Begeisterung über das neuentdeckte antike Material und des Bemühens um dessen sprachliche und inhaltliche Erschließung folgte eine zweite, die, sicher durch politische Zeitumstände befördert, die Frage nach der praktischen Umsetzung vor allem staatstheoretischer, rhetorischer und ethisch-pädagogischer Schriften in den Vordergrund stellte.[231] In einer dritten Phase kehrte man zur theoretischen Beschäftigung zurück, indem man die überlieferten philosophischen Systeme weiterentwickelte oder auf ihrer Basis neue eigene Gedankengebäude errichtete und damit in die Phase der *aemulatio* oder gar *superatio* eintrat. Wenn Marsilio Ficino den Primat des kontemplativen Lebens vertrat, so ist der Grund dafür in seiner gründlichen Rezeption neuplatonischer Texte zu suchen, da sich in ihnen die wohl deutlichste Absage an die vita activa findet. Ficino entwickelte auf der Grundlage der neuplatonischen Texte, die er in weiten Teilen selbst übersetzte, eine neue Philosophie mit - wie noch zu zeigen sein wird - durchaus eigenen Akzenten. In der Frage nach der rechten Lebensform kam es ihm darauf an, den Gegensatz zwischen dem kontemplativen Leben, dem - durch sein ontologisches System bedingt - der erste Rang zukommt[232], und den beiden anderen, der vita activa und der vita voluptuosa, zu unterstreichen. Daß dabei jedoch die Hierarchie noch divergieren kann, können die folgenden Beispiele zeigen. Im Argumentum zum ersten Buch seines Nomos-Kommentars findet sich die auf Augustinus zurückgehende Dreiteilung in vita contemplativa, vita activa und vita mixta, wobei die einzelnen Lebensformen den Philosophen Pythagoras,

---

229 Kristeller, Active and Contemplative Life 146. Zur Bedeutung der Academia Platonica vgl. ders., European Significance 206 f.

230 So reduziert Buck, Studia 154 - 55 die philosophische Beschäftigung auf die Kompensation mangelnder politischer Mitsprache und Verantwortung.

231 Baron, Crisis 451.

232 Kristeller, Active and Çontemplative Life 143 - 44.

Sokrates und Platon zugewiesen werden.[233] Das Parisurteil zwischen Minerva, Juno und Venus wird von Ficino mehrfach als Symbol für die Wahl zwischen den Lebensformen verarbeitet. Paris, der sich mit Venus für die *voluptas* entscheide, ende im Verderben. Herkules dagegen, der zwischen Juno und Venus habe wählen müssen, habe die Tugend gewählt, Philebus habe die Wahl zwischen Minerva und Venus.[234] Für Philebus also fällt die Wahlmöglichkeit des aktiven Lebens aus, obwohl Ficino zu Beginn des Philebus-Kommentars Lorenzo de' Medici noch ermahnt, allen drei Göttinnen zu dienen. In seiner Schrift *De triplici vita et fine triplici* gibt er eine stark mit epikureischen Argumenten durchsetzte Erklärung, warum das durch Juno vertretene aktive Leben für die Wahl nicht in Betracht komme:

> *Profecto pro triplici vite genere scilicet contemplative, active, voluptuose tria se nobis offerunt velut fines: sapientia, imperium, voluptas. Plurimi corporis voluptatem sectantur, plerique imperia, pauci sapientiam, et qui hec duo, etiam quodammodo gratia voluptatis. Sed voluptuosus voluptatem in sensu ponit, activus in imaginatione, contemplativus in mente. Activus scilicet ambitiosus Iunonis cultor magis quam reliqui aberrat ab fine. Finis enim in quadam quiete consistit. Nihil autem a quiete remotius quam imperium eiusque sectator. Voluptuosus vero propinquior, contemplativus est proximus.*[235]

---

233 Fic. Op. om. II 1488: Secum apud priscos pene idem, magnanime Laurenti, tria potissimum habuit sapientiae lumina, Pythagoram, Socratem et Platonem. Compertum autem habemus sapientiam quidem Pythagorae magis in contemplando, Socratis vero in agendo magis, Platonicis (sic!) denique in contemplando pariter atque agendo consistere. Praeterea disciplinam, tam Pythagorae contemplativam, quam Socratis moralem, a communi hominum consuetudine videri remotiorem. Platonis vero doctrinam speculativam pariter et moralem ubique ita divinum cum humano contemperare, ut et communi hominum consuetudini facile possit accommodari et simul homines ad aeternaque convertere. Vgl. dazu Aug. De civ. Dei 8, 4, CCL 42, 219 - 20.

234 Fic. Op. om. I 919 f und Marsilio Ficino, The Philebus Commentary, ed. M. J. B. Allen, Berkeley 1975. Das Parisurteil hier 447 - 51; 481 - 83. In einer weiteren Version, Fic. Op. om. I 847, wird Minerva angehalten, sich von Venus (Lust), Pluto (Reichtum) und Juno (Ehrgeiz) fernzuhalten, wodurch ein vierteiliges System entsteht. Vgl. hierzu Kristeller, Philosophie 342 f.

235 Kristeller, Suppl. Fic. I 80. Eine völlig andere Haltung zur *actio* s. Fic. Op. om. II 1294: Cum Deus atque natura hominem agendo producit, eum certe producit, ut agat, agat inquam gratia divinorum. In einem Brief an Francesco Berlinghero, Fic. Op. om. I 761 ff, findet sich die Verbindung von kontemplativem mit aktivem Leben, wobei dem sinnhaften aktiven Leben die Erkenntnis voran gehen müsse. Fic. Op. om. I 762: Postquam vero philosophantis animus primum ipsum contemplatus est bonum, unde iudicans, quae in rebus humanis bona sint, quae mala, turpia vel honesta, noxia vel utilia ad eius exemplar humana disponit, a malo abducit, in bonum dirigit, et hac prudentia

So hat Ficino Minerva zu seiner Göttin erkoren,[236] da für ihn der Primat der Kontemplation feststeht,[237] die er als Stufenreihe innerer Erfahrung begreift,[238] über die die menschliche Seele vermittels ihrer Denkfähigkeit vom Erkennen gegenständlicher Formen zu den *formae innatae* und von dort zur Erkenntnis der Ideen und der Einswerdung mit Gott aufsteigen kann,[239] ohne daß in jenem letzten Akt das Denken wie im plotinischen ἐνθουσιασμός übergipfelt würde.[240] In diesem Akt höchster Kontemplation, den Ficino dank der Gnade Gottes auch in diesem Leben während kurzer Augenblicke für möglich hält,[241] wird der Zustand des ewigen Lebens bei Gott vorweggenommen.[242] Dieses

---

gubernandi rem propriam, familiarem et publicam administrat legesque et rationes docet administrandi. Unde leges initium habuerunt. Vgl. dazu Kurda, Platon 76.

236 Vgl. Op. om. I 675, I 780, I 847 ff.

237 Fic. Op. om. II 1396: Quando (sic!) oculus praestat manibus, caput pedibus, ratio sensibus, anima corpori, finis omnibus, quae diriguntur ad finem, status motui, aeternitas tempori, tanto contemplativa vita activae praestare videtur. Contemplatio enim actionis et principium est et finis, ducitque illam pro arbitrio atque sistit, iubens denique inferiores motus, externamque desinere actionem, ut in trinseca (sic!) stabilisque actio liberior possideatur. Vgl. auch Fic. Op. om. II 1397 und ebd. I 669.

238 Fic. Theol. Plat. I 329: Nonne etiam postquam gradatim per mundi sphaeras ascendit, gradatim quoque angelos ita considerat ut alium videat semper alio altiorem, neque tam sublimem reperit, umquam quin possit alium uno saltem gradu et alium rursus alio gradu invenire maiorem? Vgl. dazu auch die Interpretation des in Stufen sich vollziehenden Aufstieges im platonischen Höhlengleichnis, Fic. Theol. Plat. I 233.

239 Fic. Op. om. I 669 - 70: Ducit quoque ad eam ut arbitror gradibus precipue quatuor, moralibus, naturalibus, mathematicis, metaphysicis. Divinus Plato coelestem et immortalem animam mori quodammodo putat, quando terrenum mortale corpus ingreditur, reviviscere cum egreditur. Egredi autem quodam meditationis studio priusquam egrediatur lege naturae, quando Philosophia humanorum medicina morborum animulam pestifero vitiorum coeno sepultam, moralibus pharmacis purgat et suscitat. Deinde naturalibus quibusdam machinis ex infimo sublevans per omnia passim, quae ex elementis quatuor componuntur, perque ipsa quatuor elementa ad coelum usque perducit. Tum scalis mathematicis gradatim praestat sublimen ad summos coeli globos ascensum. Demum quod supra quam dici possit mirabile. est, ultra coeli verticem ad ipsum coeli mundique totius fabrum metaphysicis alis attollit. Ibi anima, Philosophiae munere, non modo felix evadit, verum et cum fiat, ut ita dicam, Deus quodammodo sit ipsa felicitas. Ibi omnes mortalium res, artes, negotia cessant, sola ex omnium numero sancta restat Philosophia. Vgl. in diesem Sinne auch Fic. Theol. Plat. II 150. Zum stufenweisen Aufstieg weiterhin Fic. Theol. Plat. II 46, II 78, II 85.

240 Fic. Theol. Plat. II 250: Finis ergo noster est per intellectum Deum videre. Vgl. dazu Kristeller, Philpsophie 212, 232 f.

241 Fic. Theol. Plat. III 211: Ut intelligamus mentem non posse ad divinam substantiam per ipsammet perspiciendam attolli per solum naturalis virtutis et luminis augmentum, ... sed opus esse nova quadam virtute novoque lumine, ab altiori (sic!) principio descendente. Quod quidem et gratiae et gloriae lumen appellant.

kontemplative Leben wird von Ficino aber nicht nur als theoretischer Zielpunkt menschlichen Daseins verstanden, sondern auch in einer Reihe protreptischer Abhandlungen den Adressaten als gültige Norm ihres Lebens vor Augen gehalten.[243]

Wie nun Cristoforo Landino, der Lehrer Ficinos und Mitglied der Academia Platonica, die Frage nach dem Vorrang des aktiven oder des kontemplativen Lebens beantwortete, soll im folgenden untersucht werden.

---

242 Fic. Theol. Plat. III 143: Totum hoc philosophiae studium, ut inquit Plato, est meditatio mortis, siquidem mors est animae a corpore liberatio. Nec terribilis mors est philosophis atque similibus, quoniam familiaris illis et domestica est, nec latet eis qualis futurus sit post obitum puri animi habitus. Talis enim erit, qualem ferme experiuntur quotidie in summo contemplationis fastigio.

243 Fic. Op. om. I 659 f, Theol. Plat. I 227: Dimittite sensus, o miseri, impios nimium praeceptores piam dumtaxat mentem interrogate, eo tamen pacto ut animam illi puram, qualem accepistis, non corpori mancipatam, non vitiorum maculis sordidam ostendatis. Mens protinus respondebit non incorporalem esse animam solummodo, sed divinam. Vgl. hierzu auch Fic. Op. om. I 738, I 785, I 887, vor allem I 880: Actiones igitur fugiemus externas, quae versantur in motu, quae distractae sunt, quae praemio serviunt alieno. Actu interim mentis intimo contenti erimus, actio haec non aliunde pendet, sed habitat ipsa secum, non expectat (sic!) praemium, sua enim sibi voluptas est praemium. Denique quicunque sic agit solus animum nostrum agit ut aliquando sit beatus, sed iam beatus agit.

III. VITA ACTIVA - VITA CONTEMPLATIVA BEI CRISTOFORO LANDINO

Vorbemerkungen

Für eine Untersuchung der Bedeutung von vita activa und vita contemplativa im Werk des Cristoforo Landino bietet sich das erste Buch der *Disputationes Camaldulenses*, *De vita contemplativa et activa*, aus mehreren Gründen als Leitfaden an. Erstens handelt es sich hierbei um die einzige längere, in sich geschlossene Abhandlung des Themas, während sich vereinzelte weitere Hinweise über das ganze Oeuvre verstreut in anderen Zusammenhängen finden. Zum zweiten beleuchtet die Argumentation dieses Buches, die formal im These - Antithese - Synthese Schema als Klimax konzipiert ist, alle Landino in diesem Zusammenhang wesentlich erscheinenden ontologischen und ethischen Aspekte. So wird das philosophische Gesamtgefüge erkennbar, in das Landino die Frage nach der rechten Lebensführung eingebettet sah, und nur so wird eine adäquate Würdigung seiner individuellen Arbeit an diesem Thema möglich.

Daß bei der Fülle der bei Landino berührten philosophischen Fragestellungen vieles nur angedeutet werden kann, erscheint unvermeidbar, zumal den an der philosophisch-humanistischen Diskussion dieser Zeit Beteiligten die Zusammenhänge ohnehin klar waren. Für das moderne Verständnis hilft hier die Einbeziehung größerer Passagen aus anderen Werken Landinos, so daß ein abgerundetes Bild entstehen kann.

Das erste Buch der *Disputationes* gliedert sich in ein ausführliches Prooemium, in dem die Widmung an Federigo da Montefeltro den breitesten Raum einnimmt, sowie einen Dialog aus drei aufeinanderfolgenden Reden, in deren erster Leon Battista Alberti den Primat der vita contemplativa vertritt. Antithetisch verteidigt dann in der zweiten Rede Lorenzo de' Medici den Vorrang der vita activa, während es wiederum Leon Battista Alberti vorbehalten bleibt, in der Synthese eine vita composita aus den beiden Lebensformen als die beste darzustellen.[244]

Bezüglich der von Landino getroffenen Personenwahl bemerkt Kristeller, daß es eigenartig sei, mit Leon Battista Alberti einen Mann die vita contemplativa verteidigen zu lassen, der in seinem Werk *Della famiglia* gerade das aktive

---

244 Prooemium: Land. D. C. 3, 1 - 9, 32. Erste Rede Leon Battista Albertis: Land. D. C. 10, 1 - 25, 25. Erwiderung Lorenzo de'Medicis: Land. D. C. 26, 1- 36, 2. Zweite Rede Albertis: Land. D. C. 36, 3 - 49, 13.

Leben gepriesen habe.[245] Dagegen muß man zum einen mit Schalk auf die stark privaten Züge der von Leon Battista Alberti entworfenen vita activa verweisen, der gerade in der "häuslichen Idylle" ein Refugium für Mußestunden erblickte, und zum anderen betonen, daß Alberti neben *Della famiglia* auch ein Werk *De tranquilitate animae* verfaßte, man ihn also nicht einseitig auf das aktive Leben festlegen darf.[246] Die durch Alberti vertretene vita composita entspricht wohl am ehesten seiner Person, wobei der Vorrang des kontemplativen Lebens auf die von Alberti selbst in seinem Leben vollzogene Entwicklung vom *negotium* zum *otium* verweist.[247] Zieht man dies in Betracht, so entspricht die von Landino vorgenommene Zuweisung durchaus der Lebensüberzeugung seiner agierenden Personen.

Wie schon erwähnt, kommt auch der Widmung des Werkes eine über die weit verbreitete Widmungspraxis des Rinascimento hinausgehende Bedeutung zu. Dienten im allgemeinen die Widmungsvorreden allein der Ehrenbezeugung, sei es, um Belohnung zu erhalten, sei es, um für bereits erwiesene Wohltaten zu danken, und konnte der so Geehrte seinerseits auf die Zahl der ihm zugedachten Werke als Anzeiger seiner literarischen Begeisterung verweisen,[248] so greift die Widmung an Federigo da Montefeltro in das thematische Zentrum des Werkes, selbst wenn man - was beim späteren Herzog von Urbino nicht gerechtfertigt wäre - die Ausführungen in ihrem Wahrheitsgehalt bezüglich der geehrten Person in Zweifel zöge oder als Höflichkeitstopoi abtäte.[249]

---

245 Kristeller, Active and Contemplative Life 145.

246 Schalk, Otium 243. Ders., Aspetti 229.

247 Schalk, Einl. XXIX in Leon Battista Alberti, Vom Hauswesen, München 1986. So auch Müller-Bochat, Alberti und die Vergil-Deutung 37. Dagegen G. Santinello, Leon Battista Alberti, Una visione estetica del mondo e della vita, Florenz 1962, 3 f.

248 Kristeller, Humanismus und Renaissance II 232 ff., ebd. 234 Anm. 16 mit bibliographischen Hinweisen zur Widmungspraxis anhand der Beispiele Lorenzo de'Medicis und Papst Leos des X. Daß eine Widmung auch zum Politikum werden konnte, zeigt der Fall des Giannozzo Manetti, dem die Signoria von Florenz vorwarf, König Alfons von Neapel sein Werk *De dignitate et excellentia hominis* gewidmet zu haben und von diesem mit einem Handelsmonopol belohnt worden zu sein. Vgl. G. Voigt, Die Wiederbelebung des classischen Altertums, 2 Bde, Berlin 1960, 327 f. Eine Widmung an Federigo von Urbino mit mythologischen Zügen siehe Fic. Op. om. II 1294: Jupiter optimus maximus, cum optaret tale in terris quandoque regnum prospicere, quale in coelo semper apud se conspicit, iamdiu per ipsam divini regis ideam, regium quendam divinumque; animum dimisit in terras. Convocatisque coelicolis imperavit, ut omnes futuro huic regi suffragarentur, quem superi quidem et a fide regia Federicum et ab orbis imperio Orbinatem Ducem iam nominarent, homines vero mutatis literis Federicum Urbinatem Ducem essent appellaturi.

249 Der *homo universalis* als Ideal der Zeit erscheint in zahlreichen Widmungen Landinos. So preist er im Vorwort zu *De nobilitate* die historischen Taten der de' Medici Land. De vera nob. 31 - 34, um dann aber auch besonders auf ihre Studien hinzuweisen

Dem Prooemium des ersten Buches, in dem die Wahl Fedrigos da Montefeltro ausführlich mit seinen Leistungen in vita activa und vita contemplativa[250] begründet wird, entspricht als Verklammerung des Gesamtwerkes die Replik zu Beginn des 4. Buches, in dem Federigo, von vielen anderen Fürsten abgehoben, dem Kreise der *cultores Musarum ac philosophiae* zugerechnet und mit Ptolemaeus Philadelphos verglichen wird, der ebenfalls im militärisch-politischen wie geistig-kulturellen Bereich brillierte.[251] So strebt Federigo - dem philosophisch bereits im ersten Buch entwickelten Ideal folgend - nicht nach Ruhm, sondern handelt allein aus Liebe zur *virtus*.[252] Die Präsentation des Lebensideals einer *vita composita* nutzt Landino zur *adhortatio* an den jungen Lorenzo, dem Ideal des *homo universalis* nachzustreben, das in

---

ebd. 35: Illud vere dicam eum semper in vester familia servatum esse morem, ut quamvis in re publica administranda magno illius usu atque ornamento nec minori vestra laude semper et parens et avus versati sint, numquam tamen a litterarum bonarumque artium studiis cessarunt. Vgl. dazu auch Land. De anima II 4 - 5 die Widmung an Borso d'Este. Zu diesen Vielseitigkeitstopoi siehe Wind, Mysterien 101. Das Ideal des literarisch gebildeten Fürsten bestimmte auch die ganze erste Hälfte des Quattrocento, ohne dabei jedoch den Anspruch auf das durch die platonische Philosophie untermauerte Philosophenkönigtum zu erheben. Vgl. dazu Bruni, Ep.Glocester 139: Studia vero et litterae, cum alios homines decorant, tum principibus maxime necessaria sunt; nisi forte vel Alexandrum regem frustra dedisse operam Aristoteli putemus vel Iulium Caesarem in medio Gallico ac Britannico bello res gestas suas elegantissimo stilo scripsisse. Iam vero cognitio rerum ac omnis bene vivendi ratio cui magis necessaria est quam principibus, in quorum manibus atque nutu civitatum et populorum posita est gubernatio.

250 Zur vita activa 1. Leistungen im Frieden: Land. D. C. 4, 29 - 5, 12; 2. Leistungen im Krieg: ebd. 5, 13 - 7, 26; Einzelbeispiele dazu ebd. 5, 13 - 7, 5; Vergleich mit antiken Helden ebd. 7, 5 - 7, 26. Zur vita contemplativa die Leistungen in der vita otiosa ebd. 7, 27 - 8, 14.

251 Land. D. C. 190, 21 - 193, 27. Ebd. 192, 25: Nempe ut intelligant, qui diligentius rem consideraverint, magnificentiam tuam erga doctrinas nostra tempestate non minorem esse quam olim Ptolemaei fuerit. Vgl. dazu Ebd. 52, 9: Legimus multos duces apud priscos litteratissimos fuisse. Zu Federigo da Montefeltro als *patronus Musarum* siehe ebd. 115, 25 -116, 6: Ad quem autem nostra haec qualiacunque sint scribam potius quam ad te, illustrissime Federice, qui et Maronis praeter ceteros studiosissimus semper fueris et cum reliqui Italiae principes in eo omnem industriam ponant, ut quam maximos sibi thesauros comparent aurique atque argenti acervus magis magisque in dies crescat, tu maximam tuarum opum partem in Musarum et eorum qui Musas colunt ornamenta liberalissime effundas, ut iam quemadmodum Homerus ille Agamemnon confidebat, si decem alii sibi Nestores adessent, fore, ut brevi Troiam capturus esset, sic nos pro comperto habeamus, si Itali populi non dicam decem ut ille, sed duos praeterea Federicos haberent, brevi futurum, ut universa Italia alterae Athenae futura sit? Vgl. dazu auch ebd. 243,3 - 27 mit Hinweis auf die spartanische Lebensweise und Hofhaltung Federigos sowie seine geistige Beschäftigung :suavissimis interim doctorum virorum disputationibus animus alitur.

252 Land. D. C. 193, 20 - 21: Ita enim virtutem adamas, ut illam non gloria ductus, sed eius amore allectus amplectaris.

vielen Fürstenspiegeln der Zeit gepriesen wurde.[253] Hierzu bedient sich Landino sowohl historischer Beispiele und Vergleiche,[254] als auch der Allegorese.[255] Er tadelt Luxus und Ausschweifungen des Adels wie des Klerus [256] und postuliert die Herrschaft des Philosophen[257] als Dienst am Volk,[258] wobei es dem

---

253 Kristeller, Humanismus und Renaissance II 57 ff. Lentzen, Studien 144. Kurda, Platon 87.

254 Land. D. C. 228, 13 - 28 wird die Bereitschaft für den Staat zu sterben mit Themistokles, Leonidas, Brutus, Scaevola und Decius belegt. Vgl. dazu Cic. De fin. 2, 97 und Cic. Tusc. 1, 89. Zu weiteren historischen Vergleichen s. Land. D. C. 7, 5 - 26; 186, 9 - 15; 228, 1 - 10.

255 So bedeutet die Überwindung der Juno die für den gerechten Herrscher unabdingbare Bekämpfung der Herrschsucht. Land. D. C. 186, 4 - 9: At Iunonem superare rarissimi mortales potuerunt. Nam qui imperandi cupiditate non tangitur, eum omnem iam humanitatem superasse et ad divinitatem proxime accessisse crediderim. Quapropter etiam quos in summa admiratione habemus, eos ita frangi huiuscemodi cupiditate videmus, ut relicta vera virtute insignia virtutis veluti umbram sectentur. Dido wird als Beispiel für das Unheil angeführt, das ein Herrscher verursacht, wenn er sich seinen Begierden hingibt. Land. D. C. 184, 1 - 4: In quibus omnibus quid aliud tentat, quid conatur divinus poeta, nisi ut Didonem gravissimum nobis exemplar proponat, quantum detrimentum iis, qui sub imperio sunt, proveniat, cum principum mentes pro industria ac labore luxuria atque ignavia irrepat? An die seelische Unvollkommenheit des Herrschers knüpft Landino wie Platon im 8. Buch der Politeia den Verfall der bestehenden staatlichen Ordnung und zeichnet damit auch die sallustianische Verfallskurve der Staaten nach. Vgl. Sall. Cat. 2, 3 - 14. Land. D. C. 182, 18 - 25: Quoniam vero noverat sapientissimus vates primordia rerum publicarum et imperiorum virtutibus niti verumque esse Sallustianum illud, si imperia iisdem artibus retinerentur, quibus acquiruntur, non esse tot mutationes habituras res humanas iccirco primum regis reginaeque congressum a religione, a libertate et ab omni genere virtutum proficisci vult. Sed ita paulatim in deterius labuntur, ut quae pudicissima fuerat mulier et in re publica administranda vigilantissima turpi amore victa in lasciviam otiumque labatur. Quibus omnibus ostenditur quam facile rebus secundis humanae mentes a labore in libidinem declinent.

256 Land. D. C. 190, 29 ff.: Nam quod reliqui principes apprime regium putant, ut aut multo otio vanisque ludis marcescant aut aucupiis venationibusque omne tempus terant ... Land. D. C. 243, 25 - 244, 2: Quantum nostrorum hominum, qui rubris nigrisque galeris ac niveis ricinis totius sanctitatis doctrinam profitentur, luxus lasciviaque exagitat. Pudet enim, pudet, mi Laurenti, pigetque nostrorum morum cum in totius rei publicae Christianae curiam, in qua integra religione maximaque doctrina nonnullos optimos patres et tanto senatu dignos esse non negaverim, iis hominibus aditum quotidie patere videam, quos ego tunc demum senatorium ordinem Romae iure obtinere censerem, si Heliogabalus ab inferis reductus rursus imperaret. Heliogabal als Symbol der Ausschweifung s. auch Land. De vera nob. 105.

257 Land. D. C. 11, 20 - 24 Vgl. ähnlich Land. De vera nob. 71. Und Land. Proem. al Comm. Dant. 106, 6 - 10: E perché è salustiana sentenzia, sua nata dagl'intimi sacrari della platonica disciplina, che nella amministrazione civile necessario sia prima ben consultare e dopo è saggio consiglio quello che già è determinato matura celerità espedire. Zur Begeisterung der Renaissance für den Philosophenkönig vgl. auch Kurda, Platon 51.

Herrscher durchaus erlaubt sein soll, seine Pläne zum Wohle der Beherrschten zu verschleiern.[259]

Das Hauptziel der *Disputationes Camaldulenses* beschreibt Landino selbst in seiner Einleitung zu dem um 1488 verfaßten Aeneiskommentar, eine Passage, die leider in der Forschung unbeachtet blieb:

> *Verum ut haec in nostro Marone cognoscamus, quemadmodum duo sunt apud homines vivendi genera, quorum alterum in speculatione alterum in actione positum est, ita et in hoc poeta, ut hominem nobis totum informaret, duplicem sensum depraehendes. Nam si ea quae extrinsecus apparent ex verborum notione iudicabis, vitam omnino civilem rectasque et ab iis quae de vita et moribus sunt virtutibus profectas actiones ita non descriptas solum, verum etiam depictas invenies, ut non solum perspicue sua illas doctrina doceat, verum tum mira orationis suavitate ad illas alliciat, tum etiam cum opus est dicendi vehementia atque impetu permoveat atque impellat. Sin autem in intima eius penetralia intrare licebit, quam multa, immortalis Deus, quam magna, quam admiranda, quam denique nobis salutaria invenies! Nam cum homines ita a summo Deo productos tum ex se per summam sapientiam cognosceret, tum a divino Platone accepisset, ut non nobis solum, sed ceteris omnibus, quoad id fieri liceret, usui esse studeremus, id conscribere statuit, quo et quid sit ultimum illud propter quod reliqua expetuntur, et qua etiam ratione veluti certa et indubitata via eo feramur nos doceret. Idque non vulgatiori multorum philosophorum instituto, sed raro poeticoque more sibi tractandum proposuit.*[260]

Damit weist Landino den Weg zum richtigen Verständnis seines Werkes, in dem er - gestützt auf die Allegorese der Aeneis des Vergil - den rechten Weg des Menschen zum *summum bonum* behandelt. Denn während für das moderne Denken zwischen der philosophischen Spekulation der Bücher eins und zwei und der Interpretation eines fiktiven Textes wie der Aeneis in den Büchern drei und vier ein qualitativer Unterschied besteht, sah Landino in der Dichtung Vergils eine höhere Wahrheit verborgen als diejenige, die durch menschliches Denken erlangt werden könnte. Damit bietet der zweite Teil der *Disputationes*

---

258 Land. D. C. 174, 11 - 13: Qui rem publicam administrandam sumat, omnes labores, omnia incommoda subire oportere, ut illorum, qui suae fidei conmissi sunt, salutem incolumitatemque conservet. Ebd. 176, 16 - 21: Sunt enim, qui recto honestoque semper incumbant, civili concordiae faveant, libertatem salvam esse cupiant, neminem plus quam leges in re publica valere velint, iniuria oppressos sublevent, superbiam seditiosorum civium deiectam cupiant, maiestatem publicam pro viribus augeant, religionem denique ac iustitiam omnibus rebus praeferant.

259 Land. D. C. 180, 21 - 28.

260 Land. Introd. all' Eneide 232, 20 - 233, 5.

nicht nur *applicazione e verifica dei risultati speculativi*,[261] sondern deren durch göttliche Inspiration getragene Überhöhung. Dieses Verständnis von der Poesie als Träger letztgültiger Wahrheit ist Kern der Dichtungslehre, die Landino im Rückgriff auf Ficino entwickelte.[262] Mit ihr distanziert sich Landino von der pädagogischen Abzweckung der Dichtung durch die Vertreter des "bürgerlichen Humanismus",[263] integriert die Dichtkunst in sein ontologisches System und erkennt ihr damit eine soteriologische Wirkung zu.[264] Die Basis dieser Dichtungstheorie bildet die neuplatonische Seelenlehre, die in ihrer Aufbereitung duch Ficino das Denken der platonischen Akademie bestimmte.

Die theoretische Beschäftigung mit der Poesie entwickelte sich allmählich aus der Notwendigkeit einer Verteidigung der Dichtkunst gegen den immer wieder erhobenen Vorwurf der Unwahrhaftigkeit,[265] dem am besten durch eine Zurückführung der Dichtung auf einen göttlichen Ursprung begegnet werden konnte.

Solange die Seele an ihrem Ursprungsort bei Gott verweilt, vernimmt sie dort den "idealen" Klang himmlischer Harmonie.[266] Durch das Absinken in den Körper geraten die himmlischen Harmonien nahezu ganz in Vergessenheit.[267]

---

261 Cardini, Scritti, Introd. XXIII.

262 In zahlreichen Arbeiten, vor allem auch in den Einleitungsstunden seiner Dichtervorlesungen, legte Landino immer wieder seine These vom Ursprung und Sinn der Dichtung dar, eine Wiederholungspraxis, auf die Cardini zu Recht als Charakteristikum humanistischer Literatur hingewiesen hat. Cardini, Scritti, Avviso XIII.

263 Cardini, Scritti, Introd. XXI.

264 Zur Dichtungstheorie Landinos s. Buck, Rom. Forsch. 58/ 59, 1947, 233 - 246. Zintzen, Inspiration, 189 ff. Field, Origins 231 - 268, bes. 240 ff. Trinkaus, Image II 713 ff. Weiss, Das Metaphorische 93 ff. läßt leider den gesamten neuplatonischen Hintergrund vermissen.

265 Schon Albertino Mussato (1261 - 1329) verteidigte in seinen Briefen (Ep. 4 und 7) die Dichtung gegen den Vorwurf des Johanninus von Mantua, der diese als reines *ornamentum* ansah. Vgl. dazu Buck, Studia 167. Petrarca und Boccaccio führten eine ähnliche Kontroverse mit den der thomistischen Philosophie verhafteten Dominikanern wie z. B. Giovanni Ciani, gegen den Boccaccio sein *De genealogiis deorum gentilium* verfaßte. Vgl. dazu Buck, Rom. Forsch. 58/ 59, 1947, 237.

266 Land. D. C. 111, 23 - 26: Refert enim (sc. Plato), dum in caelestibus sedibus versarentur animi nostri, et eius harmoniae, quae in aeterna dei mente consistit, et eius quae caelorum motibus conficitur, illos participes fuisse. Diese Passage hat Landino völlig unverändert aus der Einleitung seiner Vergilvorlesung übernommen: Land. Praef. in Virgilio 21, 1 - 3. Wiederaufgenommen wurde sie in der Einf. Dantekurs § 31 - 41 und im Proem. al Comm. Dant. 143, 18 - 22.

267 Land. D. C. 111, 26 - 112, 6: Verum cum deinde mortalium rerum cupiditate degravati proptereaque ad inferiora iam devoluti corporibus inclusi sint, tunc terrenis

Vielen genügt es dann, die Harmonie, an die sie sich erinnern, oberflächlich und nur der Form nach nachzuahmen. Einige wenige aber werden von einem *divinus furor*, dem *furor poeticus*, ergriffen, der sie allein befähigt, von den im Jenseits vernommenen göttlichen Wahrheiten zu künden:

> *Interim vero, quoad per molestissimum corporis carcerem nobis licet, hac nostra illam imitari contendimus: non vocum modulationibus, veluti vulgares quidam et leviores musici consueverunt, quos aurium sensus demulcere posse non negaverim, quicquam autem praeterea praestare posse non concedo, sed graviori quodam iudicio divinam harmoniam imitati profundos intimosque mentis sensus eleganti carmine exprimunt atque divino furore concitati res saepe adeo mirabiles adeoque supra humanas vires constitutas grandi spiritu proferunt, ut, cum paulo post furor ille iam resederit, se ipsos admirentur atque obstupescant. Quapropter non solum auribus adulantur, sed suavi nectare et divina ambrosia mentes demulcent.*[268]

Als Zeugen dafür, daß solches dichterisches Schaffen nur durch göttliche Raserei möglich ist, führt Landino Platon und Cicero an,[269] in Wahrheit aber geht seine Dichtungslehre auf Marsilio Ficino zurück, der seine Furor-Theorie 1457 in einem Brief an Peregrinus Allius entwickelte.[270] Einige Gedanken frei-

---

artubus ac moribundis membris impeditos vix eos concentus, qui humano artificio comparantur, auribus percipere posse, qui etsi a caelesti harmonia longe absint, nihilo minus, quoniam veluti simulacra quaedam ac imagines illius sunt, nos in tacitam quandam caelestium recordationem inducunt ac ardentissima cupiditate ad antiquam patriam revolandi inflammant, pernoscamus. Ebenso in der Einf. Dantekurs § 41 - 49 und im Proem. al Comm. Dant. 143, 22 - 26.

268 Land. D. C. 112, 6 - 18 wiederum nahezu ohne Textveränderung aus der Praef. in Virgilio übernommen 21, 16 - 29. Ebenso Land. Einf. Dantekurs § 81 - 89.

269 Land. Praef. in Virgilio 20, 24 - 27: Quam quidem rem, ut et divinus ille Plato in Phaedro et Platonicus Cicero in Tusculanis disputationibus ostendit, nemo umquam mortalium sine divino quodam furore attingere potuit. Vgl. dazu Plat. Phaedr. 245 a ff.; Ion 533 d - 534 e. Zur Reihenfolge der *furores* vgl. Plat. Phaedr. 245 b - c; 249 d - e; 265 a - b. Und Cic. De orat. 2, 46; 2, 194; De div. 1, 80.

270 Fic. Op. om. I 614, ed. Zintzen, Inspiration 201 § 13: Est autem haec apud homines imitatio duplex. Alii namque vocum numeris variorumque sonis instrumentorum coelestem musicen imitantur, quos certe leves ac pene vulgares musicos appellamus; nonnulli vero graviori quodam firmiorique iudicio divinam ac coelestem harmoniam imitantes intimae rationis sensum notionesque in versum, pedes ac numeros digerunt. Hi vero sunt qui *divino afflati spiritu* gravissima quaedam ac praeclarissima carmina ore, ut aiunt, rotundo prorsus effundunt. Hanc Plato graviorem musicam poesimque nominat efficacissimam harmoniae coelestis imitatricem. Nam levior illa, de qua paulo ante mentionem fecimus, vocum duntaxat suavitate permulcet; poesis autem, quod divinae quoque harmoniae proprium est, vocum atque motuum numeris gravissimos quosdam et ut poeta diceret Delphicos sensus ardentius exprimit. Quo fit, ut non solum auribus blandiatur, verum etiam suavissimum et ambrosiae coelestis simillimum menti

lich waren schon von Boccaccio und Bruni grundgelegt worden.[271] Der *furor poeticus* sei, so fährt Landino fort, nach Plato der letzte in einer Reihe von vier *furores*.[272] Aber auch hier war Ficino, der seinerseits in der Furordarstellung auf Leonardo Bruni zurückgeht, die Vorlage Landinos. Bei Ficino finden sich die vier *furores* Amor, *poesis, mysterium* und *vaticinium* im Brief an Allius und im *Phaedrus- Kommentar* in dieser Reihenfolge, welche aber im *Symposion-Kommentar* und in der *Ion Epitome* variiert wird.[273] Dabei entspricht die Abfolge des Allius - Briefes exakt der bei Bruni in seinem Brief an Marrasius Siculus, und auch die Identifikation der einzelnen Furorstufen mit Gottheiten geht auf ihn zurück.[274] Landino übernahm diese Vierstufigkeit ohne die Nennung von Göttern und setzte seiner Zielsetzung entsprechend den *furor poeticus* an die Spitze der Hierarchie, da durch ihn die göttliche Wahrheit

---

pabulum afferat, ideoque ad divinitatem proprius accedere videatur. Die Abhängigkeit Landinos von diesen Ausführungen ist unbestreitbar. Zum Wortlaut *divino afflati spiritu* vgl. die Inschrift NUMINE AFFLATUR, die in der Camera della Segnatura der Raffael - Stanzen - von der über der Darstellung des Parnass thronenden Frauengestalt der Poesie gehalten - auf den göttlichen Ursprung der Dichtung verweist und sie der Theologie DIVINARUM RERUM NOTITIA, dem Recht und der Philosophie CAUSARUM COGNITIO gleichstellt. Siehe hierzu Gombrich, Images II 85 - 101 und Hall, History of Ideas 279 - 284.

271 Bocc. Gen. deor. gent. 14, 7: Poesis enim, quam neglegentes abiciunt et ignari, est fervor quidam ... qui ex sinu dei procedens paucis mentibus, ut arbitror, in creacione conceditur. Bruni, Vite 59 - 60: dico che in due modi diviene alcuno poeta. Un modo si è per ingegno proprio agitato e commosso da alcun vigore interno e nascoso, il quale si chiama furore ed occupazione di mente. Zu diesen zählt Bruni Petrarca ... l'altera spezie è per iscienza, per istudio, per disciplina ed arte e prudenzia. E di questa seconda spezie fu Dante.

272 Land. D. C. 111, 19 - 23: Ille (sc. Plato) in Ione dicit poesim non arte humana tradi, sed divino furore nostras mentes irrepere. In eo autem, qui Phaedrus inscribitur, cum tria alia divini furoris genera explicasset, quartum furorem, quem poeticum esse vult, huiuscemodi, ni fallor, sententia exprimit. Ebenso Land. Einf. Dantekurs § 59 - 65. Erwähnt sei nur, daß der *furor* des Dichters bei Plato nicht an vierter sondern an dritter Stelle steht, was zusätzlich auf Ficino als Quelle verweist.

273 Fic. Op. om. I 615, ed. Zintzen, Inspiration 203 § 18. De divino furore: AMOR (Venus), POESIS (Musen), MYSTERIUM (Dionysus), VATICINIUM (Apoll) entspricht: Fic. Op. om. II 1365. In Phaedrum Commentaria et Argumenta, wo freilich die Götterzuweisungen fehlen: AMOR, POESIS, MYSTERIUM, VATICINIUM. Beide gehen auf Bruni, Ep.(ed. Mehus) 37 zurück, der auch die Götteraequivalente liefert: AMOR (Venus), POESIS (Musen), MYSTERIUM (Dionysus), VATICINIUM (Apoll). Mit gleicher Götterbesetzung, aber in der Reihenfolge AMOR (Venus), VATICINIUM (Apoll), MYSTERIUM (Dionysus) und POESIS (Musen) in Fic. De amore 258 - 59 und der Epitome In Platonis Ionem, Op. om. II 1282. Zu diesen Divergenzen s. Allen, Platonism 47 ff. Lentzen, Studien 125 stellt ohne Grund die Reihenfolge *mysterium* und *vaticinium* um.

274 Zu Bruni siehe hier Buck, Rom. Forsch. 58/ 59, 1947, 240.

kundgetan werde. Damit steht die Dichtkunst über den *artes liberales*,[275] der Dichter rückt als *vates* in die religiöse Sphäre.[276] Dabei ist es entscheidend, daß der Dichter die göttlichen Geheimnisse nicht für jeden zugänglich verkündet, sondern sie in verhüllter Form präsentiert, um sie so vor Profanierung zu schützen[277] und den Eingeweihten die Lust der Entschlüsselung zu bereiten.[278]

---

275 Land. D. C. 111, 3 - 9: Et profecto si poesis ipsa quid sit diligentius intueamur, facile erit nosse non esse illam unam ex iis artibus, quas nostri maiores, quoniam reliquis excellentiores sunt, liberales appellarunt, in quarum unam alterave si qui floruerunt in maximo sunt semper pretio habiti, sed est res quaedam divinior, quae universas illas complectens certis quibusdam numeris astricta certis pedibus progrediens. In diesem Sinne schon Praef. in Virgilio 20, 19 - 21; Einf. Dantekurs § 20 - 21 und nochmals in seiner Introd. all' Eneide 227, 12 - 14. Ohne jeden Textbeleg interpretiert dagegen Weiss, Das Metaphorische 35, daß die freien Künste dem *furor* entsprängen.

276 Land. D. C. 112, 16 - 19. Vgl. ebenfalls Praef. in Virgilio 21, 29 - 22, 7. Die lateinische Ethymologie zu *vates* Land. Einf. Dantekurs § 99 - 102: Onde non inmeritamente da' Latini furono chiamati *vates* a vi mentis, cioè da gran cogitatione et moto di mente. Et da' Greci detti *poeti* da uno loro vocabulo pieo, che significa fo. Siehe hierzu die ausführliche Quellensammlung bei Cardini, Scritti II 25 - 26. Zur Einheit von *poeta* und *theologus* siehe Land. Praef. in Virgilio 22, 25 - 27: Quin, si verius loqui et Aristotelis sententiam sequi volumus, nil aliud poeta est quam theologus. Siehe dazu Cardini, Scritti II 27. Weiterhin Land. Proem. al Comm. Dant. 142, 14 - 32 und Land. Introd. all' Eneide 228, 9 - 30 zur griechischen Ethymologie. Die Gleichsetzung des Dichters mit dem Theologen findet sich in der Renaissance schon bei Petrarca, Salutati oder Ficino. Petr. Rer. fam. X 4: Theologie quidem minime adversa poetica est. Miraris? Parum abest quin dicam theologiam poeticam esse de Deo, Christum modo leonem, modo agnum, modo vermem dici, quid nisi poeticum est? Sowie Petr. Invect. contra med. III 71 - 72: Primos nempe theologos apud gentes fuisse poetas et maximi philosophorum testantur. Salut. De lab. Herc. I 78 - 79; 82 -83. Fic. Theol. Plat. II 203 - 4; Fic. Op. om. I 673.

277 Land. D. C. 113, 16 ff.: Egregium omnino inventum et continuata deinceps serie semper retentum, ut non modo poetae, verum ceteri quoque scriptores, quicumque rem aliquam maiorem litteris mandarent, eam variis figmentis , variis figurarum integumentis obscurarent....Hac igitur ratione a sanctis sacrisque rebus profanos arcebant non invidia moti, sed ut aliquod inter sollertem atque inertem discrimen appareret, cum non idem otiosus quod studiosus assequeretur. In diesem Sinne siehe auch Land. Einf. Dantekurs § 20 - 24; Land. Proem. al Comm. Dant. 141, 5 - 10 und Land. Introd. all' Eneide 227, 17 -19. Der Gedanke, göttliche Wahrheiten vor unbefugtem Zugriff zu schützen, hat eine lange Tradition. Vgl. hierzu Macr. Comm. 1. 2, 17: De dis autem (ut dixi) ceteris et De anima non frustra se nec ut oblectent ad fabulosa convertunt, sed quia sciunt inimicam esse naturae apertam nudamque expositionem sui, quae sicut vulgaribus hominum sensibus intellectum sui vario rerum tegmine operimentoque subtraxit, ita a prudentibus arcana sua voluit per fabulosa tractari. Vgl. hierzu Dion. Ar., De coel. hier. II 5 oder Lact. Div. Inst. 1, 11, 24, CSEL 19, 40. Bocc. Gen. deor. gent. 14, 7: Peregrinas et inauditas inventiones excogitare, meditatas ordine certo componere, ornare compositum inusitato quodam verborum atque sententiarum contextu velamento fabuloso atque decenti veritatem contegere.... Ebd 14, 13. In diesem Sinne auch Petr.

Diese Enthüllung der Wahrheit vollzieht sich mit Hilfe der allegorischen Methode, wie Landino selbst sie auf die Aeneis anwendet.[279] In den allegorischen Bildern der Dichtung können die Menschen den Widerschein göttlicher Schönheit und Wahrheit erkennen und werden so durch die Rezeption dieser Schönheit zur ewigen Schönheit, zu Gott, zurückgeführt.[280] Da die Dichtung über menschliche Spekulation hinaus diese soteriologische Aufgabe erfüllen kann, kommt ihrer allegorischen Interpretation bei der Lösung philosophischer Fragestellungen in bezug auf die Wahrheitsfindung eine besondere Rolle zu.

1. Vita contemplativa

Ausgangspunkt der Gespräche im Kloster Camaldoli ist die Frage nach dem Ziel menschlicher Existenz und den verschiedenen Wegen, die zu diesem den Menschen von Gott gesetzten *summum bonum* führen.[281] Dieses höchste Gut kann der Mensch demnach nur dann erreichen, wenn er gemäß seiner Natur lebt. Folgt er ihr nicht, führt sein Weg ins Verderben.[282] So soll der Mensch sich nicht für Diesseitiges in Gefahr bringen, sondern versuchen, sich durch die Beschäftigung mit der Philosophie gegen die willkürlichen Schicksalsschläge der Fortuna zu wappnen, um dann - ganz auf seine ihn als Mensch definierende

---

Africa 9, 92 ff. Fic. De amore 168 - 69 weist auf die Tradition der allegorischen Deutung hin und warnt zugleich davor, diese Art der Interpretation überzustrapazieren.

278 Land. D. C. 111, 10 - 18: Quaecumque contemplati fuerint ea miris figmentis exornet atque in alias quasdam species traducat, ut ... auditor non solum in summam rerum cognitionem deveniat, sed mira etiam voluptate ex figmento perfundatur. Hierzu s. auch Land. D. C. 113, 19 -25.

279 Zur historischen, ethymologischen, analogen und allegorischen Textinterpretation s. Land. D. C. 119, 23 - 120, 12. Zur Geschichte der allegorischen Methode s. Buck, Rom. Forsch. 58/ 59, 1947, 243 ff. und Zintzen M. Lat. Jb. 20, 1985, 196 - 202.

280 Land. D. C. 112, 1 - 5. Vgl. Proem. al Comm. Dant. 144, 11 - 14.

281 Land. D. C. 3, 10 ff. Vgl. dazu Cic. De fin. 1, 42: Quoniam autem id est vel summum bonorum vel ultimum vel extremum, quod Graeci τέλος nominant.

282 Land. D. C. 3, 21 - 4, 5: Sed profecto sicuti sagittariis suum signum procul expositum est, quo sagittas collineent atque dirigant, sic et homini hoc quod dixi ultimum ab ea, quae nulla umquam in re deficit, natura propositum est. quod si negligat, miser semper futurus sit homo, sin autem omnes vivendi rationes illuc tendant, summam simus beatitudinem consecuturi. Zum Vergleich mit dem Schützen s. Cic. De fin. 3, 22. Zur Führung durch die Natur s. Cic. Tusc. 3, 2.

Bestimmung konzentriert - das höchste Gut anzustreben.[283] Welche Lebensweise den Menschen zum *summum bonum* führen könne, ist Gegenstand des Dialoges zwischen Leon Battista Alberti und Lorenzo de' Medici.

Hierbei wird als Prämisse festgelegt, daß der Mensch sich nur in zwei Lebensformen, in vita activa und vita contemplativa, seiner Bestimmung gemäß entfalten könne.[284] Eine Dreiteilung in vita activa, vita contemplativa und vita voluptuosa lehnt Landino ab, da die reine Befriedigung körperlicher Begierden, auf die er hier das lustvolle Leben bezieht, mehr für das durch seine Sinne bestimmte Tier als für den durch seinen Geist definierten Menschen charakteristisch sei.[285] Die Rede Leon Battista Albertis für den Primat der Kontemplation, mit der er den Dialog über den Vorrang unter den beiden dem Menschen entsprechenden Lebensformen eröffnet, basiert auf drei Hauptargumenten, von denen zwei der heidnischen Philosophie, das dritte aber der christlichen Denkweise entstammt: Die Kontemplation allein ermögliche dem Menschen die Rückkehr zu seinem göttlichen Ursprung, ihre Tugenden stünden über denen des aktiven Lebens und schließlich habe auch Christus im Zusammentreffen mit Martha und Maria der Kontemplation den Vorzug gegeben.

---

[283] Land. D. C. 4, 5 - 4, 11. Die Gedanken gehen unmittelbar auf Sall. Iug. 1, 5 zurück: Quod si hominibus rerum bonarum tanta cura esset, quanto studio aliena ac nihil profutura multaque etiam periculosa <ac perniciosa> petunt, neque regerentur magis quam regerent casus et eo magnitudinis procederent, ubi mortalibus gloria aeterni fierent.

[284] Land. D. C. 13, 25 - 14, 1: Quapropter, cum ad recte agendum et ad verum investigandum natura producti simus, placuit doctioribus, ut sunt haec duo humanae vitae munera, sic duo vivendi genera ponere. Vgl. dazu Land. Praef. in Tusc. 7, 30 - 36, wo Landino diese Zweiteilung auch bei den Peripatetikern nachweist, sich aber insofern von ihnen distanziert, als daß sie die Kontemplation als höchste Form der Aktion verstünden. Unter den Humanisten wurde diese Ansicht - wie gezeigt wurde - von Coluccio Salutati vertreten.

[285] Land. D. C. 14, 21 - 29: Nam quod nonnulli tertium quoque genus, quod a voluptate pendeat, ad duo illa addere nituntur, vehementer errare videntur. Corporeas enim voluptates, quibus sensus titillantur, quoniam non a mente sunt, sed ab ipsis sensibus, cur homini potius quam ceteris animantibus adscribendas putemus? Mit *nonnulli* sind wahrscheinlich die Epikureer gemeint. Landino wendet sich hiermit aber zugleich gegen Ficino, der in seiner Expositio de triplici vita, Krist. Suppl. Fic. I 80 - 86 das lustvolle Leben sogar dem aktiven vorgezogen hatte.

a) Kontemplation und regressus animi [286]

Das wichtigste Argument für den Primat der vita contemplativa schöpft Landino aus der neuplatonischen Philosophie, die im Kreise der Academia Platonica gepflegt, und deren Verständnis durch die Übersetzungen[287] und Traktate des Marsilio Ficino gefördert wurde. Während aber Ficino in ausführlichen Abhandlungen ein eigenes philosophisches System entwickelte, beschränkte sich Landino, dem diese weitreichenden spekulativen Ambitionen auch nach eigenen Angaben fehlten, vielfach auf Andeutungen, die durch ihre Stichworttechnik bei einem sachkundigen Publikum die richtigen Konnotationen hervorriefen. Inwieweit er dabei neuplatonische Originale rezipierte oder auf deren Umsetzung durch Ficino zurückgriff, läßt sich nicht immer klären. Um aber Landinos Argumentation verstehen zu können, muß der neuplatonische Hintergrund, auf dem er seine Gedanken entwickelte, erläutert werden. Für den Zusammenhang von Kontemplation und Rückkehr der Seele zu ihrem Ursprung sind drei Aspekte von besonderer Bedeutung: Woher stammt die

---

[286] Mit dieser Terminologie folge ich der Begriffstrennung von *animus* und *anima*, die Landino selbst verwendet und die er wohl aus Macrobius übernommen hat. Land. De anima III 9: Neque enim fecit corpus hominis ad imaginem suam Deus, cum ipse incorporeus sit, neque vim eam animae, qua corpori aut vita aut sensus proveniunt; haec enim reliquis quoque animantibus, assunt, sed id, quod Graeci νοῦν, nos mentem vocamus. Anima enim ea est, qua corpus alitur, qua crescit, qua gignit, qua sentit, qua cupit; id vero quo scimus, quo intelligimus, quo sapimus, non animam, sed animum mentemque vocamus. Dieses Begriffsverständnis spiegelt auch auch der Titel des Hauptwerkes Ficinos die Theologia Platonica seu de immortalitate animorum wieder. Aber schon Macrobius hatte darauf hingewiesen, daß diese Differenzierung nicht immer durchgehalten werde. Macr. Comm. 1. 14, 4: Animus enim proprie mens est, quam diviniorem anima nemo dubitavit: sed non numquam sic et animam usurpantes vocamus. Cum ergo dicit, hisque animus datus est ex illis sempiternis ignibus, mentem praestat intellegi, quae nobis proprie cum caelo sideribusque communis est; cum vero ait, retinendus animus est in custodia corporis, ipsam tunc animam nominat, quae vincitur custodia corporali, cui mens divina non subditur. Nunc qualiter nobis animus, id est mens, cum sideribus communis sit secundum theologos disseramus. So wird auch bei Landino die Trennung nicht immer durchgehalten, da er bisweilen sowohl die menschliche Einzelseele, man denke nur an De nobilitate animae, als auch die Allseele als *anima* bezeichnet. So wäre, wenn auch genaugenommen nur der nach Gottes Ebenbild geschaffene *animus* zu Gott als seiner Heimat zurückkehren kann, auch die Bezeichnung *regressus animae* denkbar.

[287] Die Plotinübersetzung Ficinos, Op. om. II 1537 - 1800, erschien zwar erst 1492, war aber schon 1462 durch Cosimo den Älteren angeregt worden und so lange in Arbeit, daß die Gedanken aus den Schriften Plotins sicher vor der Veröffentlichung in den Kreis der platonischen Akademie gelangten. Diese Annahme kann wohl ebenso für die Übersetzungen von Jamblich, De Mysteriis (1482), Op. om. II 1877 - 1908 oder anderer neuplatonischer Autoren wie Proclos, Op. om. II 1908 ff., Porphyrios, Op. om. II 1932 ff., Synesius, Op. om. II 1968 ff. oder Psellos, Op. om. II 1939 ff. gelten.

Seele und innerhalb welchen Systems ist ihr eine Rückkehr zu diesem Ursprung möglich? Wie ist die Seele beschaffen, daß ihr vermittels der Kontemplation diese Rückkehr möglich ist? Und schließlich: Durch welche Instanz wird die Seele zur Rückkehr stimuliert?

Der Ursprung der Seele und ihre Rückkehr

Seiner Wesenheit nach ist der Mensch durch das ihm innewohnende Geistprinzip, *mens* oder *animus*, definiert, das, im Gegensatz zum Lebensprinzip *anima*, welches sich auf jeder Daseinsstufe individuell manifestiert, ihm allein zukommt:

> *Numquam iccirco hominem vivere dicemus quia aut corpus alat aut ex tantillo ad iustam magnitudinem erigat aut alium sibi similem producat - haec enim vitae munera non sua ac propria sunt, sed cum segetibus arboribusque communia - neque rursus quia aut sentiat aut moveatur - qui enim hoc a brutis different? -, sed quia intelligit, quod quidem a mente habet, cuius, cum ab homine discesseris, nullum animans particeps invenias.*[288]

Die *mens* ist die *divinissima pars* des Menschen,[289] da sie nach der Emanationslehre Plotins aus der Weltseele, ἡ ψυχὴ τοῦ παντός, ἡ ψυχὴ τῶν ὅλων, hervorgeht.[290] Diese Weltseele umfaßt die Vielzahl der Einzelseelen, die

---

288 Land. D. C. 14, 10 - 17. Vgl. hierzu schon Land. De anima III 15: Cum vero ad id, quod proprium nostrumque est, quodque a nostrae originis divinitate traximus idest ad ratiocinandum, ad speculandum, ad intelligendum et, ad id quod Graeci νοῦν, nostri mentem dicunt exercendum eriguntur animi nostri. Ganz pointiert Land. De anima III 8: Quid enim aliud est homo quam mens ipsa. Hier geht Landino auf Fic. Op. om. I 626 zurück: Homo est animus. Beide fußen wohl auf Äußerungen wie Macr. Comm. 1. 14, 11: Et hinc est quod homo et rationis compos est et sentit et crescit solaque ratione meruit praestare ceteris animalibus. Macrobius seinerseits griff wohl auf plotinisches Gedankengut zurück. Plot. V 2 [11] 1, 19 f.: ἐκεῖ μὲν οὖν βλέπουσα, ὅθεν ἐγένετο, πληροῦται, προελθοῦσα δὲ εἰς κίνησιν ἄλλην καὶ ἐναντίαν γεννᾷ εἴδωλον αὐτῆς αἴσθησιν καὶ φύσιν τὴν ἐν τοῖς φυτοῖς. Vgl. dazu Arist. EN I 5, 1097 b 12 - 34.

289 Land. De anima III 7: Deinceps vero de ea, quae in nobis divina pars est, mente disputabimus. Land. D. C. 36, 16 ff.: Quis enim modo hominis naturam propinquius intueatur, non videat nihil in nobis mente excellentius esse? Cum veri investigatio eius partis sit, quae in nobis divinissima pars est.

290 Für die Emanationslehre grundlegend Plot. V 2 [11] 1, 1 - 22. Rezipiert bei Macr. Comm. 1. 6, 20: Aut enim deus summus est aut mens ex eo nata in qua rerum species continentur, aut mundi anima, quae animarum omnium fons est, aut caelestia sunt usque ad nos, aut terrena natura est. Vgl. dazu Creuzer, Skizze der Philosophie

miteinander in ihrem Schoß existieren, gleichzeitig aber durch ihre Beschaffenheit untereinander verschieden sind, da sie den unterschiedlichen Abstufungen der Tätigkeit der Materie unterliegen, mit der sie sich verbunden haben.[291] So hat die Weltseele nach Plotin einen abwärts gerichteten Aspekt, indem sie sich als Einzelseele inkarniert, und einen aufwärts zum νοῦς gerichteten, aus dem die Allseele ja stammt.

Der νοῦς, dem bei Ficino der *intellectus*, die Stufe der Engel entspricht, umfaßt die unendliche Vielfalt der Ideen, die ja nach christlichem Verständnis den Gedanken Gottes entsprechen.[292]

Der νοῦς seinerseits geht aus dem höchsten Prinzip, dem Einen, τὸ ἕν, τὸ ὄν oder τὸ πρῶτον hervor, das sich - ohne selbst eine Minderung zu erfahren - den unteren Hypostasen mitteilt. Im fünfstufigen System Ficinos entspricht das Eine dem christlichen Schöpfergott.[293] Während sich die beiden oberen Stufen ἕν - *deus*, νοῦς - *intellectus* und die unterste Stufe σῶμα - *corpus* in den Systemen von Plotin und Ficino analog setzen lassen, bereitet die Stufe der Seele Schwierigkeiten, da Ficino in seiner fünfstufigen Ordnung zwischen der *mens*, die einen Teil des plotinischen ψυχή-Begriffes abdeckt, und dem *corpus* die Stufe der *qualitas* einfügt.[294] Diese wesentliche Veränderung des philosophischen Systems, die hier inhaltlich nicht weiter vertieft werden kann und soll, zeigt exemplarisch die eigenständige, spekulative Basis Ficinos. Da aber Landino seinerseits keine systematische Darstellung seiner eigenen philosophischen Gedanken anstrebte, lassen sich bei ihm nur selten gravierende Abweichungen von seinen Vorlagen nachweisen. Dennoch muß man, um die z. T. stark reduzierten und damit vereinfachten Gedankengänge in ihrer vollen Dimension erfassen zu können, das bisher Entwickelte als das Fundament im Gedächtnis behalten, auf dem Landino seine Ideen aufbaute.

Plotins, übers. v. C. Zintzen, in: Zintzen, Neuplatonismus, 4 ff. Deuse, Seelenlehre 113 f. Zintzen, Rhein. Mus., NF, 108, 1965, 75 ff.

291 Cumont, Plotin 21.

292 Fic. Theol. Plat. I 108; II 157; III 180 und vor allem ebd. II 162: Ipse (i.e. deus) enim fons est idearum, theologi vero mentem illis adhaerere, id est illis se formandam insinare, per quam insinuationem, inquit Deum tangere, id est divina mente formari. Vgl. dazu Kristeller, Philosophie 152.

293 Fic. Theol. Plat. I 137: In quinque gradus iterum omnia colligamus, Deum et angelum in arce naturae ponentes, corpus et qualitatem in infimo; animam vero inter illa summa et haec infima mediam, quam merito essentiam tertiam ac mediam more Platonico nominamus, quoniam et ad omnia media est et undique tertia. Zur Stufung des Seins bei Ficino s. ausführlich Kristeller, Philosophie 55 ff.; bes. 88 ff. Zu Gott an der Spitze der Hierarchie vgl. weiterhin Fic. Theol. Plat. I 101 ; I 204. Weitere Belege s. Kristeller, Philosophie 154 f.

294 Vgl. hierzu Kristeller, Philosophie 27 f., 59, bes. 89 ff.

Für den Ursprung der Seele folgt er somit dem neuplatonischen Ansatz, daß die Seele aus dem Schoße des Höchsten stamme und von dort in die Materie herabstürze. Gleichsam trunken von diesem Sturz verharrt die Seele auf der untersten Hypostase, im Körper. Hier liegt die Idee eines stufenweise aufgebauten Kosmos zugrunde:

> *Censet enim divinus Plato animos nostros, postquam ex dei sinu in hanc ultimam faecem deciderunt vel potius ad hanc infimam mundi partem exornandam detracti sunt, ex tam excelso ac praecipiti casu ad longisculum tempus attonitos et ex silvae, quam ingressi sunt, tumultu stupidos et veluti ebrios persistere.*[295]

Vergleicht man diese Passage mit der Darstellung bei Macrobius, so stellt man fest, daß Landino diese fast wörtlich übernommen hat,[296] dennoch aber Platon als seinen Gewährsmann nennt. Hier folgt er der Tradition, stets die größere Autorität zu zitieren, auch wenn es sich dabei nicht um die verarbeitete Quelle handelt. Diese Vorgehensweise hat C. Zintzen schon für Macrobius nachgewiesen, der Platon und Plotin als seine Quellen nennt, in Wirklichkeit aber den leichter verständlichen Porphyrios ausschreibt.[297]

Allein in der Frage nach dem Grund des Seelenabstieges aus dem besten Zustand der Gottesnähe in die Materie weicht Landino von Macrobius ab und verwendet verschiedene Erklärungsansätze. Einmal verarbeitet er die plotinische Version eines Abstieges in "göttlicher Mission", um auch die reine Materie mit göttlichem Geist zu schmücken.[298] Im vierten Buch der Disputationes dagegen versucht er diese Frage nach dem Vorbild Ficinos mit dem Verlangen der Seele

---

295 Land. D. C. 17, 5 - 10.

296 Zum direkten Vergleich Macr. Comm. 1. 12, 7 f.: Anima ergo cum trahitur ad corpus, in hac prima sui productione silvestrem tumultum id est ὕλην influentem sibi incipit experiri. Et hoc est quod Plato notavit in Phaedone animam in corpus trahi nova ebrietate trepidantem, volens novum potum materialis alluvionis intellegi, quo delibuta et gravata deducitur. Das Stichwort *ebrietas*, das Landino in *ebrius* wieder aufnimmt, ist die einzige Verbindung zu Plat. Phaed. 79 c, genügt aber, um den ganzen Passus unter die Tutel Platons zu stellen. Zum Stichwort *faex* vgl. Macr. Comm. 1. 12, 15: Corpus enim hoc, sicut faex rerum divinarum est. Siehe dazu Plot. I 6 [1] 5, 44. Über den Einzug des Begriffes ὕλη schreibt Land. De anima I 3: Anaximenes autem Anaxagoras auditor extitit, qui primus huic materiae, quam Graeci ὕλη nostri silvam appellant, mentem addidit. Weitere Darstellungen des Seelenabstieges finden sich bei Landino in der Einf. Dantekurs § 41 - 46, in De anima I 40 und De anima III 5. Hier führt Landino den platonischen Phaidros als Quelle an, obwohl die Quelle seiner Vorlage Macrobius wohl eher Plotin IV 8 [6] 1, 37 war, wo direkt auf Plat. Phaidr. 246 c - d Bezug genommen wird.

297 Zintzen, Bemerkungen 415 f.

298 Plot. IV 8 [6] 8, 9 - 14.

nach Körperlichkeit zu beantworten.[299] Dazu übernimmt er, ebenfalls nahezu wörtlich, die von Ficino in seinem Kommentar zu Platons Symposion entwickelte Theorie der zwei Lichter der Seele, dem *lumen innatum*, das ihr von Natur innewohnt, und dem *lumen infusum*, das ihr durch göttliches Wirken zuteil wird. Blickt die Seele zu sehr auf ihr *lumen innatum*, d. h. auf ihren dem Körperlichen zugewandten Aspekt, sinkt sie - wie Ficino sagt - durch eigenen Antrieb, *impetus proprius*,[300] in die Materie.[301] Bei diesem Absinken aus dem Fixsternhimmel, ihrem himmlischen Wohnort, verliert die Seele nicht nur ihre Flügel,[302] sondern - so schreibt Landino - nimmt in jeder Planetensphäre eine spezifische Eigenschaft an:

> *Ita per subiectas sphaeras delabitur, ut ex singulis caelorum orbibus aliquem eorum motuum, quibus usura deinceps sit, in corporibus acquirat. Nam ab ea, quam Saturniam stellam nominant, ratiocinandi et intelligendi, ab Iove agendi, a Marte audendi vim abducit, Sol vero, ut sciat, ut etiam opinetur, illi concedit, mox a Venere excepta desiderii motum mutuatur, inde per Mercurii ac lunae caelos descendens ab illo pronuntiandi interpretandique, ab hac plantandi et augendi vires acquirit ac postremo ad terram veluti ad centrum, quo gravia omnia feruntur, delata et corpus quasi carcerem vel potius sepulcrum ingressa iure apud inferos relegata dicitur.*[303]

---

299 Land. D. C. 215, 4 - 9: Consistit igitur in caelo, ut Platoni, quem poeta sequitur, placere videmus, animus noster ipsius divinae naturae contemplatione perfruens, verum illa, quam dicebas, cupiditate infectus et ipsa cogitationis mole degravatus in infera descendere incipit.

300 Fic. Theol. Plat. III 208; III 227.

301 Land. D. C. 214, 23 - 215, 3: Sunt enim illi inquit Laurentius,verum praecipue locus iste menti nostrae haeret, in quo geminum in nobis lumen elucere demonstrat: naturale unum et ingenitum, ut dicebas, divinum alterum et infusum, quibus simul iunctis animi nostri veluti geminis suffulti alis totum hunc superiorem mundum pervolare possunt, additque, si divino illo semper utantur, fore, ut semper divinis haereant, infimus autem hic terrae locus animante, in quo ratio sit, cariturus videatur; quod ne fiat, esse divina institutum providentia, ut animus sui omnino potens sit valeatque pro suo arbitrio vel utroque simul lumine, cum libuerit, uti vel altero solo, proptereaque fieri, ut natura duce ad nativum lumen conversus se vires suas, quae ad fabricandum corpus spectant, divino lumine ad praesens omisso solum consideret illasque in corpore construendo exercere cupiat. Seine Vorlage, Fic. De amore 172, nennt Landino hier ausdrücklich. Land. D. C. 214, 17 - 19: Sunt enim non solum docte ac distincte, sed omnino dilucide a Marsilio nostro in iis dialogis explicata, quos ille in Platonis symposium conscriptos sub tuo nomine edidit. Zur *lumen* - Theorie Landinos s. auch Lentzen, Studien 61.

302 Plat. Phaedr. 246 c.

303 Land. D. C. 215, 26 - 216, 9; 139, 10 - 15. Vgl. schon Land. De anima I 38 - 41. Direkte Vorlage Landinos war erneut Macrobius. Macr. Comm. 1. 12, 14. Die

Neben der Tatsache, daß Landino auch hier die macrobianische Vorlage nahezu wörtlich ausgeschrieben hat, ist für das Thema von vita activa und vita contemplativa die Zuweisung der *vis ratiocinandi* an Satur und die der *vis agendi* an Jupiter interessant, die sich in künstlerischer Umsetzung auch in der Capella de' Medici nachweisen läßt.[304] Daneben ist bezeichnend, daß *contemplatio* und *actio* in der Hierarchie menschlicher Eigenschaften die beiden obersten, dem Fixsternhimmel am nächsten liegenden Plätze einnehmen. Hierin ist der Weg für die Rückkehr der Seele bereits vorgezeichnet.

Zunächst aber ist die Seele, nachdem sie durch den Sturz die Erinnerung an die göttliche Heimat verloren hat, d. h. vom Lethe-Strom des Vergessens getrunken hat,[305] ganz im Kerker des Körpers gefangen.[306] Hier wird sie durch die Trägheit der Materie und den Ansturm der Affekte, die an die Körperlichkeit gebunden sind, belastet und in ihrer Entfaltung behindert.[307] Aus diesem Gefängnis kann die Seele sich allein durch die philosophische Rückbesinnung auf ihren göttlichen Ursprung und die mit der Ablösung vom Körperlichen

---

gleiche Deutung des Jupiter- und Saturnhimmels verwendete Landino später auch im Dante-Kommentar. Vgl. dazu Lentzen, Studien 110.

304 V. Guazzoni, Michelangelo. Der Bildhauer. Darmstadt 1984, 87 ff. und Panofski, Studies 199 - 212, bes. 208 ff. Der Bau wurde von Leo X. anläßlich des Todes des letzten Medici angeregt. Von den sitzenden Statuen der Medicibrüder entspricht die des Lorenzo der Ikonographie Saturns in kontemplativer Haltung, diejenige Giulianos der Jupiters mit dem Herrscherstab.

305 Land. D. C. 220, 15 - 18: Quapropter qui (sc. animi nostri) prius ambrosia nectareque vescebantur, id enim est deo fruebantur atque inde mirum gaudium sumebant, nunc Lethaeum epoti in rerum omnium oblivione mersi sunt. Ebd. 216, 21 -24. Zur Deutung der Unterweltsflüsse siehe als Vorlagen Landinos Macr. Comm. 1. 12, 9 ff. und Salut. De lab. Herc. II 529 f.

306 Plat. Gorg. 493 a: σῶμα ἐστιν ἡμῖν σῆμα. Macr. Comm. 1. 11, 3: Ideo corpus δέμας hoc est vinculum nuncupatur, et σῶμα quasi quoddam σῆμα id est animae sepulcrum, unde Cicero pariter utrumque significans, corpus esse vinculum, corpus esse sepulcrum, quod carcer est sepultorum ait, qui e corporum vinclis tamquam e carcere evolaverunt. Die Bezeichnung des Körpers als Grab oder Gefängnis bei Landino s. D. C. 40, 23; 216, 8; 245, 31. De anima I 37, I 41 mit dem gleichen Wortlaut wie D. C. 216, 8, weiterhin De anima III 15, 32, 57, 67, 76. Zur Bezeichnung des Körpers als Gefäß der Seele s. Cic. Tusc. 1, 52: Corpus quasi vas est aut animi aliquod receptaculum. Vgl. dazu Fic. Theol. Plat. I 233; II 198: Corpus nostrum est ... receptaculum animae caelestis. Und Land. D. C. 40, 31 - 41, 3: Possem dicere vinculum animo esse, a quo paulo post dissolvatur, possem vas fictile appellare, quod brevi confringatur, possem denique vestimentum et tale quidem, quod brevi veterascat atque conterratur.

307 Land. D. C. 179, 19 f.: Tardat etiam et perturbat nostras mentes silva, si quidem omne ab ea vitium manat. Vgl. hierzu Macr. Comm. 1. 14, 14: usum eius (sc. vigor animae) hebescere in animalibus corporis densitate, und Plot. I 8 [51] 4, 1 ff.

stufenweise fortschreitende Kontemplation, d.h. durch die Aktualisierung ihres göttlichsten Teils, der *mens*, befreien.

Daß die Erinnerung an die *antiqua patria*[308] durch die Dichtkunst als Nachahmung himmlischer Harmonie auf Erden ausgelöst werden kann, hat bereits die Abhandlung über den *furor poeticus* gezeigt. Ist der Funke aber einmal entfacht, strebt die Seele danach, die göttliche Vollkommenheit wiederzuerlangen.[309] Bei diesem Bemühen gewinnt sie auch ihre beiden Flügel zurück, die sie beim Sturz in die Materie verloren hatte und mit deren Hilfe sie sich nun der Bindung an den Körper entledigt, um so dem Göttlichen allmählich näher zu kommen.[310] Bei Landino symbolisieren die beiden Flügel *iustitia* und *religio*, die vermittels ihrer Tugenden, der *virtutes morales* bzw. *virtutes intellectuales*, den Menschen in vita activa und vita contemplativa leiten:[311]

---

308 Land. D. C. 112, 4 - 5: ardentissima cupiditate ad antiquam patriam revolandi inflammant. Die Rückkehr der Seele zu Gott mit der Rückkehr in die Heimat gleichzusetzen, geht auf Plot. I 6 [1] 8, 15 ff. zu Hom. Il. II 140: φεύγωμεν δὴ φίλην ἐς πατρίδα γαῖαν, zurück. Aufgenommen wurde dies auch von Aug. De civ. Dei 9, 17, CCL 47, 265: Ubi est illud Plotini ubi ait: fugiendum est igitur ad carissimam patriam et ibi pater, et ibi omnia. Quae igitur, inquit, classis aut fuga?

309 Den der Seele innewohnenden Trieb zur Rückkehr betonte schon Plotin IV 8 [6] 4, 1 ff. Landino beschreibt die Rückerinnerung als einen Akt der Selbstbesinnung. Land. D. C. 220, 20 - 26: Sin autem se ipsum in se colligens integre casteque degat et corporis, quoad potest, consortium declinet, paulatim ex illa oblivione ... obdormiscebat, se excitans valet sibi geminas illas, quas iam totiens nomino, alas comparare; illis autem suffultus facile ex inferis resilit et ad superos rediens in regionem suam revolat.

310 Land. D. C. 16, 20 - 24: Mirificus omnino progressus et per quem iis quae diximus additamentis animus noster paulatim ex molestissimo corporis carcere se subtrahens et ad supera erectus ex infima materiae faece ad divinitatis usque culmen ascendit. Vgl. dazu Plot. I 6 [1] 7, 1 ff. Macr. Comm. 2. 17, 14: Necesse enim est omnem animam ad originis suae sedem reverti, sed quae corpus tamquam peregrinae incolunt cito post corpus velut ad patriam revertuntur, quae vero corporum illecebris ut suis sedibus inhaerent, quanto ab illis violentius separantur, tanto ad supera serius revertuntur. Fic. Theol. Plat. I 230; III 243: Perveniemus autem Deo duce ad hunc gradum naturae supremum, si modo ab ipsa materia, quae naturae gradus est infimus, affectum animi pro viribus segregabimus, ut quantum ab ea discedimus, tantum accedamus ad Deum. Außerdem Fic. Theol. Plat. II 249 und dazu Trinkaus, Image II 489.

311 Land. D. C. 220, 26 - 221, 4: Per duas igitur alas totidem virtutum genera intellegimus et eas, quae vitae actiones emendant, quas uno nomine iustitiam nuncupat, et eas, quibus in veri cognitionem ducimur, quas iure optimo religionem nominat. Illud igitur *pauci, quos ardens evexit ad aethera virtus* alam primam exprimit et virtutes, quae de vita et moribus sunt, intelligit; cum deinde addit *diis geniti potuere*, significat alam secundam atque ipsam religionem, quam ex virtutibus iis, quae ad verum ducunt, constare vult Plato. Vgl. auch Land. Einf. Dantekurs § 48.

Concessit enim nobis deus, ut nostro arbitrio libere uteremur, non ut per nequitiam delinqueremus, sed ut per religionem et iustitiam nobis summum bonum acquireremus.[312]

Das *summum bonum* aber liegt - wie Landino im zweiten Buch der Disputationes in einer ausführlichen Erörterung nachweist - in Gott selbst.[313]

Höchstes Ziel menschlichen Daseins ist damit die Gotteserkenntnis,[314] die eine vermittels des stufenweisen kontemplativen Aufstiegs erreichte "Vergöttlichung" des erkennenden Subjekts voraussetzt.[315] So ist es keineswegs blasphemisch, wenn Ficino die Gottwerdung des Menschen fordert, sondern entspricht dem Grundsatz, daß Gleiches nur durch Gleiches erkannt werden kann, und geht direkt auf Plotin zurück.[316]

---

312 Land. D. C. 217, 19 - 22.

313 Land. D. C. 71, 19 - 29: Paulatim, ni fallor, eo res producta est, ut in uno deo summum bonum reponendum convincatur. ... Puto enim eandem fere esse et Platonicorum et Christianorum de huiuscemodi re et sententiam et sententiae approbationem.

314 Land. D. C. 16, 27 - 17, 4: Erit quidem praecipue tamen, si circa dei cognitionem versabimur. Hunc enim sibi veluti extremam sui cursus metam proponit nostra investigatio, quo omnes actiones atque cogitationes humanae referuntur, quo cum perveneris, nihil sit quo ulterius progrediaris. Illic enim ultimum illud atque extremum idemque summum bonum depraehendimus, quod omnes duce natura cupimus, pauci remotis errorum ac inscitiae nebulis intelligunt, quod denique non solum Christiani praedicant, sed multo ante Christum Aristotelici, sed longe ante alios Platonici intellexerunt. Vgl. dazu Fic. Theol. Plat. II 250 f.; III 143.

315 Plot. I 6 [1] 9, 29 - 34: τὸ γὰρ ὁρῶν πρὸς τὸ ὁρώμενον συγγενὲς καὶ ὅμοιον ποιησάμενον δεῖ ἐπιβάλλειν τῇ θέᾳ. οὐ γὰρ ἄν πώποτε εἶδεν ὀφθαλμὸς ἥλιον ἡλιοειδὴς μὴ γεγενημένος, οὐδὲ τὸ καλὸν ἂν ἴδοι ψυχὴ μὴ καλὴ γενομένη. γεγέσθω δὴ πρῶτον θεοειδὴς πᾶς καὶ καλὸς πᾶς, εἰ μέλλει θεάσασθαι θεόν τε καὶ καλόν.

316 Fic. Theol. Plat. II 247: Totus igitur animae nostrae conatus est <u>ut Deus efficiatur</u>. Land. De vera nob. 62: ut proxime ad eum, a quo omnia sunt, immortalem dico omnipotentemque deum, quoad homini licet accedamus, atque ita supra nostram naturam transcendimus, ut <u>ipsi dii efficiamur</u>. Macr. Comm. 2. 12, 5: Et haec sit praesentis operis consummatio ut animam non solum immortalem, sed <u>deum esse</u> clarescat. Plot. I 2 [19] 6, 2: ἀλλ' ἡ σπουδὴ οὐκ ἔξω ἁμαρτίας εἶναι, ἀλλὰ θεὸν εἶναι. Um den Vorwurf der Blasphemie zu vermeiden, kann sich Ficino auch auf Johannes und Paulus berufen. Fic. Theol. Plat. II 249: Quod si mens quanto altius ad contemplanda spiritalia elevatur, tanto longius discedit a corporalibus, supremus autem terminus, quem attingere potest intelligentia, est ipsa Dei substantia, sequitur ut tunc demum mens divinam subire substantiam valeat, quando fuerit a mortalibus sensibus penitus aliena. Igitur anima ab huius corporis vinculis exempta puraque decedens, certa quadam ratione fit deus. Deus autem ac Dei aeternitas idem. Igitur ratione simili fit aeternitas multoque magis fit aeterna. Quem quidem statum Ioannes theologus appellat

Unterschiedlich bei Ficino und Plotin ist freilich die Art, in der sich die Gottesschau vollzieht. *Finis ergo noster est*, sagt Ficino, *per intellectum Deum videre*,[317] und setzt damit die Gottesschau als noetischen Akt an das Ende einer durch den Intellekt erfaßbaren Ursachenkette.[318] Hierin folgt ihm Landino, für den Gott ebenfalls durch die menschliche *intelligentia* erkannt werden kann.[319] Nach Plotin dagegen muß nicht nur alles Körperliche, sondern auch das Noetische transzendiert werden, bevor sich die ἕνωσις in mystischer Schau vollziehen kann.[320] Fest steht jedoch für alle, daß die Trennung der Seele vom Körper, wenn auch nur für wenige Sterbliche und nur für kurze Zeit, so doch in diesem irdischen Leben durch die Entfaltung des göttlichsten Teils des Menschen in der Kontemplation möglich ist.[321] In dieser temporären Trennung vollzieht sich die neben dem physischen Tod zweite Art der *duplex mors hominis*, wie Platon sie im Phaedon grundlegte:

> *Quapropter divinitus Plato duplicem hominis mortem posuit: alteram cum e vita excedimus, alteram cum res altas speculando procul ab omnibus sensibus discedimus et viventes mori, idest*

Deo similem fieri, Paulus autem in Dei imaginem transformari. S. hierzu auch Kristeller, Philosophie 207.

317 Fic. Theol. Plat. II 250.

318 Fic. Theol. Plat. II 251: Quoniam igitur cuiusque effectus cogniti optamus causam videre, atque intellectus noster esse ipsum universale cognoscit, efficitur ut naturaliter effectemus esse ipsius causam noscere, quae quidem ipse est Deus, neque dicimur finem ultimum assecuti, nisi quiescat totum desiderium naturale.

319 Land. D. C. 16, 17 - 20: Cum hactenus sensu corpora et imaginando corporum similitudines percepissent, deinceps ipsa ratione corporum naturam, intellectu incorporeos ... ac demum intelligentia id quod increatum est intueantur. Vgl. dazu Fic. Theol. Plat. I 329; II 86; II 285; bes. II 249: Quod si meus quanto altius ad contemplanda spiritualia elevatur, tanto longius discedit a corporalibus, supremus autem terminus, quem attingere potest intelligentia, est ipsa Dei substantia, sequitur ut tunc demum meus divinam subire substantiam valeat, quando fuerit a mortalibus sensibus penitus aliena.

320 Plot. IV 8 [6] 1, 1 ff.: Πολλάκις ἐγειρόμενος εἰς ἐμαυτὸν ἐκ τοῦ σώματος καὶ γινόμενος τῶν μὲν ἄλλων ἔξω, ἐμαυτοῦ δὲ εἴσω, θαυμαστὸν ἡλίκον ὁρῶν κάλλος, καὶ τῆς κρείττονος μοίρας πιστεύσας τότε μάλιστα εἶναι, ζωήν τε ἀρίστην ἐνεργήσας καὶ τῷ θείῳ εἰς ταὐτὸν γεγενημένος καὶ ἐν αὐτῷ ἱδρυθεὶς εἰς ἐνέργειαν ἐλθὼν ἐκείνην ὑπὲρ πᾶν τὸ ἄλλο νοητὸν ἐμαυτὸν ἱδρύσας. Vgl. auch Plot. VI 9 [9] 9, 56, und Zintzen, Rhein. Mus. 108, 1965, 77 ff. Zum Vollzug der mystischen Schau bes. ebd. 81.

321 Fic. Theol. Plat. II 243: Illud Pauli divini theologi confirmare videtur, quod inquit animum Deo raptum nec esse evidenter in corpore nec extra corpus. Theol. Plat. II 276: Cuius virtute (sc. animi) a corpore separabili idipsum habet, ut per operationem possit a corpore separari So berichtet Porphyrios, Vita Plotini 23, 12, Plotin habe während ihrer Freundschaft den Zustand der göttlichen Schau viermal erreicht, er selbst dagegen nur einmal.

animum a corpore separare, discimus. Hanc igitur nobis virtus, illam vero natura affert. Quare recte idem ille divinus Plato mortem philosophantibus appetendam dixit, ipsamque philosophiam esse moriendi rationem, quandoquidem viventes adhuc mentem sine corporeis adminiculis exerceamus.[322]

Zugleich gibt die Gottesschau einen Eindruck vom ewigen Leben bei Gott, ein Aspekt, der bei der Behandlung des Gleichnisses von Martha und Maria noch deutlich sichtbar werden wird. Das kontemplative Leben ist dem aktiven demnach vorzuziehen, da durch die Kontemplation allein das höchste Ziel der Gotteserkenntnis und damit eine Rückkehr der Seele an ihren Ursprung erreicht werden kann.[323]

Diese Seelenlehre glaubte Landino - seiner eigenen Dichtungstheorie gemäß - in der Aeneis Vergils, der ihm als *platonicus poeta*[324] galt, verborgen, und sah es als seine Aufgabe, diese Wahrheiten mit Hilfe der allegorischen Interpretationsmethode offen darzulegen.[325] In der Forschung sind die *Disputationes Camaldulenses* deshalb häufig als Zäsur im Werk Landinos apostrophiert worden, da er sich hier erstmals dieser Methode der Textanalyse bedient habe.[326] Geht man aber von der Richtigkeit der Annahme Fields aus, daß es sich bei dem Cod. Cas. 1368 um den Text oder zumindest das Konzept der Vergilvorlesung Landinos aus dem Jahre 1462/ 63 handelt, ist diese Periodisierung im Hinblick auf die von Landino angewandte Methode nicht mehr aufrechtzuerhalten, da nahezu alle wichtigen Bestandteile der Aeneis - Allegorese im Kodex bereits vorhanden sind, was - sofern dem hier behandelten Thema dienlich - durch Textzitate belegt werden wird. Möglich wäre es, daß Landino aus dem Wort - für - Wort - Kommentar der Vorlesung die allegorischen Erklärungen übernommen, zum Dialog der *Disputationes* ausgebaut und mit zusätzlichen theoretischen Passagen, wie z. B. derjenigen über die Dichtkunst, versehen hat. Die Allegorese der *Disputationes* wurde dann ihrerseits zum Vorbild für den großen Kommentar der *Göttlichen Komödie*, was

---

[322] Land. De anima III 15. Landino nennt zwar als Autorität Platon, gedacht ist wohl an Plat. Phaed. 64 a und 67 d, geht aber in Wirklichkeit auf Macr. Comm. 1. 13, 4 zurück.

[323] Land. D. C. 25, 20 - 25: Verum cum mens nostra, qua sola homines sumus, non mortali actione, sed inmortali cognitione perficiatur, in qua ultimum illud, quo omnia referuntur cuiusque causa omnia fiunt, ipsum autem propter se expetitur, collocatum sit, quis non viderit speculationem esse longe anteponendam. Vgl. dazu Fic. Theol. Plat. II 198: Non ad hanc habitationem sed ad caelestem speculationem simus progeniti. Und Kristeller, Philosophie 177.

[324] Land. D. C. 253, 10 - 11; 215, 5.

[325] Land. D. C. 117, 27 - 118, 2.

[326] s.o. A. 112.

aber schon in den Disputationes angedeutet wird, so daß man annehmen kann, daß der Plan damals bereits bestand.[327]

Die Reise des Aeneas von Troia nach Italien entspricht - wie die Wanderung Dantes durch Inferno, Purgatorio und Paradiso - bei Landino dem Wiederaufstieg der inkarnierten Seele zu ihrem göttlichen Ursprung. Denn wie die Seele zu ihrer göttlichen Heimat zurückkehrt, so kehrt auch Aeneas in seine Heimat, die ja in Wahrheit Italien ist, zurück.[328] Diese Heimkehr faßt Landino bereits in der Vergilvorlesung als eine Alllegorie des Weges der menschlichen Seele auf:

> *Aeneas solvens a troiano portu idest a voluptate ut Italiam perveniret idest ad vitam contemplativam, incidit in marinas tempestates idest in perturbationes.*[329]

Das Grundschema der Allegorese entspricht exakt dem in den *Disputationes* gebotenen:

> *Aeneas autem caelesti illo duce paulatim ex Troiano incendio, id est ex corporearum voluptatum ardore se expediens si non recta navigatione - id enim humanae condicioni aut nunquam aut raro conceditur, ut eodem tempore stultitiam exuat et sapiens ef-*

---

327 Land. D. C. 253, 28 - 254, 2: Dum enim mihi (sc. Laurentio) planum reddere Maronem tentas idque efficis, eodem tempore in nostri civis divinum poema inducis. Nunc enim demum perspicio, quid sibi velit Danthes, qui primum ad inferos descendat atque inde emergens nullam aliam viam nisi per purgatoria loca ad caelum inveniat. Und aus der Retrospektive Land. Introd. all' Eneide 233, 9 - 15: Sed de sensu illo interno quid ego iudicarem, a nobis in duobus ultimis libris qui sub titulo Camaldulensium disputationum in lucem venerunt, pro viribus ingenii, ut paulo supra diximus, demonstratum est. Quos libros cum edidissem, rogarunt me amici tui, ut Danthis quoque Florentini, qui Maronem in suo volumine ducem sequitur, easdem prosequerer allegorias.

328 Zur wahren Herkunft des Aeneas s. Land. D. C. 141, 16 - 142, 14: Praecipitur ergo Troianis, ut eo revertantur, unde originem ducunt. Duplex autem illis origo est. Nam Teucer Scamandri cuiusdam filius profectus ex Creta insula in Phrygiam venit et una cum Dardano regnavit. Dardanus autem prius et ipse in Phrygiam venerat, at non ex Creta ut ille, sed ex Italia, nec mortali patre natus, sed ex deo Iove ... Si enim in Italiam id est in originem animi redeant, Troiani percitiunt cognitionem rerum divinarum, in qua sola stabiles et mansuras sedes inveniunt. Zur Rückkehr in die Heimat s. o. A. 308. Für die Analyse dieser Allegorese und derjenigen des Fehlurteils des Anchises, nach Kreta zu segeln, s. Zintzen, M. Lat. Jb. 20, 1985, 202 ff.

329 Cod. Cas. 1368, fol. 177 v. Vgl. ebenso fol. 110 v: Eneas reliquit Troiam idest voluptatem et secutus est luciferum idest rationem. Sed ingressus in mare idest in vitam plenam perturbationum. Und fol. 117: Troiani enim exeuntes ex Troia idest ex vita voluptuosa, ut tenderent in Italiam idest ad vitam speculativam, statim perturbari ceperint.

ficiatur -, tamen post multos errores in Italiam ad veram sapientiam pervenit.[330]

Neben dieser neuplatonischen Deutung übernimmt Landino aus seiner Vorlesung noch eine weitere Koordinate, die seit Fulgentius zum Leitfaden der Aeneis - Interpretation geworden war: die Gleichsetzung der Irrfahrtsetappen mit den menschlichen Lebensaltern:

> *Illi itaque primo fuit ex Troia abeundum, quam pro pueritia et prima illa aetate intelligere debemus, in qua animus ipse nullo adhuc probo coinquinatus est, et pro ipsa etiam voluptate accipienda in ea excrescit.*[331]

Indem Aeneas das brennende Troia verläßt, d. h. die Seele durch die Abkehr von körperlichen Begierden die erste Voraussetzung für die Heimkehr zu Gott erfüllt, beginnt die gefahrvolle Reise nach Italien, d. h. der mühsame Aufstieg der Seele zur Vollendung, den man in jeder Stufe des Kampfes der einzelnen Seelenteile gegen die Affekte verfolgen kann. Denn wie die Seele sich auf dem Weg durch die Tugend- und Kontemplationsstufen vervollkommnet, so ist auch Aeneas nicht von Anfang an der *vir sapiens atque perfectus*, sondern gleicht eher dem stoischen Prokopton:

> *Poeta enim non ipsum a principio sapientem fingit et vera virtute ornatum, sed eum, qui a perturbationibus animum vendicare cupiens se paulatim a vitiis redimat et post varios errores in Italiam, id est ad veram sapientiam perveniat.*[332]

Der Seelenaufbau und die Stufen der Kontemplation

Um die Allegorese der einzelnen *errores* des Aeneas, d.h. den Kampf der Seelenteile gegen die verschiedenen Affekte, verstehen zu können, muß man sich zunächst den Aufbau der Seele vergegenwärtigen, wie Landino ihn vor

---

330 Land. D. C. 127, 8 - 13.

331 Cod. Cas. 1368, fol. 203 v. Dem entspricht Land. D. C. 120, 23 - 25: Troiae igitur oritur Aeneas, per quam urbem recte, ut puto, primam hominis aetatem intelligimus, in qua cum ratio adhuc omnis consopita sit, solus sensus regnat. Ebd. 121, 8 - 9: Quapropter in hac aetate naturae vi potius trahamur quam nostrarum actionum domini esse valeamus. Ebd. 121, 12: Itaque in puero virtutem esse nemo dicet. Vgl. ebd.128, 20 - 21. Zur Tradition dieser Deutung s. Zintzen, M. Lat. Jb. 20, 1985, 204, und speziell zur *Expositio Virgilianae Continentiae* des Fulgentius s. Rauner-Hafner, M. Lat. Jb. 13, 1978, 35ff. Zum Fortgang der Allegorese s. Zintzen, M. Lat. Jb. 20, 1985, 202 ff., Müller - Bochat, Alberti und die Vergil-Deutung 21 ff. und Lentzen, Studien 137 ff.

332 Land. D. C. 136, 21 - 25.

allem in *De anima* dargelegt hat. Die Grundlage bildet die platonisch - christliche Definition der unkörperlichen, unsterblichen Einzelseele:

> *Non aberrabimus fortasse, si iam ad Platonicam definitionem ascendamus. Spero enim fore ut ex ea et veritatem ipsam elicere possimus, et a Christianorum dogmate non discedamus. Ait enim ille animam esse essentiam incorpoream rationalem, quae se ipsa moveat.*[333]

Der νοῦς-hafte Bereich dieser Seele, die *mens*, ist ihrerseits zweigeteilt, wobei sich ihr unterer Tiel, die *ratio*, dem Körperlichen, ihr oberer, der *intellectus*, dem Göttlichen zuwendet.[334] Dabei wird der *ratio* die Zuständigkeit für die vita activa, dem *intellectus* diejenige für die vita contemplativa zugewiesen.[335] Weisheit *sapientia* und praktische Klugheit *prudentia* stehen dabei zueinander in einem Rangverhältnis wie Mann und Frau, ein Vergleich, den Landino von Thomas von Aquin übernimmt:

> *Dividitur igitur mens in duo: sursum in sapientiam, deorsum in prudentiam, quasi in virum et mulierem, ut vir superior sit et regat, mulier inferior et regatur.*[336]

Hierin wird sowohl der Vorrang des zur Kontemplation befähigten Seelenteils vor dem das aktive Handeln bestimmenden Teil als auch seine Herrschaft über diesen festgehalten.[337]

---

333 Land. De anima I 31. Ebd. I 46 - 47: In eam tandem sententiam labor, ut animae singulae a Deo creentur, non ex sua essentia ... verum ex nihilo: ita tamen, ut exemplar ipsius primae causae iure dicatur anima, quandoquidem ad imaginem et similitudinem suam sit producta. Hier bezeichnet Landino die Gesamtseele mit *anima*. Die folgende Untersuchung gilt dann deren bestem Teil, der *mens*.

334 Land. D. C. 160, 29 - 161, 5: Cum igitur ad id quod proprium nostrumque est quodque a nostrae originis divinitate traximus, id est ad ratiocinandum, ad contemplandum, ad intelligendum erigimur, eam animi partem adhibemus, quam Graeci νοῦν, nostri mentem nuncupamus. Verum hanc multi, sed praecipue Christianique philosophi duplicem esse voluerunt: alteram inferiorem quam rationem appellant, diviniorem alteram et superiorem quam intellectum nuncupant. Hier wiederum bezeichnet Landino die Gesamtseele mit *animus* und kann damit seine eigene terminologische Trennung nicht aufrechterhalten.

335 Land. D. C. 161, 5 - 17: Quapropter sapiens Avicenna animos nostros veluti alterum Ianum duplici ore insignitos esse dixit, ut hoc sursum versum principia altissima per sapientiam suspicamus, illo vero res mortales et actiones humanas per prudentiam administremus. Die gesamte Passage hat Landino nahezu wörtlich aus De anima III 18 übernommen.

336 Land. D. C. 161, 8 - 11. Vgl. dazu Thom. Sum. theol. II - II, qu. 182, ar. 4.

337 Land. D. C. 161, 14 -17. Die Abhängigkeit des aktiven Handelns von der Kontemplation wird sich in analoger Weise an der Martha-Maria-Episode zeigen lassen.

An anderer Stelle variiert Landino die Einteilung der *mens*, indem er die *ratio* als *pars mentis*[338] nochmals in *ratio inferior* und *ratio superior* gliedert.[339] Dabei ist es der *ratio superior* eigen, als zum Göttlichen orientierte *recta ratio* im Ansturm der Affekte aufrecht zu stehen, während die *ratio inferior*, sobald sie aufhört, sich an ihrem oberen Teil auszurichten, den Verlockungen des Körpers erliegt.[340]

Diese Vorstellung vom Aufbau der menschlichen Seele bildet den philosophischen Hintergrund für die Allegorese des Seesturms im ersten Buch der Aeneis als Kampf der körperlichen Affekte um die Herrschaft über die *ratio*. Juno, der *cupiditas vitae civilis*,[341] gelingt es, Aeolus, der die *ratio inferior* verkörpert,[342] durch Macht und Sinnenfreuden verheißende Versprechungen zu überreden, die Winde *perturbationes*[343] loszulassen und dadurch das Meer, d. h. den *appetitus*,[344] so aufzuwühlen, daß Aeneas von seinem Ziel Italien, d. h.

---

[338] Land. De anima III 12.

[339] Land. D. C. 158, 4 - 6: Ita enim ab immortali deo a principio creata est divinitas animorum nostrorum, ut una eademque sit pars inferior rationis, de qua paulo post erit distinctius disputandum, cum parte superiori. Hierbei muß es sich wohl um eine zusätzliche Unterteilung der *ratio* handeln und nicht um eine Gleichsetzung der *ratio superior* mit dem *intellectus*. Andererseits verbindet Landino in seinem Dante-Kommentar die *ratio inferior* statt der ganzen *ratio* mit der vita activa. Cit. nach Lentzen, Studien 108: Danthe, el quale desidera uscire della selva et salire al monte ma non può, perché è impedito dalle fiere già decte, significa l'appetito rationale obbediente alla ragione inferiore cioè alla vita activa.

[340] Land. D. C. 158, 7 - 12.

[341] Land. D. C. 161, 21 - 22. Ebd. 158, 28 - 29. Eine Aeneis - Allegorese, in der Iuno mit dem *appetitus sensitivus* und Iupiter mit der *rationalis voluntas* gleichgesetzt wird, findet sich bei Salut. De lab. Herc. I 103 ff. Große Unterschiede in der Darstellung aber weisen darauf hin, daß diese Passage Landino bestensfalls als Anregung, nicht aber als Vorlage gedient hat, da Iuno hier nicht als Vertreterin der vita activa fungiert, sondern ihre Rolle auf die Anbahnung der Liebesbeziehung zwischen Dido und Aeneas beschränkt bleibt.

[342] Land. D. C. 161, 22 - 23.

[343] Über die *quattuor perturbationes* der menschlichen Seele, *aegritudo, metus, libido* und *laetitia*, sowie deren vielfältige Unterteilungen ausführlich Land. De anima II 135 ff. und s. u. 125 ff.

[344] Land. D. C. 133, 13 - 25: Est igitur sensus et vis quaedam in animis nostris, quam cogitandi nominant, cui bonorum malorumque iudicium a natura demandatum est. Si autem eadem cogitandi vis salutari rationis lumine illustretur et eius norma dirigatur, non id bonum esse iudicat, quo sensus demulcentur, sed quod recta dictat ratio, quod verum simplexque bonum cum sit neque interire neque corrumpi possit. Cum igitur huiuscemodi vis hoc bonum, illud vero malum esse decreverit, excitatur in nobis alia quaedam vis, quae ad bonum asciscendum malumque declinandum insurgat. Hunc autem appetitum omnes appellant. Vgl. dazu Land. De anima II 120; II 126. Zur Gleichsetzung

die Seele vom Ziel der Kontemplation, fortgetragen wird.[345] Die Seele wird bei ihrem Bemühen, sich vom Körper zu lösen, durch die aus dem *appetitus* entstehenden Affekte zurückgehalten.[346] Ob aus dem Impuls des *appetitus* an den *animus* schließlich *virtutes* oder - wie in diesem Fall - *vitia* entstehen, hängt davon ab, welcher der beiden *appetitus* den Anreiz aussendet. Denn auch der *appetitus* ist - wie die *mens* - doppelt oder - wie Landino Avicenna zitiert - ianusköpfig angelegt,[347] wobei der eine *appetitus* der *ratio* gehorcht, der andere aber durch die *sensus* bestimmt wird.[348] Dies wiederum paßt vorzüglich in die "Meeresallegorie", denn wie das Meer allein Aeneas zu seinem Ziel bringen kann, so hat es auch allein die Macht, ihn von Italien fernzuhalten. So bewegt auch der *appetitus* die Seele: Als von der *ratio* gesteuerte *voluntas* befördert er die Vollendung ihres göttlichen Teils, während er sie als sinnliche *voluptas* im köperlichen Bereich festzuhalten sucht.[349]

So wird auch verständlich, wie Landino das *te numquam negabo promeritam*[350] aus der Verteidigungsrede des Aeneas im Agon mit Dido als Dank der Seele an den *appetitus* interpretieren kann. Denn die Seele ist, auch wenn es sich im Falle der Dido um einen von den Sinnen bestimmten Impuls handelt, der sie von ihrem eigentlichen Ziel abbringt, dennoch grundsätzlich auf den Antrieb durch den *appetitus* angewiesen, da er sie - sofern der *ratio* unterworfen - bei der Loslösung von körperlichen Begierden voranbringt.[351] Den Kampf der

---

des appetitus mit dem Meer s. Land. D. C. 134, 15 - 21: Atque haec de appetitu, quem quidem mari simillimum esse quis negaverit? Videmus enim mare, si nullis ventis verberetur, sedatum tranquillumque perdurare. Sin autem diversis tundatur ventis, in gravissimas turbulentissimasque tempestates insurgit. Sed haec eadem in appetitu deprehendas. Fac illum vacare perturbationes, nihil nisi recte appete. Fac rursus illis vehementer vexari, quos iam fluctus quasve procellas intuebere!

345 Land. D. C. 162, 8 - 26.

346 Land. De anima II 124: Si quis recte norit quid appetitus in animo sit, norit itidem quemadmodum ex appetitu omnis affectus, atque ex affectibus postremo virtutes vitiaque nascantur. Zu den Affekten s. ebd. 136 ff. und Land. De vera nob. 73.

347 Land. De anima III 18.

348 Land. D. C. 133, 25 - 29: Sed et eum (sc. appetitum) duplicem esse oportet: alterum qui ab eo iudicio, quod solus sensus fecit, semper pendeat nihilque cum ratione expetat, alterum qui nihil omnino sequatur nisi quod ratio prius praeceperit. Primum illum libidinem, hunc secundum voluntatem nuncupamus. Ebd. 144, 24 - 145,1. Land. De anima II 126: Est autem appetendi vis duplex, alteraque in ratione altera in sensu posita est.

349 Land. D. C. 133, 30 - 134, 2.

350 Verg. Aen. 4, 333 ff.

351 Cod. Cas. 1368, fol. 160 v: Si Dido voluptas est, quae tenet sapientem, potest illi optime responderi, *non negabo te promeritam de me*, nam appetitus promeritus bene de animo et illi sapiens multum debet, quando rationi se subicit.

ratio um die Herrschaft über beide *appetitus* sieht Landino im Wagenlenker des platonischen Phaidros versinnbildlicht[352] und übernimmt diese Gleichsetzung in seine Vergilvorlesung:

> *Appetitus est duplex. Unde Plato dicit, rationem in homine esse tanquam aurigam et habere duos equos, alterum album, alterum nigrum. Qui albus est aurigae, idest rationi, obtemperat. Qui vero niger est nulla ratione fertur neque aurigae obtemperat. Hos autem duos equos duos appetitus esse intelligit, quorum albus rationi paret, niger vero nullo pacto.*[353]

Die Rolle des Wagenlenkers, der *ratio superior*, übernimmt in der Aeneis-Allegorese Neptun, dem es schließlich gelingt, die Winde zu besänftigen.[354] Die *ratio superior* (Neptun) erhebt sich über den Bereich der Affekte und bringt sie, die durch ein Fehlurteil der *ratio inferior* (Aeolus) entfesselt wurden, zum Schweigen. Diese Fehlurteile, die *falsae opiniones*, die Landino mit den jede rationale Sicht versperrenden Wolken identifiziert, entstehen, indem die *ratio*

---

352 Plat. Phaedr. 246 b; 253 c - 254. Auf Augustinus verweisend s. dieses Bild auch bei Thom. Sum. theol. II - II, qu. 56, ar. 4: Praeterea Augustinus probat in libris de Moribus Ecclesiasticis, quod virtus non est in corpore, sed in anima, eo quod per animam corpus regitur. Unde quod aliquis corpore bene utatur, totum refertur ad animam: sicut si mihi auriga obtemperans equos quibus praeest, recte regit, hoc totum mihi debetur, sed sicut anima regit corpus, ita etiam ratio regit appetitum sensitivum. Ergo totum rationali parti debetur quod irascibilis et concupiscibilis recte regantur.

353 Cod. Cas. 1368, fol. 12 v. Ebd. fol. 204 bietet Landino zum Tod des Palinurus die Deutung, die er in den Disputationes auf den Seesturm im ersten Buch anwendet: Palinurus enim Grecum nomen est, et a παλίν quod retro significat et οὖρος quod ventum. Idest ventus retro repellens quia ventus in homine est appetitus rationi non subiectus. [Man beachte die leichte Variation zur ersten Fassung.] Habemus enim duplicem animum, ut Platoni placet, qui dicit rationem in homine esse tanquam aurigam quae ducit currum et habere duos equos alterum album, alterum nigrum. Qui albus est, aurigae obtemperat. Qui vero niger, nulla ratione fieri potest, ut feratur. Hos duos equos duos appetitus intelligimus, per album, eum appetitum qui rationi obsequitur, per nigrum, appetitum recalcitrantem minimeque rationi parentem. Vgl. dann bedeutend ausführlicher in Land. De anima II 131 und schließlich Land. D. C. 134, 2 - 14. Die Trennung in *appetitus rationalis* und *irrationalis* findet sich auch bei Fic. Theol. Plat. II 264, wobei aber keine Verbindung zum Bild des Wagenlenkers hergestellt wird. Dieses wiederum verwendet Ficino in De anima 259, wobei *ratio* und *opinio* als diskursives Denken das gute Pferd, *phantasia confusa* und *appetitum sensitivum* das schlechte Pferd versinnbildlichen. Zur Zähmung des schlechten Pferdes werden dann bei Ficino die einzelnen Furorstufen eingesetzt.

354 Land. D. C. 161, 22 - 23. Zur weiteren Allegorese Neptuns s. ebd. 164, 17 - 165, 3.

inferior den sinnlichen Verlockungen erliegt.[355] Dieser Entscheidung der *ratio inferior* folgend, richtet der *appetitus* nun seine begehrende Kraft, *vis concupiscibilis*, auf die versprochene Macht und die verheißene Lust, körperliche Begierden, die eigentlich durch die abwehrende Kraft des *appetitus*, *vis irascibilis*, in Schach gehalten werden sollten.[356] Die Seele weicht von ihrem Weg zum höchsten Gut ab.

Während aber die *ratio inferior* nur eine subalterne Befehlsfunktion erfüllt, ohne die wahren Ursachen zu erkennen, kommt der "Oberbefehl" der *ratio superior* zu, die den Grund der Verwirrung, die *cupiditas rerum humanarum*, erkennt und den *appetitus* wieder unter die Herrschaft der *recta ratio* zurückführt.[357] Die voluptas wird langsam zur voluntas gewandelt.

Abschließend sei noch kurz auf die Veränderungen hingewiesen, die die Allegorese des Seesturmes in verschiedenen Werken Landinos erfahren hat. So steht in der Vergilvorlesung von 1462/63 Neptun für den rationalen, seine Schwester Iuno für den irrationalen *appetitus*:

> *Neptunus, referendo rem ad allegoriam, accipitur pro eo appetitu qui obtemperat rationi, qui frater Iunonis est, idest alterius appetitus, qui rationi non obtemperat.*[358]

In *De anima* ist die Allegorese bereits breiter angelegt, und die Personifizierungen entsprechen im wesentlichen denen der Disputationes. Hier ist die Allegorese eingebettet in eine Abhandlung über die *recta ratio rerum ef-*

---

355 Zur Vertreibung der Wolken, *falsae opiniones*, durch Neptun, die *ratio superior*, s. Land. D. C. 170, 5 - 10. Zum Fehlurteil des Aeolus, der *ratio inferior*, s. Land. D. C. 133, 13.

356 In der ausführlichen Darlegung der *appetitus*-Lehre, Land. De anima II 120 - 29, findet sich diese auf die im *appetitus* wirkenden Kräfte abzielende Einteilung: Land. De anima II 120 - 21: Appetitus autem duae sunt partes: concupiscibilis et irascibilis. Concupiscibilem vim diffiniunt, qua movetur ad ea adsequenda, quae aut necessaria aut conducentia putamus; irascibilem vero, qua excitatur animus ut, quae noxia adversaque naturae putaverit, ea refugiat atque repellat. Und ebd. II 127.

357 Land. D. C. 169, 3 -13: Non eo infinitias pertinere ad hanc inferiorem rationem, ut cum de agendis rebus iudicium habeat, ipsa appetitum et ad ea, quae asciscenda sunt, impellat et ab iis, quae sunt fugienda, avocet. Verum quemadmodum in bene instituta re publica supremus quidam magistratus creatur, cuius arbitrio, etsi omnia gerantur, alii tamen assunt minores magistratus, quibus singulis singula conmittantur, ita totius vitae imperium in mente consistit, ita tamen, ut inferior ratio appetitui ea lege praeposita sit, ut nihil nisi recte iudicet. Quod si illecebris rerum humanarum decepta non recte sentiat, sed sunt eius iudicia falsa, adest supremus magistratus, ad quem provocare liceat. Interessant ist hier die Gleichsetzung der Seelenstruktur mit dem Funktionieren einer Administration, wobei Landino auf die römische Terminologie zurückgreift.

358 Cod. Cas. 1368, fol. 15.

ficiendarum, wobei den Tugenden die Aufgabe zugewiesen wird, den *appetitus* zu zügeln.[359] Eine Zweiteilung der *ratio* aber wird auch hier nicht erwähnt.

Es erschien sinnvoll, die Allegorese des Seesturmes ausführlich zu behandeln, da sie methodisch und inhaltlich als exemplarisch gelten kann. Sie zeigt einerseits die direkte Umsetzung der philosophischen Überlegungen in die Dichterexegese und andererseits die Entwicklung eines von Landino durch mehrere Werke hindurch behandelten Stoffes. Inhaltlich kann diese Episode stellvertretend für alle weiteren Abenteuer des Aeneas stehen, also für alle Hindernisse, die sich dem Bemühen des Menschen, seinen Geist von den Bindungen an den Körper zu lösen, entgegenstellen.

Parallel zur Entfernung des erkennenden Subjekts, der inkarnierten menschlichen Seele, von der ihm anhaftenden Körperlichkeit, vollzieht sich auch im erkenntnistheoretischen Aufstieg die allmähliche Ablösung von sinnlicher Wahrnehmung und die Bewegung hin zu diskursivem Denken und schließlich zum Erkennen der Ideen. Wie Platon es im Linien- und im Höhlengleichnis grundgelegt hatte,[360] vollzieht sich auch für Landino dieser Aufstieg in einzelnen Stufen:

> *Verum haec plurimis gradibus suo ordine ascendens ad ipsius usque dei incorpoream divinamque essentiam intuendam paulatim evadit.*[361]

Hier folgt Landino der Lehre Ficinos, der - wie schon gezeigt werden konnte - aus dem Stufenaufbau des Kosmos notwendig den Aufstieg der Erkenntnis gemäß dieser Stufen folgerte. Denn wenn alles Denken auf eine bereits gegebene Wirklichkeit bezogen ist und wenn das Ganze des Seins sich in eine bestimmte Folge von Stufen gliedert, so muß auch die Kontemplation, sofern sie auf die existierende Wirklichkeit gerichtet ist, die Stufenreihe der Dinge in gleichmäßiger Form durchlaufen und sich demnach auch selbst in einer Folge

---

359 Land. De anima III 49 - 50: Harum autem omnium (sc. virtutum civilium) cardines sunt iustitia, fortitudo et temperantia. Estque earum munus maxime ut appetitum coerceant atque sub rationis imperio contineant, ne in eas perturbationes, quas in hesterna disputatione enumeravimus, cadat animus. Ex iis enim tanquam e procellosis ventis, ita pars ipsa irrationalis extuat, sic in varias gravissimasque tempestates exsurgat. Verum si ratio et veluti salutaris Neptunus, tunc placidum modis caput efferat, cum emissam hiemem et stagna imis vadis refusa animadvertit, continuo et dicto citius tumefactum aequor placat. Inscitiae et falsae opinionis nubes fugat et solem, id est veritatis luce, reducit.

360 Plat. Rep. VI. 509 c ff.; VI. 511 d.

361 Land. D. C. 16, 10 - 12.

von Stufen vollziehen,[362] wie Platon es im Höhlengleichnis dargestellt hatte.[363]

Auf dem Hintergrund dieses Gleichnisses faßt Landino die Ausgangssituation irdischer Wahrnehmung, den durch die "Liebe" gegebenen Impuls zum Aufstieg und die Stufen der Kontemplation zusammen:

> *Videmus enim, quanvis exiguus illorum numerus sit, sed videmus tamen nonnullos, qui quibusdam veluti umbris atque imaginibus eorum, quae in sensus nostros cadunt, admoniti caelestium rerum tam ardenti amore inflammantur, ut relictis curis negotiisque omnibus, cum hactenus sensu corpora et imaginando corporum similitudines percepissent, deinceps ipsa ratione corporum naturam, intellectu incorporeos quidem, sed tamen creatos spiritus ac demum intelligentia id, quod increatum est, intueantur.*[364]

Wie Ficino setzt auch Landino für den kontemplativen Aufstieg ein kohaerentes System voraus, das den Übergang von einer Stufe zur nächsthöheren erlaubt. Da für Landino die ganze Schöpfung vom göttlichen Geist, *divinus*

---

362 Kristeller, Philosophie 205. S. dazu Fic. Theol. Plat. II 85: Quod si videatur anima quibusdam ad id mediis indigere ex eo quod per mundi dispositionem et ordines angelorum ascendit ad Deum, scito non uti his mediis animam ut Deum in his aut per haec quasi solem in aqua aut per vitrum intueatur, sed quasi quibusdam gradibus, ut ipsa quae infra se olim delapsa est, per hos gradus in arcem suam redeat, quo regressa, Deum absque medio videt. Porro per mundi dispositionem invitatur ut, dimisso corporis cultu, in suam redeat rationem, per angelorum indagationem sive inspirationem admonetur ut, dimisso consueto rationis discursu, ad lumen sibi quondam infusum sese recipiat, quo reflexa per ipsum iam Dei lumen suspicit Deum ... Und ebd. II 150 f. Zur *gradatio in essendo* und der *series rerum* bei Ficino s. weiterhin Theol. Plat. II 46; II 54; II 62; II 189.

363 Fic. Theol. Plat. I 233: Multoque magis id illi malum continget, si a spelunca sursum ad caeleste diuturnumque lumen repente trahatur. Quare non subito, sed paulatim convenientibus gradibus ab umbris rerum ad res ipsas, item a luminis imagine ad lumen ipsum est perducendus.

Wie gut sich die Vorstellung eines stufenweisen Aufstieges zu Gott mit christlichem Gedankengut verbinden ließ, zeigt die Interpretation, die Giovanni Pico della Mirandola in seiner Oratio de dignitate hominis zum Traum Jakobs von der Himmelsleiter, Gen. 28, 12 ff., bietet: Pico, De dignitate 14 f.: At nec satis hoc erit, si per Iacob scalam discursantibus angelis comites esse volumus, nisi et a gradu in gradum rite promoveri, et a scala tramite deorbitare nusquam, et reciprocos obire excursus bene apti prius instructique fuerimus. Quod cum per artem sermocinalem sive rationriam erimus consequuti, iam cherubico spiritu animati, per scalarum, id est naturae gradus philosophantes, a centro ad centrum omnia pervadentes, ... donec in sinu Patris, qui super scalas est, tandem quiescentes, theologica felicitate consummabimur.

364 Land. D. C. 16, 13 - 20.

spiritus, der Weltseele, *anima mundi*,[365] wie vom stoischen λόγος durchwaltet wird, verbindet dieser alles wie durch eine vertikale goldene Kette, *aurea catena*, eine Vorstellung, die Landino wohl von Macrobius übernommen hat,[366] doch nennt er Hermes Trismegistos, Homer und Platon als Autoritäten, was erneut seine Vorstellung von Chronologie und Reihenfolge bei der Überlieferung philosophischen Gedankengutes deutlich macht.

Innerhalb dieses Systems ist es der menschlichen Seele nun möglich, aus den Tiefen der Materie, *ex infima materiae faece*, zum Göttlichen, *ad divinitatis usque culmen*, emporzusteigen. Die Erkenntnisstufen, die der menschliche Geist hierbei durchschreitet, hat Landino aus seiner Schrift *De anima* übernommen, wo er als seine Quelle eine Schrift, *De spiritu et anima* angibt, die - wie Landino zweifelnd bemerkt - möglicherweise von Augustinus stamme.[367] Hierbei handelt es sich freilich um eine pseudo-augustinische Schrift des 12. Jh., die vermutlich auf den Zisterzienser Alcherus von Clairvaux zurückgeht.[368] In dieser Schrift finden sich folgende fünf Phasen einer aufsteigenden Erkenntnis:

> *Sic igitur anima sensu percipit corpora, imaginatione corporum similitudines, ratione corporum naturas, intellectu spiritum creatum, intelligentia spiritum increatum.*[369]

Landino rezipierte diesen Text trotz der unsicheren Urheberschaft nahezu wörtlich:

> *Recte igitur Augustinus intelligentiam ait vim esse animi, quae nulla re interposita, Deo adhaeret.... Huiuscemodi igitur processibus animi nostri sensu corporea, imaginatione corporum similitudines, ratione corporum naturas, intellectu creatum spiritum,*

---

365 Land. D. C. 178, 28 - 29.

366 Land. D. C. 177, 29 - 178, 8: Omnium rerum quae sunt rectum quendam ordinem existere Trismegistus, Homerus ac Plato ostenderunt, ut quod sentirent dilucidius exprimerent, auream catenam a naturae fonte ad infimam usque faecem demitti finxerunt, qua suis gradibus cuncta connectantur, cuius origo essentia dei cum sit eo ordine proceditur, ut secundo in loco potentia, tertia sapientia, quarto voluntas collocetur. Haec sequitur fatum atque illud anima mundi, deinceps sunt caelestes daemones, sunt aetherei, sunt aerei, sunt humectei, sunt denique terreni, ultima autem omnium hyle, quam nos silvam dicimus, in infimo residet. Vgl. dazu Macr. Comm. 1, 14, 15.

367 Land. De anima III 20.

368 Pseud.- Aug. De spiritu et anima, Migne PL 40, 779 - 832. Zur Unechtheit s. Trinkaus, Image I 180 f. S. hierzu Land. De anima III 20: Quapropter non iniuria sive Augustinus, sive alter fuerit in eo, quem *De spiritu et anima* inscripsit...

369 Pseud.- Aug. De spiritu et anima 11, Migne PL 40, 787.

> *intelligentia demum primam increatam sempiternam essentiam percipiunt.*[370]

Dieses fünfteilige System ist aus der Dreiteilung der Seele durch erneute Untergliederung des oberen und des unteren Teils entstanden,[371] wobei die mittlere Position stets der *ratio* vorbehalten bleibt, wie Ficino betont:

> *Verumtamen talis est ordo rerum: habent omnes animae rationales intellectuale caput, rationale medium, infimum vero vivificum.*[372]

Dabei entspricht die von Ficino mit *vivificum* bezeichnete untere Stufe bei Landino am ehesten den *vires animi interiores*, welche das innere Pendant zu den fünf äußeren Sinnen bilden, die *ratio* leistet das diskursive Denken, während das *intellectuale caput* der Ideen und Gotteserkenntnis zuzuordnen ist und damit im landinischen System die Stufen von *intellectus* und *intelligentia* abdeckt.[373]

Für den eigentlichen Denk- und Kontemplationsvorgang unterscheidet Landino fünf - wie Lentzen annimmt - aufeinander folgende Grade der Erforschung der Wahrheit: *Cogitatio, meditatio, contemplatio, admiratio* und *speculatio*.[374] Für jeden dieser Begiffe bemüht sich Landino im folgenden um eine ethymologische Erklärung, wodurch sich die Passage zu einem sprachwissenschaftlichen Exkurs entwickelt. Die auch bei Lentzen nicht beantwortete Frage, warum Landino diesen und noch einen weiteren Exkurs in die Abhandlung über vita activa und vita contemplativa einfügte, läßt sich am ehesten klären, wenn man den Quellen Landinos für diese Darstellung nachgeht.

---

370 Land. De anima III 21. Vgl. auch D. C. 16, 17 - 20.

371 Land. De anima III 21 räumt Landino selbst ein, daß die Begriffe *intellectus* und *intelligentia* häufig synonym (*indistincte*) verwendet werden.

372 Fic. Theol. Plat. II 230. Vgl. auch I 168; II 207; II 169; II 243 f.

373 Zu den *quinque vires animi interiores* s. Land. De anima III 102 - 11. Landino folgt hier mit der Reihenfolge *sensus communis, imaginatio, existimatio (cogitatio), phantasia* und *memoria* der von Albertus Magnus gegebenen, von der die bei Avicenna und Averroes erstellten Abfolgen - wie Landinos eigener Forschungsüberblick, ebd. II 111 - 113, zeigt - abweichen. Zur Definition der *ratio* als diskursives Denken s. Fic. Theol. Plat. II 210: Verum ratio interponitur, vis quaedam verarum propria animarum, per quam in universali conceptu a principiis rerum ad conclusiones temporali discurrunt, effectus resolvunt in causas, causas iterum in effectus deducunt, discurrunt etiam conceptu particulari ad discursionis universalis exemplar. Zur Gotteserkenntnis durch den *intellectus* Fic. Theol. Plat. II 249.

374 Land. D. C. 19, 25 - 29, s. dazu Lentzen, Studien 100.

Zwar finden sich zwei der fünf Ethymologien bei Varro,[375] insgesamt geht die Passage aber auf Thomas von Aquin zurück, der seinerseits Richard von St. Viktor und Bernard von Clairvaux als seine Quellen nennt.[376] Denn allein bei Thomas ist der Artikel über die verschiedenen Akte der Kontemplation eingebettet in die Abhandlung über die zwei Lebensweisen,[377] vita activa und vita contemplativa, die Landino - wie noch gezeigt werden wird - ohnehin für seinen Traktat benutzte. Bei Thomas nämlich finden sich alle fünf auch von Landino genannten Arten des Denkens, so daß man annehmen kann, daß der Zusatz *putare* in der Tat von Varro übernommen wurde. In der Definition von *meditatio, contemplatio, admiratio* und *speculatio* schließt sich Landino den Auslegungen des Aquinaten an,[378] wofür die Ethymologie von *speculari* als Beispiel dienen soll. Die hier festzustellende Abhängigkeit Landinos von Thomas läßt sich für das vorliegende Kapitel auch insgesamt nachweisen. Zunächst die Version des Thomas von Aquin:

> *Sicut dicit glossa Augustini ibidem speculantes dicit a speculo, non a specula. Videre autem aliquid per speculum est videre causam per effectum, in quo eius similitudo relucet.*[379]

In der Rezeption bei Landino liest sich dies so:

> *Speculari autem, si divum Augustinum audias, a speculo deductum putabis. Evenit enim verum nosse cupientibus, ut in iis qui*

---

375 cogitare: Varr. De ling. 6,43: Cogitare a cogendo dictum: mens plura in unum cogit, unde eligere possit. Vgl. ebd. 6, 42. Land. D. C. 20, 1 - 2: Cogitat igitur mens, cum plurima in unum cogit, ut mox reliquis veluti falsis inde semotis verum tandem eligat. putare: Varr. De ling. 6, 63: Disputatio et computatio et propositione putandi, quod valet purum facere. Ideo antiqui purum putum appellarunt. Ideo putator, quod arbores puras fecit. Ideo ratio putari dicitur, in qua summa fit pura. Sic is sermo in quo pure disponuntur verba, ne sit confusus atque ut diluceat, dicitur disputare. Land. D. C. 20, 9 - 14: Putare enim purgare est: inde putare arbores, quod remotis superfluis purae redantur; inde aurum putum est purgatum; inde disputare, cum id orationis genus adhibemus, in quo, ne quid confusum obscuratumque reddatur, pura et quae dilucida sunt ponuntur verba.

376 Thom. Sum. theol. II - II, qu.180, ar. 3, ag. 1 u. ag. 3.

377 Thom. Sum. theol. II - II, qu. 180, ar. 3. S. dazu Lohe in seiner Ausgabe Land. D. C. Add. 263.

378 meditatio: Thom. Sum. theol. II - II, qu. 180, ar. 3. ra. 1. Land. D. C. 20, 15 - 27. contemplatio: Thom. Sum theol. ebd. ra. 1. Land. D . C. 20, 27 - 21, 6. admiratio: Thom. Sum. theol. ebd. ra. 3. Land. D. C. 21,6 - 21, 10.

379 Thom. Sum. theol. II - II, qu. 180, ar. 3 ra. 2. Thomas geht wohl auf Aug. De Trin. 15, 8, 14, CCL 50a 479 zurück, der I Cor. 13, 12: *videmus nunc, inquit, per speculum in aenigmate, tunc autem facie ad faciem*, ausdeutet.

a causis manat effectibus ita veritatis simulacra quaedam intueamur, ut in speculo corporum imagines intuemur.[380]

Für Landino steht demnach fest, daß der Mensch bis zum Erreichen der Gotteserkenntnis, sofern ihm diese gelingt, verschiedene Arten der Geistesaktionen durchläuft, welche er wiederum als Bewegungen des Geistes auffaßt.[381] Diese, wenn auch eingeschränkte Definition des Denkens als *motus* gibt Landino die Möglichkeit, an den Exkurs über die Arten der Betrachtung einen zweiten über die Bewegungen der menschlichen Seele im Vergleich zu den Bewegungen der Engel, die ja im ficinischen System der Stufe des νοῦς entsprechen, anzuschließen. Mit dieser Vorgehensweise folgt er erneut unmittelbar Thomas,[382] obwohl er wie Thomas selbst Dionysius Areopagita[383] als seine Quelle nennt. Wie Thomas nimmt Landino drei Arten der Bewegung des Geistes an: die gerade, die kreisförmige und die spiralförmige, welche nun jeweils in der menschlichen Seele oder bei den Engeln unterschiedliche Funktionen erfüllen:

Possem plurima de motu hoc in loco referre, ea praesertim, quae tum a Dionysio, tum a plerisque qui illum secuti sunt Christianis theologis acutissime dicuntur. Et quoniam de huiuscemodi motu dicendum est, video triplicem esse illum animis nostris attributum: rectum, orbicularem et, qui ex utroque

---

380 Land. D. C. 21, 11 - 15.

381 Land. D. C. 15, 7 ff.; ebd. 21, 16 - 20: Quod autem actionem speculandi motum appellamus, non sic velim accipias, ut haec contra eos dicta videantur, qui non in motu, sed in quiete speculationem ponunt. Dicimus enim illam motum quidem esse, sed ea solum ratione, qua motus rei iam absolutae atque perfectae actus dicitur.

382 Thom. Sum. theol. II - II, qu. 179, ar. 1 ra. 3: Nihilominus tamen ipsum contemplari est quidam motus intellectus, prout quaelibet operatio dicitur motus, secundus quod philosophus dicit in III de anima, prout motus dicitus actus perfecti, et hoc modo Dionysius IV cap. de div. nom. ponit tres motus animae contemplantis, scilicet rectum, circularem et obliquum.

383 Pseudo - Dionysius Areopagita verdankte sein hohes Ansehen in Mittelalter und Renaissance, in denen er gleichrangig mit der Bibel zitiert wurde, einem Datierungsfehler und der mit diesem verbundenen Verwechslung. Man hielt ihn für den in Apg. 17, 34 erwähnten athenischen Ratsherren, der Schüler des Paulus wurde. Land. D. C. 128, 12: Qui auditor fuit Pauli. In Wirklichkeit liegt die Abfassungszeit seiner stark von Proklos und Plotin beeinflußten Schriften frühestens um 500 n. Chr. Daß schon 532/ 33 Bischof Hypatios von Epheseos im Streit mit dem Monophysiten Severus die Schriften als Fälschungen bezeichnete, konnte nicht verhindern, daß der Areopagite nach seiner Übersetzung durch Johannes Eriugena in den Rang eines Kirchenvaters aufstieg. Ficino hielt ihn sogar für einen Verbesserer der platonischen Philosophie: Fic. Op. om. II 1062: Ad Dionysium revertamur, Platonica semper in melius reformantem. Ficino selbst verfaßte einem Kommentar zu De divinis nominibus und zu De Trinitate s. Fic. Op. om. II 1013 - 1130. Zu Person und Lehre des Dionysius s. kurz A. Jülicher, RE I 5, 1, 1903, Sp. 996 - 99 und Flasch, Philosophisches Denken 77 ff.

> *istorum constat, obliquum ... Suntne idem motus animorum nostrorum qui et seperaturum essentiarum, quos nostri angelos, prisci vero modo daemonas modo etiam deos nuncupant? Minime!*[384]

Bezeichnend für die nur partielle Verarbeitung seiner Quellen ist es, daß Landino zwar die unterschiedlichen Funktionen der Bewegungen der Seele und der Engel beschreibt, die von Thomas für den Unterschied gegebene Begründung aber vermissen läßt. Denn der menschliche *intellectus* entspricht zwar seinem Wesen, nicht aber seiner Potenz nach dem Wesen der Engel, in denen die *vis intellectiva* in höherer Form verwirklicht ist.[385]

Denn während der *motus rectus* die abstrahierende und begriffsbildende Funktion des menschlichen Geistes umschreibt,[386] der *motus obliquus* seine dialektische Urteilsfähigkeit und das diskursive Denken[387] und der *motus orbicularis* die Konzentration der Seele auf sich selbst, ihre Kontemplation, mystische Vision und Union mit dem Höchsten bezeichnet,[388] sind die beiden

---

[384] Land. D. C. 21, 24 - 26; 22, 1 - 3; und 22, 14 - 16. Eine andere Aufarbeitung mit nur zwei Seelenbewegungen findet sich in Land. De anima III 130 f.: Duplex est in animo motus, orbicularis ac directus. Rogabit quispiam quos orbes animus efficiat. Respondebo: duos, alterum cum ex se progrediens et per cuncta quae sunt externa peragrans postremo ad se ipsum regreditur. Hic enim circulans unus est. Sed est et alter in ipsa externarum rerum speculatione.

[385] Thom. Sum. theol. II - II, qu. 180, ar. 6, ra. 2: Homo convenit in intellectu cum angelis in genere, sed vis intellectiva est multo altior in angelo quam in homine.

[386] Land. D. C. 22, 4 - 5: Est autem rectus in nobis motus, cum in actionibus ad mentem spectantibus ab alio in aliud progredimur. Ebd. 16 - 18: Diximus enim rectum motum in hominis animo, cum ab iis, quae externe sensus feriunt, ad ea, quae sola mente percipiuntur, progredimur. Vgl. dazu Thom. Sum. theol. II - II, qu. 180, ar. 6, ag. 2: Motum autem rectum animae ponit in duobus, primo quidem, in hoc quod progreditur ad ea quae sunt circa ipsam; secundo autem, in hoc quod ab exterioribus ad simplices contemplationes elevatur. Als Quelle für Thomas s. Dion. Ar. De div. nom. 4, 9 (gegeben wird jeweils der Text in der lateinischen Übersetzung): Directe vero movetur, quando ... ad ea quae ipsi vicina sunt progreditur, et a rebus externis, non secus ac signis quibusdam variis ac multiplicibus, ad simplices et unitas contemplationes revocatur.

[387] Land. D. C. 22, 8 - 10: Si vero huiuscemodi motui aliquid admiscetur, quod etiam ad diversa progrediatur, quoniam a priori degenerat, non iam orbicularis, sed obliquus erit. Thom. Sum. theol. II - II, qu. 180, ar. 6, ag. 2: Obliquum autem motum animae assignat ex eo quod anima illuminatur divinis cognitionibus rationaliter et diffuse. Und ebd.: Tertius autem est obliquus quasi compositus ex utroque. Vgl. hierzu Dion. Ar. De div. nom. 4, 9: Oblique vero cietur animus, quando pro captu suo notionibus divinis illustratur, non spiritali quidem unito modo, sed cogitando et discurrendo quasi permistis fluxisque actionibus.

[388] Land. D. C. 22, 5 - 7: Sin vero ita movemur, ut una eademque ac simplex movendi forma sit, circularem motum esse dicunt. Est enim circuli natura, ut eodem semper intervallo distans circa centrum moveatur. Thom. Sum. theol. II - II, qu. 180, ar.

ersten Formen geistiger Bewegung bei den Engeln unnötig, da sie nicht vermittels eines intellektuellen Aufstieges zur höchsten Erkenntnis gelangen, sondern durch reine Intuition.[389] Sie verharren in ewig gleicher, orbikularer Betrachtung des Herrn und ihr *motus rectus* oder *obliquus* bezieht sich jeweils auf ihre Fürsorge für die ihnen unterstellten Engel oder deren von Gott erleuchtete Unterweisung. Im Gegensatz zum menschlichen Geist handelt es sich hierbei um eine Abwärts- und nicht eine Aufwärtsbewegung.[390] Bevor er sich jedoch zu sehr in Detailanalysen verliert, beschließt Landino mit einem knappen *de angelis alias*[391] diesen Exkurs.

Die Einfügung dieses und des vorangegangenen Exkurses läßt sich am einfachsten aus methodischen Beweggründen erklären. Landino, dem die breite

---

6, ag. 2: Motum autem circularem animae secundum plura determinat. Quorum primum est introitus animae ab exterioribus ad seipsam. Secundum est quaedam convolutio virtutum ipsius, per quam anima liberatur ab errore et ab exteriori occupatione; tertium autem est unio ad ea quae supra se sunt. Vgl. dazu ebenfalls Dion. Ar. De div. nom. 4, 9, Migne PG 705 - 706.

389 Land. D. C. 22, 18 - 21: Angelus autem neque ex varietate rerum compositarum neque rursus quia ratiocinando paulatim progrediatur mente verum assequitur, sed quicquid valet, id omne simplici, ut ita loquar, intuitu valet. Vgl. hierzu Thom. Sum. theol. ebd. ra. 2: Primo quidem quia non acquirit (sc. angelus) intelligibilem veritatem ex varietate rerum compositarum; secundo non intelligit veritatem intelligibilem discursive, sed simplici intuitu.

390 Über die kreisförmige Bewegung der Engel s. Land. D. C. 22, 22 - 24: Assiduo enim atque eodem semper modo sine ullo principio sine ullo fine, quamdiu est, deum intuetur. Qua etiam forma circulus circa centrum semper movetur. Thom. Sum. theol. ebd. ag. 2: Dicit enim motum circularem angeli esse secundum illuminatores pulchri et boni. Ebd. ra. 2: Et ideo Dionysius motum circularem in angelis assignat inquantum uniformiter et indesinenter, absque principio et fine, intuentur deum, sicut motus circularis, carens principio et fine, uniformiter est circa idem centrum ...

Zum *motus rectus* und *motus obliquus* der Engel s. Land. D. C. 23, 3 - 11: Rectus enim in angelo non is appellatur, quo ratiocinando ab alio in aliud progreditur, sed quo certo providentiae suae ordine superior qui est inferiores suo lumine illustrat ... Est enim in angelis obliquus, ut secundum divinorum speculationem inferioribus consulant. Thom. Sum. theol. II - II, qu. 180, ar. 6, ra. 2: Motus autem rectus in angelis accipi non potest secundum hoc quod in considerando procedat ab uno in aliud, sed solum secundum ordinem suae providentiae, secundum scilicet quod angelus superior inferiores illuminat per medios... Obliquum autem motum ponit in angelo, compositum ex recto et circulari, inquantum secundum contemplationem dei inferioribus provident. Vgl. hierzu wieder Dion. Ar. De div. nom. 4, 9: Denique divinae mentes dicuntur moveri circulariter quidem, dum principio fineque carentibus pulchri bonique splendoribus uniuntur; directe autem, quando ad inferiorum providentiam procedunt, recte omnia dirigendo; oblique vero, dum inferioribus consulentes in eodem statu perpetuo manent, circum bonum et pulchrum, eiusdem status causam, semper se versantes. Vgl. Dion. Ar. Coel. hier. 7, 4, 69, Migne PG 231. Die Rezeption dieser Gedanken durch Marsilio Ficino s. in seinem Kommentar zu Dion. Ar. De div. nom. Fic. Op. om. II 1063 - 64.

Abhandlung des Thomas über die beiden Lebensweisen ohnehin als Quelle vorlag, fand in ihr die beiden Themen unmittelbar im Zusammenhang mit vita activa und vita contemplativa behandelt und integrierte sie, um an Vollständigkeit hinter Thomas nicht zurückzustehen, auch in seine Arbeit.

In der vorliegenden Arbeit wurden die Exkurse bewußt an das Ende des Kapitels über den kontemplativen Aufstieg der Seele und die Funktion ihrer Teile bei diesem Vorgang gestellt, da in ihnen die *divinissima pars* des Menschen von der ihr ontologisch übergeordneten Stufe des reinen *intellectus*, der Engel, abgegrenzt wird, zugleich aber ihre Möglichkeiten in der ihr einzig würdigen Realisierungsform, der Kontemplation, aufgezeigt werden.

Die Rolle des Eros

Die von Landino verarbeitete Eros-Theorie wurde von Marsilio Ficino grundgelegt, der in seinem Kommentar zum platonischen Symposion der Liebe ihre entscheidende Rolle beim Rückkehrprozeß der menschlichen Seele zu ihrem göttlichen Ursprung zuwies.

Schon bei der Behandlung der Furor-Theorie wurde deutlich, daß der Mensch durch den Anblick irdischer Schönheit an die göttliche Schönheit erinnert und zur Rückkehr in die "geliebte Heimat" angeregt werden kann. Eben dieses Verlangen der Seele nach Schönheit definiert Ficino als Liebe:

Cum amorem dicimus pulchritudinis desiderium intelligite.[392]

Das irdisch Schöne wird hierbei durch die harmonische Proportion einzelner Teile zueinander bestimmt, während das himmlisch Schöne, das nach Plotin im ἕν ruht, als Einfaches definiert wird.[393] Das wahrhaft Schöne, das in der Essenz Gottes besteht, durchstrahlt alle Stufen des Seins[394] und kann so eine soteriologische Funktion erfüllen, indem es auf jeder Seinsstufe die innere Unruhe der aufwärts strebenden Seele erneuert. Das irdisch Schöne übernimmt als Abbild der Idee des Schönen die Rolle eines Köders.[395] Ist die Seele erst in Liebe zum

---

391 Land. D. C. 23, 11.

392 Fic. De amore 142. S. dazu auch Kristeller, Philosophie 239 ff.

393 Ebd. 142.

394 Ebd. 152: Pulchritudo actus quidam radius inde per omnia penetrans; primo in angelicam mentem, secundo in animam totius et reliquos animos, tertio in naturam, quarto in materiam corporum.

395 Fic. Theol. Plat. II 248: Profecto quemadmodum in libro de Amore disserui, ipsius summi boni splendor fulget in singulis, et ubi fulget accomodatius ibi praecipue allicit intuentem; concitat considerantem, rapit et occupat propinquantem, cogitque eum

Guten und Schönen entbrannt, selbst wenn es sich zunächst nur um dessen Abbilder handelt, wird der Rückbesinnungsprozeß auf das in der himmlischen Heimat genossene Schöne in Gang gesetzt. Wenn Ficino dann noch betont, daß die Liebe am ehesten mit Gott verbinde,[396] führt dies zu der im Voluntarismusstreit behandelten Frage, ob eher der Wille, der bei Ficino der Liebe entspricht, oder der Intellekt zur Erlangung des höchsten Gutes führe. In dieser Frage hat Ficino seine Ansicht einmal gründlich revidiert. Während er in einer Frühschrift, dem Philebus-Kommentar, dem Intellekt den Vorrang einräumte,[397] gebührt in der *Theologia Platonica* oder in *De felicitate* dem Willen nicht nur der erste Rang,[398] sondern Ficino bemühte sich auch seine frühere Auffassung zu korrigieren.[399] Seine Verstimmung angesichts der Rolle, die ihm Landino bei der Behandlung der Voluntarismusfrage zuwies, erscheint so verständlich.[400]

Landino läßt zwar im zweiten Buch der *Disputationes* beide Seiten ihre Argumente vortragen, hält es selbst aber nicht für nötig, eine Entscheidung zu treffen,[401] da es einzig wichtig sei, das *summum bonum*, das in der Gotteserkenntnis bestehe, überhaupt zu erreichen.[402]

Daß Landino aber - wie Ficino - die Liebe als Impuls zur Rückkehr der Seele zu ihrem Ursprung versteht, zeigt die große Bedeutung, die er der Füh-

---

venerari splendorem huiusmodi prae ceteris tamquam numen, nihilque aliud anniti quam ut deposita priori natura ipse splendor efficiatur. In diesem Sinne s. auch Fic. Op. om. I 807.

396 Fic. Theol. Plat. II 291: Et amando Deum longe maiorem quam perscrutando percipimus voluptatem, et meliores amando efficimur quam inquirendo.

397 Fic. Op. om. II 1251.

398 Fic. Theol. Plat. II 291 f. In Op. om. I 663 ff., bes. 664 und Theol. Plat. II 292 fordert Ficino mit den gleichen Argumenten, mit denen er im Philebus-Kommentar den Vorrang des Intellektes vertreten hatte, nun den Primat des Willens.

399 Kristeller, Suppl. Fic. I 79. Besonders aber im Begleitbrief an Paolo Orlandini Fic. Op. om. II 1425. Vgl. hierzu Kristeller, Philosophie 258.

400 S. o. Anm. 126.

401 Land. D. C. 90, 4 - 91, 4: Primat des Willens. Ebd. 90,33 - 91, 4. Land. D. C. 91, 5 - 93, 14: Primat des Intellektes. Ebd. 91,22 - 24. Land. D. C. 93, 15 - 94, 1: Vertreter eines Kompromisses. Land. D. C. 94, 7 - 95, 26: Gegner eines Kompromisses. Land. D. C. 95, 27 - 96, 9: Quintessenz Landinos. Ebd. 95, 27 - 95, 32: Sed quid agimus? ... Quem quidem deum esse cum perspicuis argumentationibus ostenderim, id mentene an voluntate an utroque assequamur, nihilo omnino interest rem capessere volentium. Vgl. hierzu auch Land. D. C. 19, 2 - 21. Zur Frage nach *voluntas* oder *intellectus* und den Berührungspunkten zur Frage nach den Lebensweisen s. Kristeller, Humanismus und Renaissance II 70 ff.

402 Land. D. C. 88, 32 - 89, 18.

rungsrolle der Venus auf dem Weg des Aeneas nach Italien, also dem Weg der Seele zur höchsten Erkenntnis, in seiner Aeneis-Deutung zuweist.

Die Seele erreicht das *summum bonum* angetrieben durch die Liebe, so wie Aeneas auf den Rat der Venus hin Troia, den Ort der Körperlichkeit, verläßt, um unter ihrer Führung Italien zu erreichen. Dabei lehnt Landino die Liebe zu körperlicher Schönheit keineswegs ab, sondern versteht sie, die das Abbild des Erstrebten liebt, als unabdingbare Vorstufe auf dem Weg zur ewigen Schönheit Gottes.[403] Ansätze zu diesem Denken finden sich schon bei Plotin,[404] der in seiner Schrift *Über den Eros* selbst die Liebe nicht verdammte, die der irdischen Schönheit und damit dem Abbild verhaftet bleibt.[405]

So wie sich der Geist von der Wahrnehmung der Körper zum Erkennen der Ideen emporschwingt, so bedarf auch der *divinus* Amor der Vorbereitung und des Anreizes durch den Anblick körperlicher Schönheit, bevor er den Menschen zur göttlichen führen kann.[406] Spielt die körperliche Schönheit aber eine so wichtige Rolle, so wird der Stellenwert jeder künstlerischen Gestaltung, der in der sinnenfrohen Renaissance ohnehin hoch angesetzt wurde, in eine höhere Dimension transponiert. Denn wie die Dichtung höhere Wahrheiten in schöner Sprache präsentiert, so kann der Anblick eines jeden künstlerisch geformten Gegenstandes an die Idee des Schönen erinnern und die Liebe im Betrachter entflammen, die seine Seele schließlich in seine Heimat zurückführt:

> *Haec est illa vera Venus, quae mentem nostram ad divina erigit.*[407]

Diese wahre Venus nun ist die Mutter des Aeneas und führt ihn aus dem körperlichen Leben Troias hin zur Kontemplation in Italien. Die Frage aber, warum Venus dem Aeneas zum Heile, Paris aber, der sich auf dem Ida für sie

---

403 Land. D. C. 126, 14 - 19: Est, ut dixi, divinus amor, si Plato credimus desiderium redeundi a corporea pulchritudine ad divinam contemplandam. Non tamen, cum divinam desideramus, eam quae oculis percipitur, contemnimus. Nam qui aliquid appetit, hunc illius quoque rei quam appetit imagine delectari necesse est. Zur Eros-Lehre bei Landino vgl. auch Lentzen, Studien 123 - 131.

404 Plot. III 5 [50] 1, 24 ff.

405 Plot. III 5 [50] 1, 59 ff.

406 Land. D. C. 128, 2 -5.

407 Land. D. C. 128, 15 - 16. Zur Gleichsetzung von Venus und *divinus amor* s. Land. D. C. 121, 26 - 29: Quod quid aliud intelligamus nisi eos, qui magno amore inflammati ad veri cognitionem impelluntur, omnia facile consequi posse? Quapropter Venerem divinum amorem recte interpretabimur. Zur Formulierung *magno amore* vgl. *ardenti amore* Land. D. C. 16, 16.

entschieden hatte, zum Untergang gereichte,[408] beantwortet Landino im Rückgriff auf das platonische Symposion mit Hilfe der These der zwei Veneres,[409] die er schon in seiner Vergilvorlesung 1462/63 dargelegt hatte:

> *Duae sunt Veneres caelestis scilicet et humana. Caelestis vero est ille Amor rerum caelestium et divinarum. Humana vero est ille Amor qui in nobis est. Ad ipsam vero sapientiam opus est Venere illa caelesti, nam nisi ingentem quendam ardorem habuerimus, sapientiam numquam consequemur, quae est humanarum divinarumque rerum scientia.*[410]

Diese Deutung findet sich ebenfalls im Kommentar des Ficino[411] zum platonischen Symposion, wo 'Αφροδίτη οὐρανία und 'Αφροδίτη πάνδημος, die Vorbilder der Venus *caelestis* und der Venus *vulgaris*, erstmals behandelt wurden.[412] Aber auch Plotin hatte in seiner Schrift über den Eros die platonische Lehre der zwei Veneres verarbeitet.[413] Von ihm übernahm Ficino den Ansatz, die beiden Veneres den ihnen entsprechenden Stufen im ontologischen System zuzuweisen. Während aber Plotin beide Aphroditen auf der Stufe der Psyche ansiedelt, wobei die himmlische Aphrodite der Allseele, die irdische aber der Einzelseele entspricht,[414] hebt Ficino seine Venus *caelestis* auf die Stufe des *intellectus*, was ja der plotinischen νοῦς-Stufe entspricht und überläßt die Stufe der Weltseele ganz der Venus *vulgaris*.[415]

Landino war - wie die oben zitierte Passage aus der Vorlesung zeigt - zwar das Bild der beiden Veneres auch vor der Veröffentlichung von *De Amore* geläufig, aber erst in den *Disputationes* formt er es ganz im Sinne Ficinos aus, indem er die himmlische Venus dem Geist der Engel, also der Stufe des

---

408 Land. D. C. 122, 22 - 26. Vgl. dazu Trinkaus, Image II 716 ff. Lentzen, Studien 124 ff. Panofsky, Studies 141 ff.

409 Land. D. C. 125, 7 - 13; bes. 12 ff: Pausanias igitur in Symposio duas Veneres conmemorat: alteram caelestem, vulgarem alteram. Zu den zwei *Veneres* bei Landino vgl. auch Kallendorf, Renaiss. Q. 36, 1983, 537 f.

410 Cod. Cas. 1368, fol. 220.

411 Fic. De amore 154.

412 Plat. Symp. 180 d.

413 Plot. III 5 [50] 2, 14 - 3, 38.

414 Plot. III 5 [50] 2, 19 ff. und ebd. 3, 30 ff.

415 Fic. De amore 154: Venus prima que in mente est, celo nata sine matre dicitur, quoniam mater apud Physicos materia est. Mens autem illa a materie corporalis consortio est aliena. Secunda Venus, que in anima mundi ponitur, ex Iove est et Dione genita.

intellectus, die irdische Venus aber dem Teil der Weltseele, der *anima mundi*, zuweist, der sich der Materie mitteilt.[416]

Im Menschen, und auch hierin folgt Landino Ficino, verkörpern die beiden Veneres demnach Erkenntnis- und Zeugungskraft.[417] Nur unter der Führung der auf Erkenntnis ausgerichteten Venus konnte es Aeneas gelingen, nach Italien zu gelangen.[418] In die Allegorese der Venus, als die den menschlichen Geist zur Kontemplation bewegende Instanz, integriert Landino noch weitere Elemente. So wird das sich auf die konkrete Liebesbeziehung zwischen Dido und Aeneas beziehende *quis fallere possit amantem*[419] als Inbegriff für die geschärfte Erkenntnisfähigkeit der durch die Liebe entflammten Seele auf ihrem Weg zur Schau des Göttlichen gedeutet.[420] Und auch die beiden Tauben, die Aeneas als Boten der Venus erscheinen,[421] werden im Rahmen des Seelenaufstieges "funktionalisiert": Sie entsprechen den beiden Flügeln, die die Seele bei der Kontemplation zurückgewinnt. Ursache und Triebfeder dieser *recuperatio alarum* ist also der *divinus* Amor.[422] Die beiden Flügel, die die wahre Liebe verleiht, sind *religio* und *iustitia*, die mit ihren Tugenden das kontemplative und das aktive Leben bestimmen, also diejenigen Lebensweisen, die den Menschen zu Gott führen können.[423] Ficino geht sogar so weit - und hierin folgt ihm Landino nicht - fünf Arten des Amor zu postulieren, von denen er drei, die sich

---

416 Land. D. C. 125, 14 - 23.

417 Land. D. C. 125, 24 - 126, 2: Animus autem noster cum et ipse similes quasdam vires habeat intelligendi atque gignendi, duas itidem Veneres habere dicitur ... Cum enim corporea pulchritudo oculis nostris obicitur, mens nostra, quae prima Venus est, eam non quia corporea sit, sed quia simulacrum divini decori admiratur atque diligit eaque veluti via quadam ad caelos effertur, gignendi autem vis, quae secunda Venus est, formam gignere huic similem concupiscit. Quapropter uterque amor iure dicitur, ut alter contemplandae, alter gignendae pulchritudinis desiderium sit. Die Vorlage hierzu wohl Fic. De amore 210.

418 Land. D. C. 126, 7 - 11: Praestantiori illa Venere duce in Italiam pervenire potuit Aeneas. At dices: cur haec secunda, si bona est, Paridi nocuit? Quia illa male usus est. Vir enim gignendi avidior quam recta ratio dictet et in ea re plus quam oportet occupatus in soli corporeis voluptatibus mergitur.

419 Verg. Aen. 4, 296.

420 Land. D. C. 129, 2 - 9.

421 Verg. Aen. 6, 190.

422 Land. D. C. 229, 5 - 8: Geminas autem columbas geminas illas alas, quas paulo supra diximus, intellige. Illis enim ducibus ad contemplandas res tendit. Sunt autem volucres Veneris quia oportet illas esse ab ardenti amore.

423 Land. D. C. 220, 26 - 29.

gerahmt von einem guten und einem schlechten Daimon im Zentrum dieses Systems befinden, mit den drei Lebensweisen verbindet.[424]

Aber auch bei Landino findet man zur Interpretation der Venus und des Amor nicht nur eine Variante. In der Vergilvorlesung z.B. präsentiert er neben der bereits erwähnten platonischen Version der zwei Veneres eine ausführliche mythologische Behandlung des Venus-Eros-Themas, in der er verschiedene Geburtsmythen der Venus und des Cupido zusammenstellt, die nur teilweise auch bei Ficino erscheinen.[425] So bietet Landino u. a. die Variante dreier Veneres, einen Ansatz, den er wohl aus Cicero, *De natura deorum* entwickelt hat, wo vier Veneres genannt werden.[426] Von diesen fehlt bei Landino die dritte, aus Jupiter und Dione enstandene Venus. Stattdessen erweiterte er die Darstellung der übrigen drei Entstehungsgeschichten, wobei er die Genese der ersten Venus dem mythischen, die der zweiten dem physikalischen und die der dritten dem historischen Bereich zuwies. Möglicherweise ließ er die eine Venus aus, weil sie lediglich eine weitere mythische Version bot:

> *Sic Venus Iovis filia locuta est. Dixi autem Iovis filia, nam tres Veneres fuisse traduntur. Prima filia caeli et diei, quae peperit geminum amorem et gratias, quae tres sunt. Geminus autem Amor est castus et pudicus Amor et impudicus.*[427] *Cum haec Venus, quae hos peperit pro planeta accipiatur, qui sua natura placidissimus est, si bono planetae adiungitur ... Secunda Venus nata est ex virilibus caeli ... Illa prima ad fabulas, haec ad phisicam refertur, quae dicitur nata ex spuma maris facta ex proiectis*

---

424 Fic. De amore 211: In nobis autem non duo tantum sed quinque amores reperiuntur. Duo quidem extremi demones. Medii tres, non demones solummodo sed affectus. Ebd. 212: Hinc triplex, ut diximus, subrepit amor. Aut enim ad contemplativam, aut activam aut voluptuosam vitam prompti et proclives geniti educative sumus ... Illius amor ad supremum demonem magis quam ad infimum se convertit, istius ad infimum potius quam ad supremum deflectitur; huius ab utoque intervallis distat aequalibus. Tres isti amores tria nomina sortiuntur. Contemplativi hominis amor divinus, activi humanus, voluptuosi ferinus cognominantur. Vgl. hierzu auch Lentzen, Studien 107.

425 Fic. De amore 154 f.; 208 f.

426 Cic. De nat. deor. 3, 59: Venus prima Caelo et Die nata, cuius Eli delubrum vidimus; altera spuma procreata, ex qua et Mercurio Cupidinem secundum natum accepimus; tertia Iove nata et Diona, quae nupsit Vulcano, sed ex ea et Marte natus Anteros dicitur; quarta Syria Cyproque concepta, quae Astarte vocatur, quam Adonidi nupsisse proditum est.

427 Zur Wortwahl vgl. Land. Carm. var. 5, 1 - 4 und Land. D. C. 122, 12. S. hierzu Gombrich, Images 209, Anm. 56.

virilibus ... Tertia nostra Venus filia dicitur Iovis regis Cretensis. Et haec secundum historiam.[428]

Außerdem erzählt Landino in der Vorlesung den Entstehungsmythos des *Amor* aus Poros und Penia und nennt hierfür Platons *Symposion* als seine Quelle.[429] Aber auch Plotin und Ficino haben diese Überlieferung verarbeitet.[430] Auf welche der Vorlagen die Version Landinos zurückgeht oder ob er aus seiner eigenen Kenntnis des Stoffes schöpfte, läßt sich nicht eindeutig klären. Festzuhalten bleibt aber, daß die von Landino präsentierte, auf das Wesentliche reduzierte Fassung im Gegensatz z. B. zu der des Ficino keine philosophische Ausdeutung, sondern lediglich eine weitere Entstehungsgeschichte bieten möchte.

Diese Sammlung von Erklärungsansätzen über die Entstehung der Liebe war freilich für die *Disputationes* unbrauchbar, da es hier nicht galt, den Studenten möglichst weitgefächerte Hintergrundinformationen zur Vergillektüre zu liefern, sondern aus der Aeneis die in ihr verborgenen platonischen Wahrheiten herauszufiltern. So reduzierte Landino die Venus-Versionen auf die für den Dualismus von Paris und Aeneas geeignete Variante der zwei Veneres, die zugleich die neuplatonische Deutung der Liebe als Antrieb der Seele für ihre Rückkehr zum göttlichen Ursprung veranschaulichen konnte. Denn die irdische Liebe erweckt in der Seele zunächst das Verlangen nach irdisch Schönem, welches das Abbild der Idee des Schönen und Guten ist, zu der die Seele dann schließlich durch die himmlische Liebe geführt wird. So kommt der Liebe im Prozeß des Wiederaufstieges der Seele auf jeder Stufe erneut eine katalytische Funktion zu.

Durch Rezeption und Weiterentwicklung der Lehre von der irdischen und der himmlischen Liebe durch verschiedene philosophische Schriftsteller des 15. und 16. Jhs. - wie z. B. ihre Einbindung in die Vergil-Allegorese bei Landino - entwickelte sich, wie Trinkaus betont, eine Ikonographie, die nicht nur in der Literatur, sondern auch in der bildenden Kunst ihren Ausdruck fand.[431] So setzt

---

[428] Cod. Cas. 1368, fol 32 v.

[429] Cod. Cas. 1368, fol. 58 v: Plato noster triplicem ait esse amorem divinum... et in symposio dicit aliter quam supra creatum cupidinem. Dicit enim in convivio quodam fuisse Inopiam et Sporum (sic!), qui cum ebrius esset, secessit in ortos et dormivit, ad quem Inopia profecta, cum eo aliter potiri non posset, cum dormiente concubuit. Ex quo compressu Inopiae et Spori natus est cupido... Sed sunt qui rem omnem ad phisicam referant et dicant cupidinem esse perturbationem et passionem ab exterioribus illatam et per sensus corporeos introducta (sic!) et per sensus intrinsecarum virtutum approbata (sic!)... Vgl. hierzu Plat. Symp. 203 b.

[430] Plot. III 5 [50] 5, 1 ff. und ebd. 7, 1 ff. Fic. De amore 208 ff.

[431] Trinkaus, Image II 721. Zur Nachwirkung der neuplatonischen Liebestheorie s. Wind, Mysterien 162 ff. Panofsky, Studies 145.

das 1515 von Tizian geschaffene, häufig in diesem Kontext behandelte Gemälde der irdischen und der himmlischen Liebe diese Gedanken um. Die bekleidete irdische Venus, in deren Hintergrund eine Burg weltliche Macht repräsentiert, sitzt am linken Rand eines rechteckigen Brunnens, während die nackte himmlische Venus rechts vor einer in der Ferne die *religio* symbolisierenden Kirche Platz genommen hat. Der Vorrang der himmlischen Liebe wird, zieht man die Kunsttheorie der Zeit heran, allein schon durch ihre Nacktheit dokumentiert.[432] Die irdische Liebe bedarf dagegen des zusätzlichen äußeren Schmuckes, um die Seele anzuziehen und sie an das ewig Schöne zu erinnern, und um sie dann in einzelnen Phasen zu diesem emporzuführen. Diese Hinführung der Seele zur wahren Schönheit zeigt das auf dem Brunnen von links nach rechts verlaufende Relief, das die Zügelung eines wilden Pferdes durch Amor darstellt. Auf dem Weg von der irdischen zur himmlischen Liebe werden die Begierden des Körpers so lange gezügelt, bis sich die Seele von ihnen lösen und sich ganz der Liebe zur Wahrheit hingeben kann.[433]

Während die *mens* über die einzelnen Stufen der Erkenntnis hinaufsteigt zur Erkenntnis Gottes und der Ideen, und damit die kontemplative Lebensweise den Menschen allein befähigt, seiner göttlichen Herkunft gerecht zu werden, vollzieht aber sich auch die Lösung von körperlichen Begierden nicht schlagartig, sondern indem der Mensch durch einzelne Tugendstufen, die jeweils das ethische Pendant zu seinem intellektuellen Fortschreiten darstellen, zur Vollendung emporsteigt.

b) Die Tugendlehre

Eng verbunden mit der durch die Kontemplation ermöglichten Rückkehr der Seele zu ihrem himmlischen Ursprung ist bei Landino die Tugendlehre, da sich der Mensch vermittels der Tugenden vom Körperlichen lösen und sich Gott, dem die Idee aller Tugend innewohnt, angleichen kann. Diese Fähigkeit erhebt, wie die des Denkens, den Menschen über die gesamte Schöpfung.[434]

---

432 Diese Vorstellung geht auf die Idee des φυσικὸν κάλλος und des ἐπεισακτὸν κάλλος zurück. Vgl. Plot. V 8 [31] 2. In dieser Tradition steht z. B. auch Botticelli, der die Wahrheit auf seiner "Verleumdung" nackt malte. Zur Rezeptionsgeschichte vgl. mit ausführlichen Quellenbelegen Panofsky, Herakles 173 ff. Chastel, L'Art et l'Humanisme 95. Zintzen, Grundlagen 35 f.

433 Zur philosophischen Interpretation des Gemäldes s. Wind, Mysterien 162 ff.; Panofsky, Studies 150 ff.; Hall, History of Ideas 261 ff.

434 Fic. Theol. Plat. II 276: Si per cognitionem animus noster est mundo praestantior, per vitam quoque praestantior erit. Cuius virtute a corpore separabili

Leon Battista Alberti benutzt die Tugendlehre zwar im Rahmen seines Nachweises des Primats der vita contemplativa, dennoch läßt sich aber an der von Landino vorgenommenen Gewichtung der hohe Stellenwert ablesen, der im 15. Jh. gerade den bürgerlichen Tugenden, den *virtutes civiles* zugewiesen wurde. So deutet sich bei der Behandlung der Tugenden, trotz des Vorranges der spekulativen vor den praktischen, das Ziel Landinos bereits an, durch die Verbindung beider Lebensformen eine vita composita zu schaffen.

In seiner Erörterung über die Tugenden geht Landino auf zwei Versionen der Tugendlehre zurück. Zum einen auf das viergeteilte Tugendsystem, das Macrobius aus Porphyrios übernommen hatte und das so für Landino in lateinischer Sprache greifbar war.[435] Zum anderen verarbeitet er die bei Plotin in seiner Schrift *Über die Tugenden* verwendete,[436] aber schon von Aristoteles[437] grundgelegte Zweiteilung in spekulative, also höhere, und bürgerliche, also niedrigere Tugenden, die ihrerseits mit entsprechenden Veränderungen in lateinischer Sprache bei Thomas[438] und Ficino[439] zugänglich war.

Dieses zweiteilige System hat wohl nicht zuletzt deshalb Eingang in die Arbeiten Landinos gefunden, da sich die niedrigeren, politischen Tugenden mit der vita activa, die höheren aber mit der vita contemplativa identifizieren ließen. Während Landino in seinen früheren Arbeiten jeweils nur eines der beiden Systeme benutzt oder sie - wie in *De anima* - getrennt voneinander als Varianten nacheinander behandelt, werden sie in *De vera nobilitate* und in seinem Kommentar zur göttlichen Komödie ineinander verwoben.

Untersucht man zunächst die eine Vorlage Landinos, die Tugendlehre im Kommentar des Macrobius zu Ciceros *Somnium Scipionis*, wird erneut bestätigt, daß Macrobius nicht den von ihm genannten Plotin, Περὶ ἀρετῶν, sondern die Tugendlehre des Porphyrios ausgeschrieben hat und Plotin nur als die höhere Autorität zitierte, um, da dieser seinerseits Platon als seinen Gewährsmann nennt, die ganze Abhandlung unter die Tutel Platons stellen zu können.[440]

---

idipsum habet, ut per operationem possit a corpore separari, ipsumque mundum vitae, ut ita dixerim, supermundanae virtute transcendere.

[435] Macr. Comm. 1. 8; bes. 1. 8, 5 ff. Porph. Sent. 32.

[436] Plot. I 2 [19].

[437] Arist. EN I 13. 1102 a ff.; bes. I 13. 1103 a 4 ff.

[438] Thom. Sum. theol. I - II, qu. 58, (ed.cit.) II 427 - 28: *De distinctione virtutum moralium ab intellectualibus.*

[439] Fic. Theol. Plat. passim. Einzelstellen s.u.

[440] Auch Plotin verstand sich, obwohl er die Platon-Exegese hauptsächlich zur Darstellung eigener Philosopheme nutzte, als Ausleger Platons. S. dazu Plot.V 1 [10] 8, 10 ff.: καὶ εἶναι τοὺς λόγους τούσδε μὴ καινοὺς μηδὲ νῦν, ἀλλὰ πάλαι μὲν

Bei Macrobius findet sich ein in vier Stufen gestaffeltes Tugendschema:

> *Quattuor sunt inquit quaternarum genera virtutum ex his primae politicae vocantur, secundae purgatoriae, tertiae animi iam purgati, quartae exemplares.*[441]

Auf jeder dieser Stufen, die insgesamt den Stufen des Aufstieges der Seele zum Einen entsprechen, manifestieren sich die platonischen Kardinaltugenden[442] σοφία (prudentia), σωφροσύνη (temperantia), ἀνδρεῖα (fortitudo) und δικαιοσύνη (iustitia) in jeweils anderer, dem Entwicklungsgrad der Stufe angepaßter Funktion.[443] Besonders breiten Raum nimmt hier die Behandlung der politischen Tugenden, *virtutes politicae*, ein, da den Kardinaltugenden für diese unterste Stufe nicht nur ihre Funktionen, sondern auch ihre im zwischenmenschlichen Bereich in Verhaltensweisen umgesetzten Eigenschaften zugeordnet werden:[444]

PRUDENTIA: *ratio, intellectus, circumspectio, providentia, docilitas, cautio.*

FORTITUDO: *magnanimitas, fiducia, securitas, magnificentia, constantia, tolerantia, firmitas.*

TEMPERANTIA: *modestia, verecundia, abstinentia, castitas, honestas, moderatio, parcitas, sobrietas, pudicitia.*

IUSTITIA: *innocentia, amicitia, concordia, pietas, religio, affectus, humanitas.*

Aufschlußreich ist diese Zusammenstellung in zweifacher Hinsicht. Einerseits, da sich zeigen läßt, daß Landino sie in verschiedenen seiner Werke bis auf geringfügige Veränderungen nahezu wörtlich übernommen hat, andererseits, da sie auch zur Klärung der Frage beitragen kann, was Macrobius selbst unter politischen Tugenden verstand.

εἰρῆσθαι μὴ ἀναπεπταμένως, τοὺς δὲ νῦν λόγους ἐξηγητὰς ἐκείνων γεγονέναι μαρτυρίοις πιστωσαμένους τάς δόξας ταύτας παλαιὰς εἶναι τοῖς αὐτοῦ τοῦ Πλάτωνος γράμμασιν. S. hierzu Zintzen, Palingenesia 4, 1969, 359 Anm.9.

441 Macr. Comm. 1. 8, 5.

442 Plat. Rep. IV. 427 d ff.

443 In den angegebenen Passagen werden die Funktionen der Kardinaltugenden auf den jeweiligen Tugendstufen beschrieben. Macr. Comm. 1. 8, 6 - 7: virtutes politicae: *qua sociale animal est homo.*

Ebd. 1. 8, 4; 1. 8, 8: virtutes purgatoriae: *virtutes philosophantium.*

Ebd. 1. 8, 9: virtutes iam purgati defaecatique animi.

Ebd. 1. 8, 10: virtutes exemplares: *quae in ipsa divina mente consistunt.*

444 Macr. Comm. 1. 8, 7 - 11.

Wenn C. Zintzen für die Wertung und das Verständnis dieser untersten Tugendstufe auf Unterschiede zwischen Plotin und Macrobius hinweist, trifft dies mit Blick auf die Intention des Macrobius insofern sicherlich zu, als die politischen Tugenden bei Plotin niemals zur ὁμοίωσις θεῷ führen können, während sie bei Macrobius dem Politiker zum *habitaculum caeleste* verhelfen.[445] Statt einer Fehlinterpretation[446] möchte ich hier eher eine bewußte Akzentverschiebung durch Macrobius annehmen. Denn wie die Aufzählung der Eigenschaften und die Definition der bürgerlichen Tugenden zeigen,[447] hatte Macrobius wohl verstanden, daß die *virtutes politicae* bei Plotin und Porphyrios von Natur aus jedem Menschen zukommen.[448] Da er aber ausgehend von Ciceros *Somnium Scipionis* darlegen wollte, daß auch der Politiker, um den es dort ja geht, die Seligkeit erreichen könne,[449] konzentrierte er die Behandlung der Tugenden vor allem auf diesen und widerlegte so diejenigen, die nur den Philosophen als *beatus* gelten lassen wollten. Die Ausführungen des Macrobius fanden breite Resonanz in Mittelalter und Renaissance, da man in ihnen neuplatonische Philosophie in lateinischer Sprache rezipieren konnte. Thomas von Aquin z. B. übernahm die Tugendlehre und integrierte sie in das zweiteilige, aristotelische Schema.[450] Dabei verstand er die Tugendstufen aber nicht mehr als Wirkungsgrade der Kardinaltugenden - wie es sich bei Macrobius findet -, sondern als deren Untergliederungen. Auch Petrarca verarbeitete die

---

[445] Zintzen, Palingenesia 4, 1969, 357 ff. Der Terminus der πολιτικὴ ἀρετή geht auf Plat. Phaed. 82 a zurück und wird von Plotin mit dem der praktischen Tugenden abgewechselt. Vgl. Plot. I 2 [19] 1, 16; Plot. VI 3 [44] 16, 27. Zu den neuplatonischen Tugendgraden s. grundlegend Theiler, Gnomon 5, 1929, 307 ff.

[446] So Zintzen ebd. 369 f: "Bei Porphyrios zieren die politischen Tugenden den natürlichen Menschen; sie verhelfen ihm in dieser Welt zu einem Leben nach ethischen Maßstäben ... Macrobius dagegen verengt solche Tugenden auf den Wirkungsbereich des Politikers ... In Wirklichkeit steht dahinter eine Fehlinterpretation Plotins, die ihre Wurzeln in römischen Vorstellungen von politischer Tugend hat."

[447] Macr. Comm. 1. 8, 6: Et sunt politicae hominis, qua sociale animal est. His boni viri rei publicae consulunt, urbes tuentur: his parentes venerantur, liberos amant, proximos diligunt ...

[448] Porph. Sent. 32, 3: αἱ δὲ πολιτικαὶ (ἀρεταὶ) τὸν θνητὸν ἄνθρωπον κατακοσμοῦσι. Plot. I 3 [20] 6, 18 spricht von φυσικαὶ ἀρεταί.

[449] Macr. Comm. 1. 8, 12: Igitur et politicis efficiuntur beati ...

[450] Thom. Sum. theol. I - II qu. 61, ar. 5: Utrum virtutes cardinales convenienter dividantur in virtutes politicas, purgatorias, purgati animi et exemplares. Dabei ist zu beachten, daß gemäß qu. 61 ar.1 die Kardinaltugenden den moralischen Tugenden zugeordnet werden: Unde convenienter inter virtutes morales ponuntur illae quae dicuntur principales seu cardinales. Eine Einteilung, wie sie sich auch für Land. De vera nob. wird nachweisen lassen.

macrobianische Tugendlehre in seiner Schrift *De vita solitaria* und versah sie mit eigenen Akzenten.[451]

Bei Ficino finden sich - wie auch bei Landino - beide Tugendsysteme, das aristotelisch-thomistische und dasjenige des Macrobius, wobei er jedoch stets Kardinaltugenden und Tugendstufen getrennt behandelt. Nachdem er nämlich in *De amore* die *prudentia* an die Spitze der platonischen Kardinaltugenden gesetzt und *fortitudo, temperantia* und *iustitia* mit verschiedenen Planeten und mit Geschlechtern identifiziert hatte,[452] folgte er im achten Buch der *Theologia Platonica* der Zweiteilung in *virtutes morales* und *virtutes speculativae*,[453] wobei er wie Aristoteles und Thomas die erste Gruppe in die Kardinaltugenden, die zweite Gruppe aber in *sapientia, scientia, prudentia* und *ars* unterteilt:

> *Virtutum duo sunt genera, aliae in intellectu, in appetitu vero sive rationali sive irrationali aliae. Illae speculativae vocantur, istae morales. Illae speculativae, quia speculando comparantur, et comparatae versantur in speculando. Istae morales, quia more et consuetudine acquiruntur atque acquisitae in moribus et operum usu consistunt. In eo genere sunt divinorum sapientia, scientia naturalium civilium prudentia, ars operum humanorum. In hoc sunt iustitia, quae suum cuique tribuit; fortitudo, quae ad opera honesta promptior abiicit a nobis timoris impedimentum, temperantia, quae libidinis mollitiem, quod alterum honestorum impedimentum est, repellit. Hae quidem sunt apud Platonem virtutum descriptiones.*[454]

---

451 Petr. De vita sol. 342: purgati animi virtutes vocant, quarum munus est proprium passiones oblivisci ... Quartus ac supremus exemplarium est locus, que supra hominem sunt, et, ut aiunt, in mente solius Dei habitant...

452 Fic. De amore 173 - 74: Verum cum deus lucem suam infudit in animum, ad id potissimum eam accomodavit ut homines ad beatitudinem que in ipsius possessione consistit perduceret. Ad hanc quatuor virtutibus ducimur: prudentia, fortitudine, iustitia, temperantia... Ebd. 174 - 75: Quamobrem sol, luna, terra, Fortitudo, Iustitia, Temperantia, merito maris, promiscui, femine signantur cognomine. Atque ut excellentiorem Deo apellationem exhibeamus, virtutes istas in illo, solem, lunem, terram, in nobis masculinum sexum dicimus, promiscuum, femininum. Quibus autem lux illa divina a dei sole cum fortitudinis affectu in sui ortu fuit infusa, iis masculam dicimus lucem fuisse concessam. Quibus a dei luna cum affectu iustitie, promiscuam. Quibus a dei terra, cum affectu temperantie, feminam. Die Einteilung in männliche und weibliche Tugenden schon bei Bruni, Isagogicon 30 - 31.

453 Fic. Theol. Plat. I 296 - 97. Vgl. hierzu Arist. EN I 13. 1102 a ff. Thom. Sum. theol. I - II qu. 58, ar. 2. Zur Definition der beiden Tugendarten s. ebd. 297: Summatim vero, quid aliud speculativa virtus est, nisi claritas intellectus? Quid aliud moralis, nisi fervor stabilis appetitus ab intellectus claritate succensus.

454 Fic. Theol. Plat. I 296 - 97. Der Verweis auf Platon bezieht sich inhaltlich nur auf die genannten Kardinaltugenden, verleiht der Passage aber dessen Autorität. Die

Warum bei dieser Gliederung der spekulativen Tugenden der von Thomas genannte *intellectus* fehlt, ist verständlich, wenn man bedenkt, daß dieser Begriff bei Ficino für die zweithöchste Stufe seiner ontologischen Reihung benutzt wird.

Für die moralischen Tugenden deutet er zwar eine reinigende Funktion an, ohne diese aber weiter zu differenzieren oder auf das macrobianische System zu verweisen.[455] Im vierzehnten Buch der Theologia Platonica integrierte er die Tugendstufen in seine Abhandlung über die Kardinaltugenden, deren Idee - wie die Ideen aller Dinge - in Gott selbst liegt. Dieser Gedanke knüpft möglicherweise an die Überlegungen Plotins in der Frage an, welche Tugenden überhaupt dem Höchsten eigen sein könnten.[456] Um die Idee der Kardinaltugenden, also Gott, erreichen zu können, ist nach Ficino der Weg über die von Macrobius aufgezeigten Tugendstufen zu nehmen, wobei den Kardinaltugenden auf den einzelnen Tugendstufen - im Unterschied zur Darstellung bei Macrobius - keine Funktionen mehr zugewiesen werden:

> *Ita quatuor harum virtutum summae in Deo sunt rationes, adeo ut summa prudentia Deus sit, summa iustitia et reliqua summa ... Omnes igitur Deum quaerunt. Quaerunt autem illi Deum rectissimo calle, qui primo per civiles virtutes affectus animi secundos amputant, deinde per virtutes purgatorias eos extirpant, tertio loco virtutes animi iam purgati affectus primos insuper moderantur, quibus temperatis denique virtutibus exemplaribus quae sunt in Deo formentur.*[457]

Fünfteilung der virtutes intellectuales geht auf Thomas und durch ihn auf Aristoteles zurück. Thom. Sum. theol. I - II qu. 58, ar. 3: Non tamen sunt virtutes intellectuales: hae enim solum sunt quinque, scilicet scientia et sapientia, intellectus, prudentia et ars. Arist. EN VI 3. 1139 b 15 ff.: ἀρξάμενοι οὖν ἄνωθεν περὶ αὐτῶν πάλιν λέγωμεν. ἔστω δὴ οἷς ἀληθεύει ἡ ψυχὴ τῷ καταφάναι ἢ ἀποφάναι, πέντε τὸν ἀριθμόν· ταῦτα δ' ἐστὶ τέχνη ἐπιστήμη φρόνησις σοφία νοῦς.

455 Fic. Theol. Plat. I 298.

456 Plot. I 2 [19]. Vgl. dazu den Kommentar des Marsilio Ficino Op. om. II 1555 ff.

457 Fic. Theol. Plat. II 268. Vgl. auch ebd.: Deus qui virtus ipsa exemplaris est, animae speciem afficit ab initio seminibus quibusdam incitamentisque virtutum, per quae humanis virtutibus, id est civilibus, purgatoriis, purgati animi ad exemplares divinasque virtutes commode praeparamur. Den nahezu wortgleichen Text zu den Tugendstufen s. in einem Brief an Francisco Lapaccino Fic. Op. om. I 618. Eine inhaltliche Variante hierzu - jedoch mit exakt gleicher Terminologie - bietet Ficino in seinem Traktat *De laboribus ac aerumnis D. Pauli Apostoli*, Fic. Op. om. I 484, wo unter Aussparung der *virtutes exemplares*, die als in *mente Dei* befindlich für diese Einteilung nicht verwendbar waren, die Tugendgrade als Untergliederung der moralischen Tugenden allein verstanden werden: Tangitur hic insuper Platonica quaedam opinio, ponens tres in qualibet morali virtute gradus. Alii enim ex divino semine civilem producunt virtutem, quae secundos amputat

Obwohl Landino wie Ficino auch beide Tugendsysteme verarbeitet, läßt sich keine unmittelbare Abhängigkeit für diese Thematik erweisen. Ob Landino für die Behandlung des zweiteiligen Tugendsystems auf die Darlegungen Ficinos oder auf Thomas bzw. eine Aristotelesübersetzung zurückgegriffen hat, läßt sich nicht mit Sicherheit klären. Für das vierstufige Tugendsystem, das Ficino in den hier genannten Stellen nicht einmal strikt im macrobianischen Sinne verwendet, besteht dagegen aufgrund der Quellentreue Landinos ohnehin kein Zweifel, daß er den Text des Macrobius direkt benutzt hat, zumal er selbst diesen auch ausdrücklich als seine Quelle nennt.[458]

Soweit ich die Werke Landinos in diese Untersuchung einbezogen habe, läßt sich für die Behandlung der Tugendlehre eine gemeinsame Verarbeitung beider Traditionsstränge oder eine Konzentration auf das System des Macrobius nachweisen, während bei Ficino auch das zweistufige System isoliert dargestellt wird und vor allem die beiden Systeme nie als alternative Möglichkeiten der Behandlung der Tugendthematik verstanden und nebeneinander erläutert werden. Gerade diese Gegenüberstellung leistet Landino in seiner Schrift *De anima*, indem er beide Tugendlehren unverbunden nacheinander abhandelt, eine Vorgehensweise, die bisher von der Forschung nicht berücksichtigt worden ist.[459]

Landino beginnt mit einer ausführlichen Erläuterung des aristotelisch-thomistischen Ansatzes, die er nahtlos an die ebenfalls aus dieser Quelle geschöpfte Darstellung über die Einteilung der Seele anschließen konnte. Den göttlichsten Teil der menschlichen Seele, die *mens*, teilt er in *mens speculativa*, *activa* und *effectiva* und verteilt auf diese die Tugenden *intelligentia*, *scientia*, *sapientia*, *prudentia* und *ars* so, daß die ersten drei dem spekulativen, die *prudentia* dem praktischen und die *ars* dem hervorbringenden Seelenteil zugeordnet wird.[460] Hier geht Landino auf Thomas zurück, der die *habitus*

---

motus. Alii purgatoriam, quae motus secundos extirpat, alii purgati animi, quae primos amputat motus. Vgl. hierzu auch Lentzen, Studien 90 f.

458 Land. D. C. 190, 5.

459 So z. B. wenig klar die Gliederung bei Lentzen, Studien 84 ff., da keine exakte Quellenzuweisung erfolgt, obwohl Landino selbst die Einteilung vorgegeben hat: Land. De anima III 40 - 51: Aristotelische Tugendlehre; ebd. III 52 - 59: Macrobianische Tugendlehre.

460 Land. De anima III 41: Erit igitur mens nostra triplex: speculativa, activa, effectiva. A speculativa tres virtutes nanciscimur; si enim principia ipsa animadvertimus, ea elucet, quam vel intellectum vel intelligentiam nominant; si vero quae a principiis manant, conclusiones investigamus, ea exoritur, quae vero vocabulo scientia appellatur;... si et principia simul et quae a principiis sunt connectamus, efficitur sapientia. In mente vero activa, quae curam capit rerum agendarum, prudentia eminet. In opere postremo efficiundo ars versatur. Eine ähnliche Behandlung der Tugenden findet sich später bei Landino nochmals in seiner Leichenrede für Iordano Ursini im März

intellectuales als Tugenden definierte,[461] wie Landino die *opinio* von diesen intellektuellen Tugenden ausschloß[462] und der ebenso wie Landino Aristoteles als seine Autorität benennt.[463] An die ausführliche Einzelbehandlung der fünf intellektuellen Tugenden[464] schließt Landino - ebenfalls Aristoteles als Quelle nennend - eine Untersuchung der moralischen Tugend *prudentia* an, die ihrerseits in *bona consultatio, solertia, sagacitas* und *sententia* untergliedert wird.[465] Daß Lentzen diese Einteilung der prudentia, die bei Landino eindeutig in den aristotelisch-thomistischen Teil gehört, an der Stelle in seine Übersicht aufnimmt, wo er die von Landino als zweite durchgeführte, macrobianische Gliederung der Kardinaltugenden schematisieren will, zeigt - wie auch seine Übersicht in den Studien -, daß er die beiden Systeme nicht als getrennt erkannt hat.[466]

Am Ende des an Aristoteles angelehnten Teiles der Tugendlehre wendet sich Landino dem dritten Teil der *mens*, der *mens effectiva*, zu, der er - ebenfalls Thomas von Aquin folgend - die Tugend der *ars*, d.h. der *recta ratio rerum*

1485, ed. Lentzen, Studien 271 - 76, hier 272: ... quoniam in ipsius intellectus vi positae sunt (sc. virtutes), intellectivas, has autem, quoniam longa quadam consuetudine, id enim est mos, acquiruntur, a moribus morales nominant. Sunt igitur ipsius intellectus virtutes intelligentia, scientia, sapientia, prudentia atque ars. Morales vero genere tres sunt, partibus vero longe plures; est enim iustitia, qua humanae actiones recte reguntur, et fortitudo atque temperantia, quarum duarum altera veluti freno ita a voluptatibus coercemur. Vgl. hierzu Thom. Sum. theol. I - II qu. 57, ar. 2: Utrum sint tres (sc. speculativi virtutes), scilicet sapientia, scientia et intellectus. Ebd. ar. 3 klärt Thomas, daß die *ars* ebenfalls zu den intellektuellen Tugenden zählt, und in ar. 5 wird schließlich die *prudentia* als letzte, von der *ars* klar geschiedene spekulative Tugend eingeführt.

461 Thom. Sum. theol. I -II qu. 57, ar. 1.

462 Land. De anima III 43 - 44. Thom. Sum. theol. I - II qu. 57, ar. 2.

463 Land. De anima III 42. Thom. Sum. theol. I - II qu. 57 passim; z. B. ar. 2: Sed contra est quod philosophus ponit has solum tres virtutes intellectuales speculativas, scilicet sapientiam, scientiam, intellectum.

464 Land. De anima III 43 - 48.

465 Land. De anima III 48: Ut Aristoteli in libro De moribus placet ... Vgl. dazu Arist. EN 1141 b 23 - 1143 a 24.

466 Lentzen, Einl. zu Land. De vera nob. 25 übernimmt die Gliederung der *prudentia* in *bona consultatio, sollertia, sagacitas* und *sententia* aus dem aristotelisch-thomistischen Teil der Tugendlehre bei Land. De anima III 48 und reiht sie fälschlicherweise unter die von Macrobius übernommenen Tugendeinteilungen ein, statt die von Landino an Ort und Stelle gelieferte Gliederung einzusetzen, die, bis auf die *docilitas*, wie alle anderen der macrobianischen Vorlage entspricht. Die korrekte Gliederung der *prudentia* für den macrobianischen Teil s. Land. De anima III 53: Sed prudens qui fuerit, is profecto ratiocinando, intelligendo omnia diligentissime circumspiciet, praevidebit atque cavebit. Vgl. dazu Macr. Comm 1. 8, 7: Prudentiae insunt ratio, intellectus, circumspectio, providentia, docilitas, cautio. Leider wurde der Fehler

efficiendarum, zuweist und der er die drei verbleibenden Kardinaltugenden *iustitia, fortitudo* und *temperantia* unterstellt.[467]

Klar von der Darstellung dieses Tugendsystems abgegrenzt und durch einen Exkurs über die *ratio* auch räumlich getrennt, beginnt Landino die Erläuterung des platonischen, d. h. auf Macrobius gestützten Tugendschemas:

> *Is (sc. Plato) enim eas omnes, quas paulo ante enumeravi virtutes, ita diversorum generum posuit ut alia quadam ratione ab iis coli ostenderet, qui coetus ac civitatem adamarent, alia ab iis, qui omnem mortalitatem dediscere cupientes et humanarum rerum odio moti ad sola divina speculanda erigerentur; alia postremo ab iis, qui omni iam contagione tersi in solis divinis versarentur.*[468]

Das vierteilige System des Macrobius wird hier zunächst auf ein dreistufiges, aus *virtutes civiles, virtutes purgatoriae* und *virtutes animi iam purgati* bestehendes, verkürzt, da die *virtutes exemplares* nicht der humanen, sondern der göttlichen Sphäre angehören und deshalb am Ende des Kapitels gesondert behandelt werden.[469] Dabei bezieht sich das dreistufige Schema nicht nur als Gliederung auf die *virtutes morales* des aristotelischen Systems,[470] sondern teilt alle Tugenden, wie Landino ja selbst betont, gemäß der neuplatonischen Ordnung neu ein.

Landino beginnt mit der Behandlung der bürgerlichen Tugenden, der *virtutes civiles*,[471] denen er in nahezu wörtlicher Übereinstimmung mit Macrobius

---

einer Verschmelzung beider Systeme weder in Lentzen, Studien 87, noch im neuesten Aufsatz Lentzen, Wolfenbütteler-Renaissance- Mitteilungen 14, 1990, 60 korrigiert.

467 Land. De anima III 49: Itaque redeo ad artem, quam in effectiva mente collocatam diximus. Hanc igitur diffiniunt rectam rationem rerum efficiendarum. Sed quando de virtutibus, quibus intellectus ipse perficitur, et quae circa veri inventionem consistunt dictum est, dicamus de iis, quae ad rectum honestumque dirigunt, et vitam moresque emendant. Zur Definition der *ars* vgl. erneut Thom. Sum. theol. I - II qu. 57, ar. 3: Ars nihil aliud est quam ratio recta aliquorum operum faciendorum.

468 Land. De anima III 53. Vgl. dazu Macr. Comm. 1. 8, 5 ff.

469 Land. De anima III 59: Quae quidem causa fuit, quare Platonici tria virtutum genera dicerent. Nam quartum quod ponunt earum, quas vocant exemplares, nihil ad praesentem disputationem pertinet. Non enim in hominum animis, de quibus nunc agitur, reperiuntur, sed in mente Dei, in qua si ceterarum omnium rerum ideas esse oportet, multo magis virtutum ideae erunt, a quarum exemplo reliquiae omnes per ordinem fluunt.

470 So Lentzen, Studien 87.

471 Zu den Aufgaben der bürgerlichen Tugenden s. Land. De anima III 56 - 57: Huiuscemodi igitur virtutibus, qui in vita communi et hominum societate degunt, primum se ipsos, deinde suos ac postremo rem publicam recte administrant, atque ita inter homines versantur, ut et vitam civilem colant, et nusquam ab honestate discedant.

einzelne Eigenschaften zuordnet.[472] Die Funktionen der Kardinaltugenden auf den Stufen der reinigenden Tugenden und der Tugenden des schon gereinigten Geistes werden, obwohl Macrobius sie darlegt, in *De anima* lediglich erwähnt. In den *Disputationes* hat Landino sie dann doch - wie noch zu zeigen ist - genauer ausgeführt.[473]

Eine sehr ähnliche Darstellung der Tugendlehre findet sich nochmals in Landinos nach 1487 entstandener Schrift *De vera nobilitate*, in der ebenfalls beide Tugendsysteme in die Argumentation integriert werden.[474] Im Kommentar zu Dantes *Göttlicher Komödie* hatte Landino das Tugendkonzept zwischenzeitlich variiert. Hier entsprechen die *virtù civili, purgatorie* und die *virtù dell'animo già purgato* den von der *ratio inferior* gesteuerten *virtutes morales*, die die vita activa bestimmen. *Iustitia* und *religio*, die an anderer Stelle von Landino mit den beiden zurückgewonnenen Flügeln der Seele indentifiziert werden, bilden die von der *ratio superior* gelenkten *virtutes intellectuales*, die das kontemplative Leben beherrschen.[475]

Diese Zielsetzung, die an die stoische οἰκείωσις - Lehre erinnert, soll in dem der vita activa gewidmeten Kapitel noch genauer untersucht werden.

472 Land. De anima III 53 - 56 und Macr. Comm. 1. 8, 7 - 8 und nach Korrektur der Spalte *prudentia* die genannten Listen bei Lentzen, Einl. zu Land. De vera nob. 25 und 27.

473 Land. De anima III 60. Zur Funktion der Kardinaltugenden auf den einzelnen Tugendstufen in den *Disputationes* s. die noch folgende Übersicht.

474 Zum macrobianischen Tugendsystem s. Land. De vera nob. 62: Nemo divinarum rerum cognitionem tentabit, nisi prius mentem suam iis mortalibus virtutibus, quas purgatorias nuncupant, omni labe purgatam reddiderit. Ebd. 101: Nam civilibus primum virtutibus maiora flagitia a se fugantes atque mox iis, quas purgatorias Platonici nominant, etiam minimas animorum nostrorum labes abluentes, tum iis postremo, quae nisi in mente omnino purgata esse non possunt, aciem nostri ingenii acuentes ea, quae reliqui caecutientibus e nimio splendore oculis intueri non possunt, ipsi aquilino rectoque intuitu vident.

Zum zweiteiligen Tugendsystem s. Land. De vera nob. 69 - 70: Virtutes autem ipsae partim in speculatione positae nos ad maximarum pulcherrimarumque rerum cognitionem deducunt, ut vero ipso, quod solum humanis mentibus pabulum est, summa cum voluptate pascamur, partim autem, si haec altissima ac divina attingere posse desperemus, ita ad rectas actiones dirigunt, ut vita civili ac sociali accita tamen, quae inter superiores enumeratur, optima duce prudentia iuste fortiter ac modeste viventes mentem nostram non solum omnibus sceleribus puram, verum etiam summa nobilitate illustrem reddamus. In diesem Sinne s. auch ebd. 98 - 99. In Analogie zur Gliederung der *virtutes morales* in die Kardinaltugenden wird auch die Aufteilung der *virtutes intellectuales* in *intelligentia, sapientia, scientia, prudentia* und *ars* hier wieder aufgegriffen. S. ebd. 99.

475 Vgl. hierzu Lentzen, Studien 77. Zur Behandlung der exemplarischen Tugenden im Kommentar zur *Göttlichen Komödie* s. ebd. 81, bes. Anm. 8.

Bei der Behandlung der Tugendlehre bilden die *Disputationes Camaldulenses* in zweifacher Hinsicht eine Ausnahme und werden deshalb entgegen der Chronologie erst jetzt behandelt. Erstens beschränkt sich Landino hier, bis auf einen kurzen Hinweis im zweiten, ohnehin stark aristotelisch beeinflußten Buch,[476] auf die ausführliche Darlegung des macrobianischen Tugendsystems. Aus dieser Tatsache aber läßt sich keine "neuplatonische Wende" im Werk Landinos ableiten, da sowohl in früheren Arbeiten, wie gezeigt werden konnte, bereits das System des Macrobius verarbeitet worden war als auch in spätere das zweiteilige Tugendschema wieder Eingang fand. Die Entscheidung Landinos für die Tugendlehre des Macrobius ist in den *Disputationes* durch die Intention des Werkes bedingt. Denn mit diesem Stufensystem läßt sich der langsame Aufstieg der Seele aus der Körperlichkeit zur Kontemplation und vor allem die allmähliche Reinigung der Seele von körperlichen Begierden, d.h. die lange und mit zahlreichen Hindernissen durchsetzte Reise des Aeneas von Troia nach Italien, deshalb besonders gut theoretisch untermauern, da ihm eine dynamische Entwicklung immanent ist,[477] während die Gliederung in *virtutes morales* und *intellectivae* ein starres System darstellt, aber noch keinen Weg von der unteren in die obere Kategorie aufzeigt. Auch die zweite Besonderheit in den *Disputationes* ergibt sich aus der Zielsetzung des Werkes, denn erstmals wird hier eine explizite Wertung der Tugenden vorgenommen, da im Zusammenhang mit der Frage nach dem Vorrang des aktiven oder des kontemplativen Lebens auch der Primat unter den Tugenden festgestellt werden soll. So kann Leon Battista Alberti seinen Nachweis einer Vorrangstellung der geistigen vor den bürgerlichen Tugenden zur Stützung seiner These vom Primat der vita contemplativa heranziehen.

Für die Konzentration auf das Tugendschema des Macrobius ist erneut die Vorlesung von 1462/63 direkter "Vorläufer" der *Disputationes*. In ihr erläutert Landino das vierstufige System und nennt im Gegensatz zu den *Disputationes* ausdrücklich an dieser Stelle Macrobius als seine Quelle:

> *Sed apponamus nunc ipsius Senecae sententiam, quae est ex sententia etiam Plotini educta a Platone et quam ipse Aristoteles approbat et sequitur. Et dicit virtutum quatuor esse genera, aliae enim morales et politicae dicuntur, quae sunt in vita civili ..., secundae purgatoriae dicuntur, quae sunt, cum iam virtutes tam habitum fecimus ex quo perfecti sumus, et sine aliquo labore aut molestia aut difficultate virtutem cum voluptate perficimus et exequimur. Unde fortes, continentes, liberales aut iusti cum voluptate sumus. Tertiae dicuntur animi iam purgati, quae sunt*

---

[476] Land. D. C. 72, 16 - 21.

[477] Land. D. C. 155, 8 - 11: Quae omnia si diligenter inspicies, facile cognosces id ab Heleno admoneri Aeneam non posse illum sedes in Italia quietas stabilesque collocare, nisi prius ad hoc tertium virtutum genus pervenerit. und ebd. 210, 10 - 14.

cum non solum cum voluptate secundum virtutem operamur, sed etiam ultro gerimus et cupimus dura et adversa, ut in illis virtutem nostram demonstremus, et animum in virtute exerceamus, quae res nullo modo exequi posset nisi animo iam purgato omni macula et ad perfectionem redacto. Quarta vero non cadit in genus humanum et exemplaria (sic!) dicitur, quae in deo solo cadit, in quo ita ut virtutum omnium aliarum rerum immagines et exempla sita sunt. Haec hoc loco brevius attigi, quoniam memini me supra iterum posuisse ex auctoritate Macrobii qui id ex Plotino se haurisse (sic!) affirmat.[478]

Der Grundgedanke für die *Disputationes* ist damit gelegt, denn auch wenn in der Vorlesung den Kardinaltugenden keine Funktionen auf den einzelnen Tugendstufen zugewiesen werden, wie Macrobius dies vorgegeben hatte, wird als das Wesentliche festgehalten, daß die Seele durch den Aufstieg im Stufensystem der Tugenden gereinigt und zur Vollendung geführt wird. Zu untersuchen ist nun, inwieweit Landino in den *Disputationes Camaldulenses* seiner Vorlage Macrobius folgt oder sogar über sie hinausreicht und welchen Stellenwert er der Tugendlehre in seinem dort verwirklichten Gesamtkonzept zuweist.

Zunächst fällt auf, daß Landino auch hier die Vierstufigkeit des macrobianischen Systems auf die Dreistufigkeit von *virtutes civiles, virtutes purgatoriae* und *virtutes animi iam purgati* verkürzt.[479] Da es für ihn in Anlehnung an Ficino über die Gotteserkenntnis hinaus keinen Fortschritt des menschlichen Geistes geben konnte, genügte es auch, die aufsteigenden Tugendgrade bis zur Erreichung dieses Kulminationspunktes zu skizzieren.[480]

Allein in den Disputationes freilich erörtert Landino die Funktionen der einzelnen Kardinaltugenden auf den drei Tugendstufen und entwickelt so in direkter Anlehnung an Macrobius ein Tugendsystem, das sich am besten in einer Übersichtsgraphik veranschaulichen läßt.[481]

---

[478] Cod. Cas. 1368, fol. 151. Für wertvolle Hinweise bei der Lesung dieser Passage danke ich Dr. J. Stohlmann. Vgl. dazu auch ebd. fol. 128: Iterum iterumque quoniam difficillimum est, homines ab ambitione avertere, igitur illud saepius monet optime. Illis enim qui ad speculationem se conferre volunt, opus est non solum habere virtutes politicas et purgatorias, de quibus supra diximus, sed illas etiam animi iam purgati, ut enim ait Plato, non potest adiri nisi animo purgato, ait enim, purum ab impuro tangi nefas esse.

[479] Land. D. C. 11, 14; 152 - 155.

[480] Die *virtutes exemplares* liegen - wie Landino es ja auch in den anderen Schriften dargestellt hatte - im Geist Gottes. Vgl. dazu Land. D. C. 153, 16 - 25.

[481] Zu den Kardinaltugenden auf der Stufe der *virtutes civiles*: Land. D. C. 24, 14; 154, 4 - 15.; auf der Stufe der *virtutes purgatoriae*: ebd. 154, 16 - 31; auf der Stufe der *virtutes animi iam purgati*: Land. D. C. 154, 32 - 155, 7. Vgl. dazu Macr. Comm. 1. 8, 5 ff.

Funktionen der Kardinaltugenden nach den Tugendstufen des Macrobius bei Landino, Land. D.C. 152-155

Stufen	PRUDENTIA	FORTITUDO	TEMPERANTIA	IUSTITIA
1. virtutes civiles ... qui coetus ac civitates adamant.	nihil agere cuius non possit ratio saltem probabilis reddi.	animum supra omne periculum atque metum efferre, nihil nisi turpia timendum admonere.	sola honesta appetenda. nulla in re moderationis legem excedendam. omnes cupiditates iugo rationis subiciendas.	unicuique suum reddere.
2. virtutes purgatoriae ... qui humanarum rerum odio moti ad sola divina cognoscenda eriguntur.	spretis omnibus mortalibus rebus et caelestium collatione pro nihilo habere, omni cura omnique cogitatione ad divina convertere.	nullum incommodum, nullum laborem, nullum periculum horrescere ... quominus recto ... cursu ad caelestia tendat animus.	ea solum nobis concedi, sine quibus servari vita non possit.	reliquarum virtutum consensum in huiusmodi propositum flectere.
3. virtutes animi iam purgati ... qui ab omni contagione expiati in solis divinis versantur.	divina terrenis praeferre ut sola illa noscas.	perturbationes non coercere, sed ignorare.	cupiditates penitus ignorare.	deest iustitia.

So manifestiert sich z. B. die Tapferkeit, *fortitudo*, auf der Ebene der bürgerlichen Tugenden als praktischer, auch durchaus körperlich verstandener Mut, auf der Stufe der reinigenden Tugenden dagegen als die Bereitschaft, alle Mühen und Gefahren auf dem Weg des Geistes zum Göttlichen zu ertragen. Auf dem Grad der Tugenden des schon gereinigten Geistes schließlich bedeutet *fortitudo* die Fähigkeit, jede vom Körper ausgehende Gefühlsregung nicht nur niederzukämpfen, sondern sie erst gar nicht mehr zu kennen. Für die Mäßigung, *temperantia*, gelten ähnliche, durch die Loslösung der Seele vom Körper bedingte Entwicklungsgrade. Ist es auf der Stufe der bürgerlichen Tugenden ihr Ziel, nur das Ehrenhafte anzustreben und alle Begierden dem Verstand unterzuordnen, so darf auf dem Grad der reinigenden Tugenden dem Körper nur noch das Lebensnotwendige zugebilligt werden. Auf der letzten Stufe schließlich muß die Seele so weit von Körperlichem gereinigt sein, daß sie keine Begierden mehr kennt. Entsprechend ihrer Wirkungsmöglichkeiten tragen so auch *prudentia* und *iustitia* zur Lösung der Seele von den körperlichen Bedürfnissen bei.

Den Ausgangspunkt für diesen Aufstieg durch die Tugendgrade bilden die bürgerlichen oder politischen Tugenden, auf deren Stufe den Kardinaltugenden die Aufgabe zukommt, das menschliche Zusammenleben zu regeln (vgl. Übersicht). Was das Verständnis dieser *virtutes civiles* betrifft, läßt sich bei Landino und bei Macrobius sowohl die Anwendung auf alle in der Gemeinschaft lebenden Bürger, als auch die Beschränkung der πολιτικὴ ἀρετή auf den Staatsmann nachweisen,[482] die bei Landino eindeutig der Konzeption des Werkes als Fürstenspiegel dient.

So entwirft Landino zunächst minutiös das Idealbid des Privatmannes in der vita activa, bevor er sich der Tätigkeit des Staatsmannes zuwendet. In der Familie sind es die Verpflichtungen gegenüber Eltern und Kindern, außerdem

---

[482] Die Frage, auf wen die politischen Tugenden zu beziehen seien, wurde auch von den Vorläufern Landinos unterschiedlich gelöst. Während sie bei Petrarca dem Herrschenden zugewiesen werden, bezieht Bruni sie in streng republikanischem Verständnis auf alle Bürger. Vgl. hierzu Cambr. Hist. of Renaiss. Philos. 420 f. Daß Landino diese - wie oben schon für Macrobius gezeigt wurde - in doppelter Hinsicht auffaßte, zeigen nicht nur die Passagen Land. D. C. 23, 24 ff.; 153, 25 - 154, 16, sondern auch die Ausführungen in der Einleitung zu einer vermutlich weiteren Vergilvorlesung Landinos, Land. Orat. de laud. Maronis 243, 87 - 96: Et quoniam non omnes in re publica principes esse aut exercitibus praeponi possumus, longeque plures privatim quam cum potestate vivunt, nonne et iis quo pacto secum quo cum familia quo cum civibus quo cum peregrinis agendum sit frequentissime admonet, neque solum excitandam prudentiam, colendam pietatem, observandam iustitiam, retinendam fortitudinem atque in rebus omnibus adhibendam temperantiam et servandum decorum in vita civili iubet, sed demum Aeneam suum ultra humanitatem illum extollens per id virtutum genus quas purgatorias Platonici appellant, ad eas usque quae nisi in purgato animo non sunt, et ex quibus perficitur felicitas traducit.

Hilfsbereitschaft, Freigebigkeit und Gastfreundschaft gegenüber Freunden, Mitbürgern und Fremden und schließlich finanzielle Zuwendungen zum Wohle der ganzen Gemeinschaft.[483] Die hier waltenden Tugenden faßt Landino kurz zusammen: *Perspicax ingenium maturumque consilium* (prudentia), *animus adversus omnia pericula saeptus* (fortitudo), *adversus libidinem moderatus* (temperantia), *iuste* (iustitia) und *pie* (pietas).[484]

Im nächsten Schritt geht Landino dann zu denjenigen über, die sich dem Staatsdienst, der *administratio rei publicae*, widmen wollen. Exemplarisch lobt er an Federigo da Montefeltro dessen *sapientia*, *temperantia* und *iustitia*, während die Tapferkeit eigenartigerweise fehlt.[485] Stattdessen fügt Landino die *fides* im Anklang an die *fiducia* bei Macrobius hinzu, der diese als Ausfluß der *fortitudo* versteht,[486] weiterhin die *summa religio*, die Macrobius als von der *iustitia* stammend einstuft, sowie als Topoi *liberalitas* und *clementia*. Außerdem muß ein guter Politiker nach Landino über die nötige *eloquentia* im ciceronianischen Sinne verfügen und bereit sein, das Wohl des Staates, die *salus rei publicae*, wenn nötig mit seinem Leben zu verteidigen.[487]

Trotz der immensen Wichtigkeit dieser Tugenden für den Staat, die Landino mit Blick auf den jungen Lorenzo de' Medici auch besonders betont, können die *virtutes civiles* seiner Meinung nach dennoch den Menschen nicht zum Ziel seines Lebens führen, da sie nicht um ihrer selbst willen und *natura voce* erstrebt werden,[488] sondern allzu oft wegen der mit ihnen verbundenen Ehrungen.[489] Der Mensch aber, der durch die *mens* bestimmt ist, darf nicht auf der Stufe der politischen Tugenden verharren, sondern muß diejenigen anstreben, die ihren Wert in sich selbst tragen. Dies aber sind die in der vita contemplativa

---

[483] Land. D.C. 23, 24 - 24, 10: Res familiaris et domestica. Land. D. C. 24, 10 - 22: Res publica. Als Vorlage s. Macr. Comm. 1. 8, 7.

[484] Land. D. C. 23, 24 - 28. Die Hinzufügung der *pietas* zu den Kardinaltugenden könnte auf Augustinus zurückgehen; vgl. Kuntz, Plotin and Augustine 68.

[485] Land. D. C. 5, 6 - 12.

[486] Macr. Comm. 1. 8, 7.

[487] Land. D. C. 24, 10 ff. Vgl. zum Rednerideal auch ebd. 8, 9 ff.: qui docte, qui eleganter, qui ingeniose de rebus maximis disserere possint. Vgl. hierzu z. B. Cic. Tusc. 1, 7.

[488] Land. D. C. 43, 22 und 34, 38.

[489] Land. D. C. 46, 25 - 32: Nam etsi sit in virtute vis tantaque illius pulchritudo undique se nobis ostendat, ut etiam propter se illam expetere cogamur, tamen, quae hominis est sive in se ipso cognoscendo inscitia sive morum depravatio atque perversio, pauci omnino erunt, nisi magni quidam et praeclari honores proponantur, qui maiorem aliquem laborem aut gravius periculum suscipere velint, longeque plures invenias, qui virtutis insignia assequi laborent, quam virtutem suis praemiis spoliatam adament.

realisierten Tugenden des bereits gereinigten Geistes.[490] Denn letztendlich ist die Erkenntnis der Ursprung jeder Tugend, und diesen Ursprung gilt es anzustreben.

Die *inquisitio veri* ist demnach nicht nur deshalb höher einzuschätzen als die *actio*, weil sie der Geistnatur des Menschen entspricht, sondern auch, weil aus ihr alle Tugenden hervorgehen. Denn aus der Erkenntnis der in Gott ruhenden Idee der Tugend entstehen die letztgültigen Maximen eines ethisch vortrefflichen Handelns.

Die Katharsis durch die *virtutes purgatoriae* ist hierfür unabdingbar, da sie den Menschen für die Aufnahme des Göttlichen vorbereitet. Je mehr er sich nämlich vom Körperlichen trennt, umso intensiver kann er sich den *spiritualia* zuwenden.[491] Diese Erkenntnis, die im Rahmen der Seelenlehre bereits eingehend erläutert wurde, stützt Landino hier sowohl durch Zitate aus der philosophisch-heidnischen als auch aus der christlichen Tradition, was sein Bemühen um ein ausgewogenes Verhältnis zwischen diesen beiden Polen besonders deutlich macht.[492]

Zieht man das Fazit aus der Behandlung der Tugendlehre bei Landino, so sind zwei Aspekte festzuhalten. Es gibt keine Entwicklung weg vom aristotelisch-thomistischen hin zum neuplatonischen System, sondern ein synkretistisches Nebeneinander der beiden Tugendlehren, was für Landino ebensowenig ein methodisches Problem darstellte wie der Aufstieg seiner aristotelisch gegliederten Seele im System einer neuplatonischen Hierarchie. In den *Disputationes Camaldulenses* läßt Landino Leon Battista Alberti durch die Tugenddarstellung die Prävalenz des Komtemplativen im menschlichen Dasein nachweisen. Denn so unersetzlich die *virtutes civiles* auch für das menschliche Zusammenleben sind, und so sehr sich in ihnen auch die Bejahung gesellschaftlicher Ordnung spiegelt, so kommt der Primat dennoch der vita contemplativa und ihren Tugenden zu, da sie allein den Menschen zu dem ihm bestimmten Ziel führen kann und da allein aus ihr die *praecepta* des Lebens entstehen.

---

[490] Land. D. C. 36, 34 - 37, 7: Nam quis non videt id, quod propter se expetitur, eo quod non propter se, sed propter aliud volumus, pluris semper esse faciendum? Vgl. hierzu Thom. Sum. theol. II - II qu. 182, ar. 1: ... quia vita contemplativa magis propter se diligitur... und Arist. EN X 7. 1177 b.

[491] Land. D. C. 17, 26 - 18, 6: Hoc enim etsi maxime per eas virtutes, quae a mente sunt, assequatur, ... tamen, nisi omni perturbationum genere vacemus, frustra haec tentabimus ... Quapropter eas quoque virtutes adhibendas censent, quibus animi nostri ab omni vitiorum sorde expurgantur, atque ita adhibendas, ut inde initium suamus.

[492] Land. D. C. 18, 4 - 24. Zitiert werden: Plat. Phaed. 67 b 2; Matth. 5, 8; Hor. Ep. 1, 1, 41; Psalm 23, 3 - 4.

c) Maria optimam partem elegit
Die Lebensweisen im "Bild"

Bildlich-allegorische Darstellungen der verschiedenen Lebensweisen lassen sich in Literatur und bildender Kunst seit der Antike sowohl im Bereich der heidnischen als auch der jüdisch-christlichen Kultur nachweisen. Sie alle unterstreichen den Vorrang des kontemplativen Lebens, sei es, indem sie den Menschen in der Wahlsituation zeigen, sei es durch die Darstellung der negativen Folgen für denjenigen, der sich gegen das Gebot der *ratio* für die vita voluptuosa entscheidet. Man denke an die Darstellung des Herkules am Scheideweg bei Xenophon, die, von Cicero überliefert, nach langer Rezeptionspause im Mittelalter in der Renaissance große Bedeutung gewann.[493] Schon Petrarca verband die ciceronianische Überlieferung mit der Tradition der *Pythagorica littera* (Y),[494] welche bereits Servius im Rückgriff auf Persius als Symbol der Trennung des Lebensweges in Tugend und Laster verstand, und die durch Laktanz Eingang in die christliche Literatur gefunden hatte.[495] Coluccio Salutati verarbeitete den Stoff zusammen mit dem der beiden senecanischen Dramen in seinem Werk *De laboribus Herculis*.[496]

Landino schließt in den *Disputationes* an seine Erwähnung der *Pythagorica littera*[497], mit der er wahrscheinlich eben auf Salutati zurückgreift, den Mythos

---

[493] Xen. Mem. 2, 1, 21 ff. Cic. De off. 1, 118; 3, 25. Grundlegend hierzu immer noch E. Panofsky, Hercules am Scheidewege und andere antike Bildstoffe in der neueren Kunst, Studien der Bibliothek Warburg XVIII, Leipzig/ Berlin 1930.

[494] Petr. De vita sol. 322; 332; 550; Petr. Ep. fam. 12, 3, 5 ff. vgl. dazu die Anmerkung bei Rossi, Bd. 3, 18.

[495] Vgl. hierzu Mommsen, JWCI 16, 1953, 178 - 92, hier bes. 183 - 87.

[496] Salut. De lab Herc. I 181 ff. bes. I 181, 30 - 182,9: Liberato itaque Hercule ab anguibus in primis cunabulorum crepundiis usque in adolescentiam eius nichil prosus occurrit, nisi quod teste Cicerone legimus, prout apud Xenophontem esse profitetur, ut in hoc Marci, imo ipsius eloquentie, verbis utar, *Herculem Prodicus dicit, ut est apud Xenophontem, cum primum pubesceret (quod tempus a natura ad eligendum quam quisque viam vivendi sit ingressurus datum est) exisse in solitudinem atque ibi sedentem secum multumque dubitasse cum duas cerneret vias, unam voluptatis, alteram virtutis, utram ingredi melius esset.* Und ebd. I 182, 23 - 24: Invenit enim Pythagoras Samius litteram Y, que figura est humane vite. Vgl. auch ebd. II 572.

[497] Land. D. C. 121, 15 - 23: Est enim iam ad illud Pythagoricae litterae bivium perventum et iam *vitae nescius error,* ut est apud Persium, *deduxit trepidas ramosa in compita mentes.* Unde cum discesserimus, necesse est, ut vel recta pergamus vel in sinistram deflectamus. Nam quae deinceps agimus, quoniam certa quadam ratione agimus, si recta fuerint, virtuti, sin contra vitio adscribuntur. Vgl. auch 247, 28 - 248,

des Parisurteils an, der seit Fulgentius als Allegorie für die Entscheidung zwischen vita activa, vita contemplativa und vita voluptuosa verstanden wurde.[498] Ihren künstlerischen Ausdruck fanden beide Überlieferungen in Raffaels Gemälde "Der Traum des Scipio", auf dem dem schlafenden Ritter zwar - wie dem Herkules - nur zwei Frauen erscheinen, die aber die Attribute der drei Lebensformen bei sich tragen.[499] Signifikant ist, daß die eine Frauengestalt, Buch und Schwert als Symbole für Intelligenz und Mut haltend, das kontemplative und das aktive Leben in ihrer Person vereinigt und damit den Weg der Tugend verkörpert, während die andere, eine Blume in der Hand, die ins Laster führende vita voluptuosa versinnbildlicht. Das Bild faßt die beiden den Menschen zum höchsten Gut führenden Lebensweisen in einer Person zusammen und erinnert in seiner das Ideal des *homo universalis* repräsentierenden Ikonographie an das oben erwähnte Porträt Federigo da Montefeltros, der ebenfalls mit Buch und Schwert dargestellt wurde.

Die beiden heidnischen Mythen, die weniger auf die Inhalte der Lebensweisen als auf die Entscheidung zwischen ihnen abzielen und damit auch als Allegorie der menschlichen Willensfreiheit verstanden werden können, sind für den christlichen Bereich am ehesten mit den Gleichnissen vom engen und breiten Weg oder der engen und weiten Pforte zu vergleichen.[500] Die Personifikation der Lebensformen setzt sich im Alten Testament mit Lea und Rachel, im Neuen Testament in Martha und Maria und in der Zuweisung der Apostel Paulus und Petrus zu *actio* und *contemplatio* fort.[501]

---

6. Über den Herkulesmythos s. auch Land. De anima II 121 - 122: Refert Prodicus Chius consultanti aliquando in adolescentia sua Herculi, utram viam sequeretur voluptatisne an virtutis, duas se matronas ultro optulisse: quarum cum altera omnibus delitiis exornata, variarumque voluptatum agmen post se habens, atque illa omnia longeque plura Herculi, si se sequi vellet, polliceretur. Altera venerando vultu gravitatis severitatisque plena nihil tale promitteret, sed labores, pericula sudoresque multos proponeret, quorum tamen praemium esset, ut deus efficeretur, maluisse hanc Herculem quam illam sequi. Vir enim, egregia quadam ingenii excellentia rem cunctam ex vero, nihil ex libidine iudicans, virtutem veluti proprium hominis bonum sequendam decrevit; voluptates vero, corporeorum sensuum oblectamenta, omnino contempsit.

498 Hom. Il. XXIV 25 - 30; Fulg. Mythol. II 1. Zur Interpretation des Parisurteils durch Ficino s. Kristeller, Philosophie 341 ff.

499 Zur ausführlichen Interpretation s. Panofsky, Hercules 39 ff. und Wind, Mysterien 99 ff.

500 Matth. 7, 13. Luk. 13, 22.

501 Zu Lea und Rachel s. 1 Mose 29, 1 ff. Zu Martha und Maria s. Luk. 10, 38 - 42. Zu Petrus und Paulus bei Augustinus s. Bonnell, Italica 43, 1966, 225.

Schon Augustinus[502] interpretierte die Geschichte von Jakob und seinen beiden Frauen als das Aufeinanderfolgen irdischen Handelns und himmlischer Kontemplation, wobei die erste Frau, Lea, toleriert, die zweite, Rachel, aber von Jakob geliebt worden sei.[503] Augustinus weist zwar der Kontemplation den Vorrang zu, betont aber, daß beide Schwestern, auch die triefäugige, zu klarer Erkenntnis unfähige Lea, Töchter des einen Laban seien, der als Sinnbild der Sündenvergebung verstanden wird, d. h. beide Frauen sind reinen Ursprungs.[504] Gregor der Große folgt in seiner Bewertung Augustinus und betont, daß es der rechte Ablauf sei, von Lea zu Rachel, vom aktiven zum kontemplativen Leben zu gelangen.[505]

Im Sinne der Kirchenväter allegorisiert auch Landino die Genesis-Passage, nachdem schon Salutati diese ausführlich behandelt hatte.[506] Während sich Salutati auf Lea und Rachel als Symbole aktiven und kontemplativen Lebens konzentriert,[507] handelt Landino diese nur kurz ab, um sich ihrem neutestamentlichen Pendant, Martha und Maria, zuzuwenden:

> *Nam quod ad Christianos attinet, res ita in aperto sita est, ut probatione non egeat. Nam et in priscis Hebraeorum litteris sub Rachelis et in iis, quae a Christo fluxerunt, sub Mariae nomine speculationem expressam atque rursus illic per Lyam, hic vero per Martham actionem demonstratam videmus.*[508]

---

502 Aug. Contr. Faust. 22, 52 - 58 Migne PL 42, 432 - 37. Vgl. hierzu Kuntz, Plotin and Augustine 70 ff.

503 Aug. Contr. Faust. 22, 52: Dicunt enim quod Lia interpretatur laborans, Rachel autem Visum principium, ... Actio ergo humanae mortalisque vitae, in qua vivimus ex fide, multa laboriosa opera facientes, incerti quo exitu proveniant ad utilitatem eorum quibus consulere volumus, ipsa est Lia prior uxor Jacob: ac per hoc et infirmis oculis fuisse commemoratur. ... Spes vero aeternae contemplationis Dei, habens certam et delectabilem intelligentiam veritatis ipsa est Rachel: unde etiam dicitur bona facie et pulchra specie.

504 Aug. Contr. Faust. 22, 54: Ambae quippe sunt filiae remissionis peccatorum, hoc est dealbationis, quod est Laban. Verum tamen una amatur et altera toleratur.

505 Greg. Homil. in Ezech. 2, 2, 10 - 12; CCL 142, 231 - 33.

506 Salut. Ep. III 306: Nunc autem, sicut in hac vita Lia precedit in ordine, sic remanet post Rachelem in illa vite eternitate.

507 Salut. Ep. III 306; III 581. Eine künstlerische Umsetzung erfuhren Lea und Rachel im Grabmal Julius II., das Michelangelo in San Pietro in Vincoli errichtete. Das nach zahlreichen Veränderungen schließlich realisierte Konzept zeigt rechts und links in zwei Nischen die Statuen von Lea und Rachel als Symbole des aktiven und des kontemplativen Lebens, während der gehörnte Moses, in der Mitte thronend, die Vereinigung beider Lebensformen verkörpert. S. hierzu Panofsky, Studies 187 - 99.

508 Land. D. C. 16, 1 - 5. Zu Lea und Rachel vgl. auch 19, 8 - 12: Si enim verum veluti finem in speculatione proponimus, quis nescit verum soli intellectui subiacere?

Für den Nachweis des Primats der vita contemplativa ist für Landino die Martha-Maria Episode konstitutiv,[509] da sie den durch die neuplatonische Philosophie bereits erwiesenen Vorrang der Kontemplation durch ein Exemplum aus der christlichen Glaubenslehre stützt. Das Modell von Martha und Maria macht zusätzliche Koordinaten für die Wertung des aktiven und des kontemplativen Lebens bei Landino deutlich. In Martha und Maria stehen sich Bewegung und Ruhe, Sinne und Geist, Vergänglichkeit und Ewigkeit und als Höhepunkt der Klimax Tier und Gott wie Schlagworte kontrastierend gegenüber.[510] Es sind dies die Extreme, zwischen denen sich der Mensch in seiner *media qualitas* bewegen kann, so daß die Frage nach der Stellung des Menschen im Universum auch in diesem Kontext präsent bleibt.[511] Interessant ist weiterhin, daß Landino bei der Interpretation des Bibelwortes mit dem Begriff *hyle* in der neuplatonischen Terminologie bleibt,[512] worin sich erneut die Verschmelzung heidnischer Philosophie mit christlichem Glauben in seinem Denken exemplarisch zeigt.

Zentral für die vorliegende Fragestellung aber ist das Urteil, das Christus angesichts der unterschiedlichen Lebensweisen fällt:

Quapropter Rachelem, quam speculationis symbolum ponunt, principii visionem ii, qui Hebraice norunt, interpretantur. Und ebd. 25, 9 - 16: Fateor tamen difficile esse illarum exactam omnino cognitionem habere eum virum, qui assiduis privatis publicisque negotiis occupetur. Quam causa fuisse non ignoro, cur Lyam, quae actionis symbolum in Hebraeorum litteris obtinet, lippam dixerint, sed omnino fecundam, quia, dum circa plurima distrahitur, minus haec suspicere valet, verum cum de multis bene merita sit, plurimos veluti liberos suo sibi beneficio devincit. In seinem Dante-Kommentar (Inf. II 93 - 103; Purg. XXVII 101 - 105) interpretiert er Lea als die virtù civili, Rachel als die virtù contemplativi. Vgl. hierzu Lentzen, Studien 109, Panofsky, Studies 138 - 39 und Land. Proem. al Comm. Dant. 105, 20 - 106, 24.

509 Luk. 10, 38 - 42. Vgl. dazu J. Hastings, A Dictionary of the Bible, New York 1900, Bd. III 277 f. J. Benton, Martha and Mary, New York 1947.

510 Land. D. C. 37, 7 - 18:

Maria (contemplatio)	Martha (actio)
- in otio et in quiete	- non sine strepitu et tumultu
- otiosa sedet	- properabunda omnia lustrat
- semper divina intueatur	- ab hyle non discedat
- sola mente	- sensibus
- qui inmortali est	- qui a corpore pendet
- cum deo	- cum pecude

511 Vgl. hierzu vor allem Pico, De dignitate 6: Poteris in inferiora quae sunt bruta degenerare; poteris in superiora quae sunt divina ex tui animi sententia regenerari.

512 Land. D. C. 37, 11 - 14: Nec mirum, cum altera ab hyle non discedat, in qua omnia tumultuantur et variis perturbationum fluctibus aestuant, altera defixis oculis divina semper intueatur, quae nulla unquam contingit perturbatio. Zum Stichwort *hyle* vgl. Macr. Comm. 1. 12, 7; 1. 12, 11.

Maria optimam partem elegit, quae non auferetur ab ea.[513]

Damit gibt er zwar der vita contemplativa den Vorzug, läßt aber auch die vita activa als *bona pars* gelten.[514] In dieser Interpretation schließt sich Landino unmittelbar an Augustinus an.[515] Auf dem Nebensatz bei Augustinus, *quo tamen praefiguraret illud quod futurum est in aeternum*, baut Landino ein weiteres Argument für die Überlegenheit der vita contemplativa auf. Das Leben in der Kontemplation nimmt nämlich den Zustand vorweg, in dem sich die menschliche Seele nach ihrer Rückkehr zu Gott befinden wird und der dann niemals mehr von ihr genommen werden wird.[516] So ist die Kontemplation, die dem Ideal der ewigen göttlichen Ruhe entspricht, der Aktion vorzuziehen, die sich nur mit Vergänglichem beschäftigt und keine Zeit läßt, sich den göttlichen Dingen zu widmen.[517]

Um den Aspekt von Ruhe und Bewegung noch zu akzentuieren, verbindet Landino das Bild von Martha und Maria mit einer Schiffahrtsmetapher, wobei Martha die stürmischen Fluten zugewiesen werden, Maria aber dem ruhigen Hafen entspricht.[518] Wichtig für die Wertung der beiden Lebensformen ist

---

513 Luk. 10, 42.

514 Land. D. C. 37, 18 - 25: Quam ob rem divinissime ab ipsa divinitate locus concluditur: elegisse optimam partem Mariam, quae non auferetur ab ea. Dixit optimam, ut intelligas et actionem bonam esse, sed longe tamen superari. Nam quod ab ea non auferetur, facile convincitur. Si enim animi nostri a deo creati ad deum redituri sunt et in eo contemplando acquieturi, quis non intelligat humana negotia quandoque cessatura ac penitus intermoritura, nos autem deum intuendo felicissime acquieturos. Als Vorlage s. hierzu Aug. De Trin. 1, 10; CCL 50, 56 - 57. Lorenzo de' Medici hat dieses Verständnis der Bibelstelle offenbar von seinem Lehrer Landino übernommen, verwechselt aber Maria mit Maria Magdalena. Lorenzo de' Medici, L'Altercazione 3, 103 - 105: Ottima parte elesse Maddalena poi ch'una delle due è necessaria quella di Marta è d'inquieta pena. Vgl. ebd. 3, 113 - 18 und A. Buck, Der Platonismus in den Dichtungen Lorenzo de'Medicis, Berlin 1936, 84 ff und Wadsworth, Modern Philology, 50, 1952/53, 28.

515 Zur Auslegung bei Augustinus s. o. Kap. II Anm. 46 ff. Aus den zu dieser Thematik grundlegenden Sermones 103 und 104 seien hier nur zwei Beispiele gegeben. Aug. Serm. 103, 2; Migne PL 38, 614: Marthae et Mariae officium utrumque bonum; melius tamen Mariae. Ebd. 104, 2: In his duabus mulieribus duas vitas esse figuratas, praesentem et futuram, laboriosam et quietam, aerumnosam et beatam, temporalem et aeternam.

516 Land. D. C. 37, 20 - 25. Ähnliche Gedanken s. auch bei Fic. Theol. Plat. III 143.

517 Land. D. C. 36, 29 f.; 37, 10 ff.

518 Land. D. C. 10, 15 ff; 47, 28 ff. Auch dieses Motiv findet sich bereits bei Augustinus, Serm. 104, 3; Migne PL 38, 617: Tu navigas, illa iam in portu est. Die *portus*-Symbolik findet sich bei Landino bereits in der Vergilvorlesung, Cod. Cas. 1368, fol. 132 v: Proficiscentibus enim ad ipsam speculationem primo sapientia oblata est portus. Und ebd. fol. 204: Ut autem portum pro tranquillitate mentis ponamus non

weiterhin, daß Martha Maria um Hilfe bittet und nicht etwa umgekehrt.[519] Soll Handeln sinnvoll und ethisch gut sein, so bedarf es der Lenkung durch den Geist.

Landinos Interpretation endet - und dieser Vorgriff auf die Gesamtwertung sei hier gestattet - wie die des Augustinus und Gregors des Großen nicht mit einer scharfen Kontrastierung beider Frauen und ihrer Lebensweisen, sondern mit dem Versuch ihrer Harmonisierung:

> *Non enim ita adversa, ita inter se pugnantia sunt, ut aliquo modo coire non possint. Sorores enim sunt sub eodem tecto habitant Maria atque Martha. Ambae deo placent: Martha ut pascat, Maria ut pascatur. Ambae bonae, sed altera laboriosa, altera otiosa, ita tamen, ut neque labor flagitium neque otium desidiam pariat. Quapropter haerebimus Marthae, ne humanitatis officium deseramus. Multo tamen magis Mariae coniugemur, ut mens nostra ambrosia nectareque alatur.*[520]

In der für die *eruditio* eines jungen Fürsten angemessenen Weise wird von Landino das aktive Leben als notwendig und gottgefällig beschrieben. Der Primat freilich, *multo tamen magis*, kommt Maria und der vita contemplativa zu, was den Ergebnissen der philosophischen Überlegungen zur Seelen- und Tugendlehre entspricht. Indem sich Landino jedoch der augustinischen Interpretation anschließt, eröffnet sich zugleich die Möglichkeit der Konstituierung einer vita composita, wie sie gerade von diesem Kirchenvater postuliert wurde.

---

absurdum, in portu enim fessi naute variisque periculis acti scilicet plurimisque laboribus affecti quiescunt ibique restaurantur. Preterea semper Vergilius portum sic intellexit. In primo enim portum describendo dicit: est in secessu longo locus ... demonstrat ipsam vitam quietam et speculativam seclusam esse a ceteris humanis curis, quibus mens implicata in calamitatibus versatur perturbationibusque vexatur. Ferner Land. De anima I 2 ff. und schließlich Land. D. C. 51, 15 und 209, 5 - 11.

519 Land. D. C. 41, 23 - 24: Poscebat igitur opem Martha quia sine veri investigatione nihil paene perficit actio. Vgl. Luk. 10, 40 und Lentzen, Studien 102.

520 Land. D. C. 47, 18 - 25. Diese Ausführungen Landinos decken sich nahezu wörtlich mit Aug. Serm. 103, 2; Migne PL 38, 613: Martha et Maria duae sorores erant, ambae non solum carne, sed etiam religione germanae; ambae Domino cohaeserunt, ambae Domino in carne praesenti concorditer servierunt.

2. Vita activa

Als Widerpart zu Leon Battista Alberti übernimmt Lorenzo de' Medici die Verteidigung des Primats der vita activa. Wie er selbst richtig einschätzt, trägt er seine Argumente *declamatorie magis quam philosophice* vor und beruft sich für diesen Stil einer rhetorischen Übung auf seinen Lehrer Landino.[521] Da Lorenzo nur wenige Vorbilder einer philosophischen Lobpreisung des aktiven Lebens zu Gebote stehen, konzentriert er sich auffallend auf die rhetorische Durchgestaltung seines Vortrages. Lorenzo, der seine Rede als Beitrag in einem *certamen* konzipiert, kontrastiert die beiden Lebensformen bewußt, während Alberti schon in seiner ersten Rede deren Versöhnung angestrebt hatte.

Durch zahlreiche rhetorische Fragen, z. T. durch Verkürzung zur Klimax gesteigert,[522] durch pejorative Wortwahl für den Kontext der Philosophie und der vita contemplativa sowie durch die Verwendung eindrücklicher Bilder, Vergleiche und Exempla läßt Landino den jungen Fürsten seine Antithese prägnant vortragen und seine Zuhörer in Form einer Suasorie zu seiner Kernaussage führen: *praeponenda est igitur actio*.[523] Den Schwerpunkt seiner Darlegung bildet die *civilis actio*, die Handlung des Menschen als Bürger im Rahmen und zum Nutzen einer staatlichen Gemeinschaft.[524]

Da aber Alberti sein Hauptargument für den Vorrang der Kontemplation aus der Definition des Menschen als Geistwesen abgeleitet hatte, beginnt auch Lorenzo seine "Gegendarstellung" mit dem Rückgriff auf die Beschaffenheit der menschlichen Natur.

---

521 Land. D. C. 35, 18 - 22.

522 Allein in Land. D. C. 28, 1 - 35, 27 finden sich 26 rhetorische Fragen. Als Beispiel einer Klimax, für die Wortwahl und die Verwendung von Possessivpronomina und Negationen zur Polarisierung s. Land. D. C. 29, 13 - 18: Inter quos si vester hic sapiens otiosus oscitansque assit secumque et apud se in sua solus bibliotheca delitescens nusquam discedat nullique admisceatur, nemiminem salutet, nullam neque privatim neque publice operam praestet, quas illius in re publica partes esse dicemus? Quod symbolum ad vitam humanam conferre? Ubi illum constituemus? Quo dirigemus? Zur Wortwahl s. weiterhin ebd. 28, 6 marcescens; 29, 20 ignavus fucus.

523 Land. D. C. 26, 29 - 30.

524 Land. D. C. 26, 11 - 14; 26, 24 - 27.

a) Homo est corpus atque animus

Während Leon Battista Alberti davon ausging, daß der Mensch durch die *mens* definiert werde, da ihm alles Körperliche auch mit den Pflanzen und Tieren gemeinsam sei, betont Lorenzo, daß der Mensch aus der unauflöslichen Einheit von Körper und Geist bestehe und es daher nicht legitim sei, den einen Teil losgelöst vom anderen betrachten zu wollen. Indem Landino den Menschen mit einem Zweigespann vergleicht, bei dem man nur beide Pferde zusammen betrachten dürfe, spielt er auf den platonischen Phaidros an, und obwohl dort die beiden Pferde für zwei Seelenteile und nicht für Körper und Geist des Menschen stehen, genügt dieser Hinweis, um seinen Ansatz durch die Autorität Platons zu stützen.[525] So gründet Lorenzo sein erstes Argument auf ein *factum inconcussum*, dem auch Alberti beitreten muß. Als Vorlage für die Betonung der "Doppelnatur" des Menschen könnte das fünfte Buch von *De finibus* gedient haben, in dem Cicero, Antiochos von Askalon folgend, sowohl diese zusammengesetzte Natur des Menschen als auch dessen Auftrag in der und für die Gemeinschaft hervorhebt.[526] Wie Cicero fordert auch Lorenzo, daß mit Blick auf diese Beschaffenheit des Menschen diejenige Lebensform zu wählen sei, die beide Vermögen, die körperlichen wie die geistigen, optimal auspräge.[527] Diese Forderung erfüllt seiner Ansicht nach jedoch am ehesten die vita activa:

> *Ratio autem vivendi, quae civili actione perficitur, hoc praestare ex eo convincitur. Quod virtutes de vita et moribus, qui civiles actiones diriguntur, et corpus simul et animum incolumes servant. Illis enim cum valitudo roburque membrorum omnium sensuumque integritas servatur, tum animus ab omni vitiorum labe impollutus custoditur.*[528]

Diese Begründung erscheint - versucht man sie in den Gesamtzusammenhang der landinischen Argumentation einzuordnen - in zweifacher Hinsicht

---

525 Land. D. C. 26, 15 - 22.

526 Cic. De fin. 5, 34: Atqui perspicuum est hominem e corpore animoque constare. Über die Güter, die außerhalb von Körper und Geist in der menschlichen Gemeinschaft liegen s. ebd. 5, 68: Ita fit, ut duo genera propter se expetendorum reperiantur, unum, quod est in iis, in quibus completur illud extremum, quae sunt aut animi aut corporis; haec autem, quae sunt extrinsecus, id est quae neque in animo insunt neque in corpore, ut amici, ut parentes, ut liberi, ut propinqui, ut ipsa patria, sunt illa quidem sua sponte cara, sed eodem in genere, quo illa non sunt.

527 Cic. De fin. 5, 44: Cognitio autem haec est una nostri, ut vim corporis animique norimus sequamurque eam vitam, quae rebus iis ipsis perfruatur. Land. D. C. 26, 21 - 24: Id totum nobis proponimus, quod ex animo atque corpore constat. Hoc igitur si das, ego mihi ita persuadebo id vitae genus praeferendum, quod non horum alterum sed utrunque servet atque perficiat.

528 Land. D. C. 26, 24 - 29.

problematisch. Erstens stellt sich die Frage, welcher Zusammenhang zwischen körperlicher Unversehrtheit und bürgerlichen Tugenden besteht, und zweitens scheint es der zuvor explizierten Seelenlehre zu widersprechen, wenn Lorenzo die inkarnierte Seele als *animus impollutus* apostrophiert. Ein Hinweis auf die Lösung der ersten Frage findet sich in der Vergilvorlesung von 1462/ 63. Hier erläutert Landino, daß den vier Kardinaltugenden der Seele ebenso vier des Körpers entsprechen:

> *Nam singulis animi virtutibus sunt annexae aliae corporis virtutes. Sunt autem, ut vulgatissimum est quatuor animi virtutes: prudentia, fortitudo, iustitia et temperantia. Prudentia in corpore dicitur vivacitas, iustitia dicitur valitudo, fortitudo robur, temperantia vero pulchritudo, quae est contemperantia quarundam colorum et aliarum rerum in corpore, ut neque parum aut nimis sint.*[529]

Werden demnach die Tugenden der Seele auf ihrer untersten Stufe, im Leben in der Gemeinschaft, verwirklicht, so wirkt dies zugleich auf die an sie gebundenen Tugenden des Körpers. Stimmt dieser Bezug, so ist auch die Benennung mit *valitudo* und *robur* nicht zufällig, sondern bezeichnet gerade die körperlichen Äquivalente der beiden Haupttugenden der *civilis actio*, *iustitia* und *fortitudo*. Untersucht man die zweite Frage nach der Wirkung der bürgerlichen Tugenden auf den *animus*, so zeigt sich, daß diese Äußerung Lorenzos nicht in die Tugendkonzeption Landinos einzuordnen ist. Während Landino Alberti nämlich betonen läßt, daß der *animus* durch den Fall in den Körper befleckt oder - wie Plotin es ausdrückt - verdunkelt werde und der Reinigung bedürfe, läßt er Lorenzo von einem *animus impollutus* sprechen, der durch die bürgerlichen Tugenden, die *virtutes civiles*, rein gehalten werde. Da Landino das Wort *impollutus* durchaus richtig verwendet, ist ein lexikalisch-semantischer Fehler auszuschließen.[530]

Um den Widerspruch zu lösen, müssen die Argumentationsebenen der beiden Redner streng getrennt werden. Die Darlegungen Lorenzos sind frei von jedem metaphysisch-ontologischen Anspruch und bewegen sich stattdessen in rein diesseitigen, ethischen Dimensionen. In diesem Kontext kommt der untersten, bürgerlichen Tugendstufe die Aufgabe zu, den politisch Handelnden vor korrumpierenden Einflüssen zu schützen und angesichts der mannigfaltigen *cupiditates* und *perturbationes* der *vita civilis* dessen Integrität zu bewahren.[531] Mit der Reinigung der Seele von allen körperlichen Begierden oder gar mit der Loslösung der Seele von aller Körperlichkeit in dem von Alberti vorgestellten

---

529 Cod. Cas. 1368, fol. 50.

530 Vgl. so z. B. Land. D. C. 253, 15 - 16: Cum enim divina, quae purissima et ab omni labe corporea <u>impolluta</u> sunt.

531 Land. D. C. 154, 4 - 15.

neuplatonischen Sinne hat dies freilich nichts zu tun, da die *vitia* im rein ethischen Rahmen auf die Versuchungen des politischen Miteinanders bezogen werden.

Im Gegensatz zu Alberti fordert also Lorenzo die im aktiven Leben verwirklichte Gleichberechtigung von Körper und Seele. Jener hatte ja dem Körper nur subalterne Funktionen während der *vita mortalis* eingeräumt und beklagte ansonsten die zu intensive Beschäftigung des Menschen mit seinen körperlichen Bedürfnissen und dessen damit verbundenes Absinken in die animalische Daseinsstufe.[532] Eine Aufwertung erfuhr die Stellung des Körpers gegenüber der des Geistes während der Renaissance durch die verstärkte Rezeption epikureischen Gedankengutes. Ein Beispiel hierfür bietet der 1431/ 32 von Lorenzo Valla verfaßte Dialog *De vero falsoque bono*,[533] in dem ein Stoiker (Leonardus), ein Epikureer (Antonius) und Niccolo Niccoli als Vertreter einer Verbindung von Epikureismus und Christentum über die *voluptas* und ihren Stellenwert im menschlichen Leben disputieren. Hier wird von Seiten des Epikureers eine Zweiteilung des *voluptas*-Begriffes abgelehnt, da einerseits jedes Lustgefühl vom den Körper regierenden Geist aufgenommen wird, der Geist aber andererseits auf körperliche Reize angewiesen ist. Die mit der strengen dualistischen Teilung des Menschen in Körper und Geist verbundene Abwertung der Körperlichkeit wird so relativiert.[534] Nicht Befreiung der Seele vom Körper bedeutet für ihn die Erfüllung menschlichen Seins, sondern die im christlichen Glauben verankerte Auferstehung von Geist und Fleisch in die Herrlichkeit Gottes.[535]

Auch wenn sich am Text unmittelbare Bezüge zur Argumentation bei Landino nicht nachweisen lassen, so paßt die Rezeption des Epikureismus zu dieser dem Diesseits zugewandten Zeit, die allerdings körperliche Schönheit

---

[532] Land. D. C. 14, 23 - 26: Nam quanvis plerique mortales aut somno ventrique dediti aut venereis illecebris deliniti et humi semper proni nihil altum suspiciant, non video, cur hominibus potius quam pecudibus annumerandi sint. Vgl. hierzu Sall. Cat. 1, 1: ne vitam silentio transeant veluti pecora, quae natura prona atque ventri oboedientia finxit. Und Plat. Rep. IX. 586 a.

[533] Lorenzo Valla, De vero falsoque bono, ed. M. de Panizza Lorch, Bari 1970 und Lorenzo Valla, De voluptate. On Pleasure. Engl.- lat. by M. de Panizza Lorch/ K. Hieatt, New York 1979.

[534] Valla, De voluptate 28, 5: Verum Aristoteles duas et ipse voluptates facit, unam in sensibus et quandam aliam in mente. At ipse non intelligo, cum unum atque idem nomen sit, quo pacto possimus rem facere diversam. Atque eo quidem magis quod omnis voluptas non tam corpore sentitur quam animo qui corpus moderatur, quod, ut opinor, sensit Epicurus. Aut quis dubitat et voluptates corporis adiuvante animo et voluptate subserviente corpore generari? Quid enim fere versamus in mente non quasi corporeum, hoc est secundum ea que vidimus, audivimus, aliquo sensu percepimus?

nicht nur bewundert und nachgebildet, sondern ihr als Abbild göttlicher Schönheit auch einen festen Platz im Heilsplan zugewiesen hat.

b) Tätigkeit als wahre Bestimmung menschlichen Daseins

Der Mensch als ζῷον πολιτικόν

Schon Aristoteles hatte grundgelegt, daß der Mensch von Natur aus, φύσει, und nicht, wie Platon es im Staat angenommen hatte, durch Übereinkunft zum Leben in der Gemeinschaft bestimmt sei.[536] Aus diesem Ansatz läßt Landino Lorenzo das zweite, weitaus stichhaltigere Argument für den Primat des aktiven Lebens schöpfen, ohne jedoch auf Aristoteles zu verweisen oder eine eingehende philosophische Erläuterung zu geben. Da - wie bei der Einbeziehung der neuplatonischen Philosophie in der Rede Albertis - Andeutungen und Stichworte zur Orientierung des gebildeten Rezipienten dieser Zeit genügen, umfaßt die den Abschnitt einleitende Frage zugleich dessen Grundgedanken:

> *Illud autem quis non videat ad concilia coetusque celebrandos et ad communem societatem conservandam nos parentem optimam naturam produxisse?*[537]

In diese die Bestimmung des Menschen ganz auf das Leben in der Gemeinschaft konzentrierende Definition menschlichen Daseins, die in ihrer Terminologie auf Cicero zurückgreift, integriert Landino dann die Grundzüge der stoischen οἰκείωσις-Lehre, wie sie ebenfalls bei Cicero ihren Niederschlag gefunden hat. Der Mensch liebt demnach nicht nur sich selbst und seine Verwandten, sondern ist als ζῷον κοινονικόν durch das Band des allwirkenden λόγος mit Freunden, dem Gemeinwesen, ja schließlich mit der ganzen Schöpfung verbunden.[538] Dieser Bestimmung als Gemeinschaftswesen kann der

---

535 Panizza, Active and Contemplative 205 und 208. Zum christlichen Epikureismus s. Kristeller, Eight Philosophers 32.

536 Arist. Pol. I 2. 1253 a. Vgl. dazu Plat. Rep. II. 369 b ff. für die Gründung der Gemeinschaft aus χρεῖα und Pohlenz, Stoa I 132.

537 Land. D. C. 26, 32 - 27, 1.

538 Land. D. C. 14, 29 - 15, 3; 23, 28 - 24, 10. Diese Gedanken ebenfalls in Land. Praef. in Tusc. 15, 8 - 14: Praesertim cum id, si homines sumus, quod a divinissimo Platonis oraculo editum omnes oratione usurpamus, pauci actione perficimus, memori sit semper mente volvendum, ut non nobis solum nos, sed parentibus liberisque nostris, sed cognatis et amicis, sed civibus denique ac universo mortalium generi natos esse intelligamus illisque, quoad fieri possit, usui simus. Vgl. auch Land. De vera nob. 78: Perstrinximus breviter quidem sed tamen, ni fallor, absolute virtutes eas, quibus animi

Mensch aber nur entsprechen, wenn er Staaten gründet und verwaltet.[539] Damit betont Lorenzo nochmals, daß - zumal für ihn als kommenden Staatsmann - der Schwerpunkt der *civilis actio* nicht im häuslich-ökonomischen Bereich, sondern im politisch-wirtschaftlichen Handeln für den Staat zu finden ist. Hierzu stimmt vorzüglich, daß die vita activa durch eine Umdeutung des Christuswortes *diliges proximum tuum, sicut te ipsum*[540] als Gebot einer auf den Staat applizierten Nächstenliebe interpretiert wird, da dem Menschen niemand näher stehe als der Staat, in dem er lebe.[541]

In dieser extremen Auslegung spiegelt sich eine angesichts des heutigen abstrakten Staatsbegriffs schwer nachvollziehbare Auffassung von Staatlichkeit, die bereits Ansätze der rund 200 Jahre später verwirklichten absolutistischen Monarchien erkennen läßt. Dem Staat nämlich kann der Bürger seine Liebe nur zeigen, indem er sich von ihm in Dienst nehmen läßt. Diese "Disziplinierung"[542] aller Bevölkerungsschichten zum Wohle des Staates wird hier schon von Lorenzo de' Medici gefordert:

> *Indiget (sc. res publica) cive, qui magistratus prudenter iusteque administret, indiget imperatore, indiget milite.*[543]

Wer aber seinen Beitrag zur *salus rei publicae* verweigert, wie dies in Lorenzos Augen die Philosophen tun, handelt gegen eben diese Naturbestimmung des Menschen als Gemeinschaftswesen, wobei die von Landino

---

nostri ita exculti, ita tum inter sese tum erga alios pacati tranquillique redduntur, ut humanam societatem, ad quam nos natura produxit, firmissimo caritatis vinculo connexi colant agitentque, quibus quidem ducibus ad eam excellentiam devenimus, ut et ipsi veram nobilitatem acquiramus et illa rem nostram publicam optimis institutis apprime nobilitemus. In diesem Sinne auch ebd. 98. Als Quellen hierzu s. Plat. Ep. 9 (ad Archytam) 358 a 2 - 5: ἀλλὰ κἀκεῖνο δεῖ σε ἐνθυμεῖσθαι, ὅτι ἕκαστος ἡμῶν οὐχ αὑτῷ μόνον γέγονεν, ἀλλὰ τῆς γενέσεως ἡμῶν τὸ μέν τι ἡ πατρὶς μερίζεται, τὸ δέ τι οἱ γεννήσαντες, τὸ δὲ οἱ λοιποὶ φίλοι. Cic. De fin. 2, 45. Zum Menschen als ζῷον κοινονικόν vgl.weiterhin Pohlenz, Stoa I 115 und dazu SVF III 686, 346; Cic. De fin. 3, 65: Quodque nemo in summa solitudine vitam agere velit ne cum infinita quidem voluptatum abundantia, facile intellegitur nos ad coniunctionem congregationemque hominum et ad naturalem communitatem esse natos. Und Cic. De off. 1, 12.

539 Land. D. C. 27, 1 - 2: Hoc autem, nisi civitates constituamus, nulla ratione poterimus.

540 Land. D. C. 34, 31 - 35, 3 zu Matth. 22, 39

541 Land. D. C. 35, 4 - 5.

542 Zu diesem Begriff s. grundlegend G. Oestreich, Strukturprobleme des europäischen Absolutismus, in: Geist und Gestalt des frühmodernen Staates, Berlin 1969, 179 ff.

543 Land. D. C. 35, 8 - 10.

daraus gezogene Konsequenz das von Aristoteles gefällte Urteil, φαῦλος,[544] an Schärfe noch übersteigt. Da nämlich der Mensch nur durch seine Funktion als Bürger im Staat als Mensch definiert wird, ist ihm folgerichtig das Menschsein abzusprechen, wenn er seinen Pflichten als Bürger nicht nachkommt:

> *Nec homo is appellandus est, qui non civis sit, nec civis, qui eius in qua natus est civitatis curam negligat.*[545]

Die Ineinssetzung des Individuums mit seinen Zwecken ist für Lorenzo das zu erstrebende Menschheitsideal: Der Mensch geht in der ihm von Gott und der Natur zugewiesenen Rolle des Bürgers in der Gemeinschaft auf und findet allein in der vita activa seine Vollendung.

Das Rüstzeug für dieses Handeln nach ethischen Grundsätzen bieten die bürgerlichen Tugenden, *virtutes civiles* oder *virtutes de vita et moribus*, die - und auch hier folgt Landino Cicero - auf Sokrates zurückgehen, der als erster die Philosophie vom Himmel auf die Erde geholt habe.[546]

Im folgenden kehrt Lorenzo nun das Argument Albertis um, daß Ruhe und Kontemplation der göttlichen Wahrheit unauflöslich miteinander verbunden seien, indem er betont, daß gerade die Beschäftigung mit der Gottes- und Naturerkenntnis dem Menschen seine Ruhe raube, da sie ihn in seiner menschlichen Natur überfordere.[547] Damit läßt Landino ihn ein Argument der bürgerlichen Humanisten aufgreifen, die - wie schon gezeigt werden konnte - im aktiven Leben die einzige auf Erden durchführbare Lebensform erblickten. Seine *divina sapientia* soll der Mensch demnach auf die Einsicht verwenden, daß allein das aktive Leben in der Gemeinschaft das ihm angemessene ist, und daß es seine Aufgabe ist, dessen *praecepta* zu erkennen, zu bewahren und zu verbreiten.

Der tätige Mensch im Kampf gegen die Affekte

Einen weiteren Grund für den Vorrang des aktiven, ethisch vortrefflichen Lebens vor dem kontemplativen sieht Lorenzo in dem von Gott dem Menschen aufgetragenen Kampf gegen die Affekte. Dabei greift er das von Alberti im

---

[544] Arist. Pol. I 2. 1253 a.

[545] Land. D. C. 35, 15 - 17.

[546] Cic. Tusc. 5, 10: Socrates autem primus philosophiam devocavit e caelo et in urbibus conlocavit et in domus etiam introduxit et coegit <u>de vita et moribus</u> rebusque bonis et malis quaerere. Land. D. C. 27, 2 - 5. Erinnert sei nur daran, daß auch Augustinus dem Sokrates die vita activa zuwies, Aug. De civ. 8, 4, und Ficino dies ebenfalls aufnahm, Fic. Op. om. II 1488.

[547] Land. D. C. 27, 5 - 12.

neuplatonischen Kontext geprägte Stichwort des Ursprunges, *origo*, der menschlichen Seele auf und lokalisiert diesen im Schöpfergott selbst. Dieser nämlich habe den Menschen wie einen Soldaten auf eine lange Expedition geschickt, um die beiden Grundübel Schmerz, *dolor*, und Lust, *voluptas*, auf Erden zu bekämpfen.[548] Während aber Alberti eine Abkehr von den Affekten in den Akt fortschreitender Kontemplation einband, betont Lorenzo, nicht zuletzt durch das Bild des im Kampfe stehenden Soldaten, die sich in der vita activa durch das Handeln selbst vollziehende Abwehr der Affekte. Die beiden zu bekämpfenden *vitia* gehören in den Kanon der vier platonischen Laster ἡδονή, λύπη, ἐπιθυμία und φόβος, die den vier Kardinaltugenden gegenüberstehen.[549] Nicht zufällig aber nennt Landino gerade *dolor* und *voluptas* als die Hauptlaster des Menschen, und er selbst nennt in der Vergilvorlesung Ciceros *Tusculanen* als Quelle seiner Affektenlehre:

> *Perturbationes autem genere quatuor, specie autem plures, et ut etiam apud M. Ciceronem in libro Tusculanarum quaestionum due sunt de praesenti et due de futuro. Metus enim de futuro malo, libido vero de futuro bono est, dolor vero de praesenti malo, gaudium de praesenti bono.*[550]

Im dritten und vierten Buch der *Tusculanen*, die Landino als Vorlage dienten, ordnet Cicero die vier *perturbationes* nach zwei Kriterien, einmal danach, ob sie sich auf etwas Gegenwärtiges oder Zukünftiges beziehen, zum zweiten danach, ob sie aus einer positiven oder negativen Meinung über das Objekt hervorgehen.[551] Wie Landino es auch seinen Studenten erläutert, weist Cicero die *voluptas* oder *laetitia* (ἡδονή) als einen das Objekt erstrebenden Affekt der Gegenwart, die *libido* oder *cupiditas* (ἐπιθυμία) als ihr Pendant der Zukunft zu. Weiterhin entspricht dem ein gegenwärtiges Übel meidenden Affekt der *aegritudo* oder des *dolor*[552] (λύπη) für zukünftige Übel der *metus* (φόβος). Von diesen vier Hauptaffekten hat Landino demnach mit *dolor* und *voluptas* die beiden sich auf die Gegenwart beziehenden ausgewählt, die der Mensch vor allem zu bekämpfen habe. Denn während der Mensch durch die Führung der Natur zum Ehrenvollen und Gerechten im aktiven Leben geführt wird, bringen

---

[548] Land. D. C. 27, 13 - 19.

[549] Plat. Laches 191 d.

[550] Cod. Cas. 1368, fol. 249 v. Eine Behandlung der *perturbationes* und ihrer Unterteilungen mit Hinweis auf Cicero bei Land. De anima II 133 ff.; zu den *partes* der einzelnen Affekte vgl. Cic. Tusc. 4, 16 ff.

[551] Cic. Tusc. 3, 24 f.; 4, 11.

[552] Zur Verknüpfung von *aegritudo* und *dolor* s. Cic. Tusc. 3, 28.

die beiden Hauptlaster *dolor* und *voluptas*, durch die nahezu alle anderen Laster motiviert werden, ihn vom rechten Weg ab.[553]

So entstehen auch Herrsch- und Habsucht, *imperandi et habendi cupiditas*, aus nichts anderem, als aus dem Streben, einen Lustgewinn zu erzielen, und dem Bemühen, Schmerz und Leid zu vermeiden. Die verheerende Wirkung dieser beiden Laster hatte ja schon Sallust beklagt, auf den sich Landino in diesem Zusammenhang bereits in der Vergilvorlesung berief.[554] Daß aber gerade diese beiden Laster bekämpft werden müssen, um ein ethisch vortreffliches aktives Leben führen zu können, wird auch in der Allegorese verdeutlicht.

Aeneas verläßt Troia, den Ort der vita voluptuosa. Auf dem Weg nach Karthago, das mit der vita activa identifiziert wird,[555] läßt er Thrakien, die Harpyien, Skylla und Charybdis sowie die Kyklopen siegreich hinter sich.[556] Sie alle stehen, in verschiedenen Variationen, für die Gier nach Besitz und Macht, die ja aus den Hauptlastern hervorgehen, die der Mensch im göttlichen

---

553 Land. D. C. 27, 19 - 21: Nam cum quisque natura duce ad iustum honestumque moveatur, non temere flagitiosum virum invenias, nisi quem aut incommodi metus aut voluptatis spes transversum egerit.

554 Sall. Cat. 10, 3 ff.: Carthago aemula imperii Romani ab stirpe interiit, cuncta maria terraeque patebant, saevire fortuna ac miscere omnia coepit. Qui labores, pericula, dubias atque asperas res facile toleraverant, iis otium divitiaeque, optanda alias, oneri miseriaeque fuere. Igitur primo pecuniae, deinde imperii cupido crevit. Und ebd. 11, 1 ff.: Sed primo magis ambitio quam avaritia animos hominum exercebat, quod tamen vitium propius virtutem erat, nam gloriam honorem imperium bonus et ignavos aeque sibi exoptant; sed ille vera via nititur, huic quia bonae artes desunt, dolis atque fallaciis contendit, avaritia pecuniae studium habet, quam nemo sapiens concupivit: ea quasi venenis malis imbuta corpus animumque virilem effeminat, semper infinita, insatiabilis est, neque copia neque inopia minuitur. Die nahezu wörtliche Wiedergabe zur Allegorisierung der Harpyie Celaeno s. in Cod. Cas. 1368, fol. 117 v: Salustius ait enim avaritiam animum virilem etiam effeminare et vir doctissimus et optimus philosophus Seneca unico verbo concludit et recte ait enim si tollatur meum et tuum, nullam litem futuram et omnes in summa pace victuros. Ebd. fol. 127 v: Hoc autem est ipsa ambitio, qua nullum aliud vitium maius aut tetrius est. Ea enim, ut ait Salustius, multos mortalium transversos ire coegit. Schließlich Land. D. C. 137, 24 - 28.

555 Land. D. C. 170, 26 - 28. Vgl. auch ebd. 174, 4 - 8, 194, 19 -27 und 185, 1 - 4. Die Deutung Karthagos als den Ort der vita activa s. ebenfalls schon in der Vergilvorlesung, Cod. Cas. 1368, fol. 197; den Text s. auch bei Field, Renaiss. Q. 39, 1986, 43: Et dicunt Aeneam ex Troiam (sic!) in Siciliam, ex Sicilia in Carthaginem idest vitam activam, ubi sunt honores et magistratus, quae tamen vita si non est ita egregia, quemadmodum contemplativa, tamen praestat Troiae, idest vitae voluptuosae. Ex ea vita activa et civili monitu divino solvit ut in Italiam tenderet ad speculationem scilicet. Field bietet dagegen: ... ut in Italiam, ad speculationem scilicet, tendet, was weder die authentische Wortstellung, noch den Konjunktiv wiedergibt. Zur Allegorese der Reise nach Africa s. außerdem Cod. Cas. 1368, fol. 204: ... deflexit in Africam, ubi ab ambitione comprehensus est. Et per hoc vita activa demonstratur.

Auftrag auf Erden zu bekämpfen hat. Die Allegorese der einzelnen Reiseetappen, wie Landino sie in den *Disputationes* präsentiert, hatte er schon in der Vergilvorlesung dargelegt. So entsprechen z. B. Thrakien und die Harpyien auf den Strophaden den beiden Seiten der *avaritia*, der Habgier und dem Geiz.[557] Die Harpyien, die als Jungfrauen *pudor*, *modestia*, *sobrietas* und andere Tugenden heucheln, verkörpern den Geiz, der ja durchaus im Mantel der Sparsamkeit als Tugend auftreten kann.[558] Jede Form dieses Lasters aber stört das Leben in der Gemeinschaft und hält die Menschen von ihrem eigentlichen Ziel ab:

> *Avertit enim nos atque sevocat habendi cupiditas cognitione earum rerum, quibus solis felix animus esse possit.*[559]

Auch Skylla und Charybdis, die so kurz vor Erreichung Italiens, also der Kontemplation liegen, entsprechen nochmals den sich erhebenden Affekten der *luxuries* und *avaritia*.[560]

---

[556] Verg. Aen. 3, 13 ff.; 3, 192 ff.; 3, 506 ff.; 3, 570 ff.

[557] Zu Thrakien Verg. Aen. 3, 44: fuge litus avarum s. Land. D. C. 137, 1 - 138, 2, hier: 137, 7 - 9: Verum cum duplex avaritiae genus sit - est enim avarus et is qui inde rapit unde minime convenit et is qui cui dandum est ei minime dat - primum illud genus per Thraciam exprimitur. Diese Deutung schon in Cod. Cas. 1368, fols. 203 v - 204: Et ingressus est mare, idest in ipsas perturbationes, quoniam omnes animi vires et omnes appetitus rationi obtemperantes non erant deflexit in Thraciam, ubi ab avaritia deprehensus.

[558] Land. D. C. 146, 9 - 13: Quapropter non iniuria Harpyiae ipsae virginea facie finguntur. Simulant enim pudorem modestiam sobrietatemque omnesque virtutes prae se ferunt. At earum ventris proluvies foedissima est. Und ebd. 145, 21 ff.: Illi enim parere recusans Palinurus nihil sanum sentite iusque stultitia atque temeritate committitur, ut destituto cursu, quem penates dii praeceperant in Strophadas insulas declinetur. Hunc autem locum nos, ni fallor, avaritiae vitium recte interpretabimur, non illud tamen quo inde rapimus, unde minime convenit, - id enim nobis Thracia designavit - verum aliud, quod tunc patratur, cum ex iis, quae iam peperimus, minime illis subvenimus, quibus ius naturaque ac humanae societatis vinculum subveniendum postulat. Vgl. hierzu auch Lentzen, Studien 139 - 40. Vgl. zum Ursprung der Harpyien Land. D. C. 147, 1 - 13. Zur *avaritia* als dem schlimmsten Laster s. Cod. Cas. 1368, fol. 117 v: Nunc poeta ostendit ex undis infernalibus nullum tristius monstrum avaritia esse.

[559] Land. D. C. 146, 25 - 27.

[560] Land. D. C. 151, 2 - 13: Nam inter ipsam contemplationem et hanc quam vivimus vitam interiacet is, quem iam totiens appetitum nomino, veluti turbulentissimum mare, quod Scylla Charybdisque perniciosissima monstra infestum reddant, et tamen per haec loca enavigandum, si in Italiam venire volumus. ... Nam cum eas feminas rapacissimas fuisse memoriae proditum sit, nonne per eas commode exprimi animi nimias cupiditates dicemus, quarum principes luxuriem atque avaritiam esse nemo dubitat? Vgl. hierzu Cod. Cas. 1368, fol. 127 v: Ab eo itaque admonetur, ut vitet Scillam et Caribdim, quae et voluptas per anteriores partes et avaritia per posteriores optime possunt interpretari.

Das Kyklopenabenteuer und der Kampf gegen Polyphem symbolisieren den Widerstand gegen gegen die in Tyrannei umschlagende *ambitio*, also die übersteigerte Herrschsucht, *cupiditas imperandi*:[561]

> *Quae quidem naturalis cupiditas, nisi recta ratione temperetur, in ambitionem ac postremo in tyrannidem nos rapit, in qua multa adversus humanitatem crudelia, taetra nefariaque conmittimus et, cum natura ipsa, nisi depravata fuerit, ad magnanimitatem erigat nos, ad superbiam et dominatum omnia rapimus.*[562]

Von diesen Lastern also soll der Mensch in einem Kampf auf Leben und Tod, *de vita et sanguine*, das Gemeinwesen freihalten. Wer aber aus diesem Kampf desertiert und in die Ruhe der Kontemplation flieht, muß als Fahnenflüchtiger betrachtet und behandelt werden[563] und damit als einer, der nicht nur ethisch verwerflich, sondern auch gesellschaftlich ehrenrührig gehandelt hat. Wer, im *otium* erschlaffend, *marcescens*, Verrat an der Gemeinschaft begeht und seine Pflichten vernachlässigt, handelt somit nicht nur wider seine Natur, sondern läßt die ihm von Gott gegebene Aufgabe, sein *munus*, im Stich.[564]

Damit bindet Lorenzo seine Forderung nach dem Primat der vita activa in den christlichen Glauben ein und versucht so, ein Gegengewicht zu dem christlichen Argument für den Vorrang der Kontemplation zu schaffen, das Alberti aus der Martha-Maria Episode geschöpft hatte.

Berühmte *exempla* der vita activa

In seiner Darlegung, die vor allem den Wert des aktiven Lebens für den Staat ins Zentrum rückt, nimmt Lorenzo in einem weiteren Schritt zu Recht ein Argument der Gegenseite selbst vorweg, welches darauf beruht, daß der Philosoph als *investigator* für sich in Anspruch nimmt, durch seine theoretischen Erkenntnisse die Grundlagen des Staatswesens erst schaffen zu können:

> *Ego quidem hoc ago, ut in speculanda natura rerum, quae ad hominum salutem pertinent, comperiam, ut, qua ratione instituendae sint civitates, quibus legibus informandae, edoceam, quales item esse oporteat in populo principes, quibus demandandi sint*

---

561 Land. D. C. 156, 11 - 20.

562 Land. D. C. 156, 3 - 10. Die Schilderung des Tyrannen s. ebd. 156, 20 - 157, 9.

563 Land. D. C. 27, 26 - 29.

564 Land. D. C. 28, 5 - 7.

> *magistratus, quibus quaeque delicta suppliciis coercenda, quibus honoribus boni honestandi demonstrem.*[565]

Dies akzeptiert Lorenzo zwar, gibt aber zu bedenken, daß nur derjenige der Gemeinschaft nützen könne, der seine Erkenntnisse und Fähigkeiten auch realisiere.[566] Damit hat Lorenzo den direkten Nutzen für die Gemeinschaft, die *utilitas*, als seinen Bewertungsmaßstab für Aktion und Kontemplation festgelegt. Nach diesem Kriterium werden die Exempla für das aktive Leben und die Gleichnisse ausgewählt, was allein durch die häufige Verwendung der Wörter *utile, usus* und *prodesse* belegt werden kann.[567] Dieser Wertmaßstab der *utilitas*, der seinen Ursprung wohl im pragmatischen, antik-römischen Denken hat und den Cicero unauflöslich mit der *honestas* verband,[568] findet sich in der italienischen Renaissance vor allem bei den sich auf die ciceronianisch-republikanische Tradition stützenden bürgerlichen Humanisten. Als Beispiel mag hier Leonardo Bruni Aretino dienen, der den Wert der Philosophie, speziell den der Physik, an ihrer Nutzanwendung maß:

> *Equidem memini primis ab annis studiosum te philosophiae fuisse, verum illius, quae ad naturae pertinet indagationem. Quae, etsi est sublimis atque excellens, tamen minus habet utilitatis ad vitam quam ista, quae ad mores hominum virtutesque descendit; ... Similia his sunt cetera, quae in illa traduntur: Habent enim splendorem cognitionis eximium, vitae autem utilitatem non habent.*[569]

---

565 Land. D. C. 31, 9 - 14.

566 Land. D. C. 31, 15 - 24.

567 usus: Land. D. C. 28, 27; 30, 2; 31, 24; 34, 5. prodesse: Land. D. C. 31, 4; 31, 20; 31, 23; 34, 3. inutilis: 30,5.

568 Cic. De fin. 1, 69: in quibus (poetis) nulla solida utilitas omnisque puerilis est delectatio. Ebd. 3, 18: nec ... sum inscius esse utilitatem in historia, non modo voluptatem. Cic. De off. 3, 48: ... ut utilitas tua communis sit utilitas vicissim communis utilitas tua sit. Ebd. 3, 101: ... potest, quod inutile rei publicae sit, id cuiquam civi utile esse? Cic. Tusc. 4, 82: ... nihil a philosophia posse aut maius aut utilius optari quam haec. Hor. Ep. 2, 1, 161 - 163: Serus enim Graecis admovit acumina chartis / et post Punica bella quietus quaerere coepit / quid Sophocles et Thespis et Aeschylos utile ferrent. Zur Verbindung mit dem *honestum* s. Cic. De off. 3, 84; 3, 40 und Cic. De fin. 2, 78. Dies rezipiert Land. Praef. in Tusc. 5, 22 - 23: ad utilitatem, quam nemo umquam bonus ab honestate seiunxit. In diesem Sinne s. auch Land. De anima III 93.

569 Bruni, Isagogicon 21. Zwar kommt Landino bezüglich der Nützlichkeit der Philosophie zu einem positiven Ergebnis, benutzt aber das gleiche Wertungskriterium. Land. De vera nob. 96: Sed videamus reliqua, nam sunt in civitate aliae quoque disciplinae, quae non solum splendorem, verum etiam usum publice privatimque non mediocrem afferre possunt, quae tamen ipsae absolutae perfectaeque sine morum probitate

Aber nicht nur Philosophie, sondern auch literarisches Schaffen wurde nach seiner Utilität bewertet. Mit dem Nutzen für die Gemeinschaft rechtfertigte z. B. Bruni seine Übersetzung der Nicomachischen Ethik,[570] und Landino untersuchte in seiner Einführung zum Dantekurs die Dichtkunst auf ihren Nutzen hin und stellte mit Rhetorik, Philosophie und Politik drei Bereiche heraus, in denen die Dichtkunst, fern der Idee einer l'art pour l'art, nützlich sein könne.[571]

Mit diesem Argument des Nutzens läßt Landino Lorenzo schließlich auch den Vorrang des aktiven vor dem kontemplativen Leben erweisen und folgt damit dem Weg, den Bruni vorgezeichnet hatte, als er in seinem *Isagogicon moralis disciplinae* schrieb:

> *Contemplativa quidem divinior plane atque rarior, activa vero in communi utilitate praestantior.*[572]

Das aktive Leben allein bringt demnach Nutzen für die Gemeinschaft. Denn wer Wissen, Können und Erfahrung nicht in praktisches Handeln umsetzt, gleicht dem Reichen, der sein Vermögen vergräbt, statt es anderen und sich selbst zugute kommen zu lassen, dem Athleten, der seine Körperkräfte niemals im Wettkampf erprobt, dem Arzt, der seine Kunst niemals ausübt, oder dem Künstler, der niemals kreativ tätig wird.[573] Sie alle verschwenden ihr Talent im Verborgenen, ja führen es durch die fehlende Aktualisierung geradezu ad absurdum.

Als Beispiele eines vorbildlichen Einsatzes für den Staat nennt Landino nur Helden der römischen Republik, ein deutlicher Hinweis auf die Verehrung altrepublikanischer Tradition.[574] Hätten sich diese Männer allein der Kontem-

---

ulla nec dicuntur nec sunt. Quis enim ignorat philosophiae omne genere, quod varium multiplexque est atque tam late patet, ut omnia pertingat, civitatem summopere honestare ac plurimam eamque variam ac maximam illi utilitatem afferre?

570 Bruni, Praef. Ethic. Arist. 75 - 76: Id enim praecipuum studiosorum munus putandum est, ut non ad propriam modo, sed et ad communem utilitatem studia referant sua. Itaque Aristotelis libros, qui De moribus inscribuntur, suavissimos quidem ac elegantissimos et ad vitam nostram plurimum necessarios, accuratiori diligentia in Latinum traduxi, putans id usque adeo utile, ut nihil fieri possit utilius.

571 Land. Einf. Dantekurs § 145 - 162: Rhetorik; § 163 - 170: Philosophie; § 171 - 213: Politik. Interessant ist freilich, daß der Dichtkunst auch staatstragende Bedeutung beigemessen wird, da sie Vaterlandsliebe, Expansionsdrang und Freiheitsliebe befördern könne. Vgl. ebd. § 171 - 74.

572 Bruni, Isagogicon 39.

573 Land. D. C. 31, 15 - 25.

574 Land. D. C. 31, 26, - 32, 4: Numa Pompilius vgl. Liv. 1, 18, 1: L. Iunius Brutus vgl. Tac. Ann. 1, 1, 1; M. Furius Camillus, der Sieger über Veji und Befreier Roms von den Galliern, vgl. Liv. 5, 19 ff., sowie die Familien der Catones - erinnert sei

plation hingegeben, hätten sie weder unter ihren Zeitgenossen, noch im Urteil der Nachwelt solch hohes Ansehen genossen.[575] Hierzu stimmt vorzüglich, daß der *consensus omnium*, der seit der Antike als stichhaltiges Beweismittel gilt, allein den aktiv Tätigen Ruhm und Ehre zuteil werden läßt.[576]

Drei Exempla eines vorbildlichen, aktiven Lebens werden von Lorenzo ausführlicher behandelt: Federigo da Montefeltro für die Gegenwart und als erneute Reverenz an den Adressaten, Herkules als Vertreter des heidnischen Mythos und der Apostel Paulus als Vertreter der christlichen Kirche, mit deren monastischen Strukturen eher die vita contemplativa assoziiert werden könnte.[577] Alle drei Männer gelten als weise, setzten aber ihre Weisheit aktiv zum Wohle einer Gemeinschaft ein, wodurch diese erst sichtbar zu Tage trat.[578]

Bei Federigo da Montefeltro, der eingangs schon als der ideale Fürst in der Vereinigung beider Lebensweisen gepriesen wurde, genügt es für Lorenzo, die Gewichtung auf das verantwortliche Handeln zum Wohle des Staates und seiner Bürger zu verschieben, welches Federigo - und hier kehrt Lorenzo den Gedanken Albertis um - trotz seiner Studien niemals vernachlässigt habe.

Das zweite Exemplum, der Herkules des griechischen Mythos, hatte eine reiche allegorische Tradition, da er sich als "Abenteuerstoff" ebenso wie Aeneis und Odyssee für eine breitgefächerte Ausdeutung anbot und zugleich durch die spannende Handlung immer neue Leser fesselte. Während jedoch Bernardus Silvestris und Coluccio Salutati den Aspekt des *sapiens Hercules* betonen und auch Landino, dem *De laboribus Herculis* wohl bekannt war, an anderer Stelle diese Auslegung verwendet,[579] läßt er hier Lorenzo die Deutung variieren und

---

hier an das Ideal republikanischer *virtus* Cato Censorius und an Cato Uticensis, der sich nach erbittertem Widerstand dem Zugriff Caesars durch Freitod entzog -, der Laelii - Caius Laelius, Vater und Sohn, nahmen als Freunde des älteren bzw. jüngeren Africanus am 2. bzw. 3. Punischen Krieg teil - und der Scipiones mit den zahlreichen Kriegshelden ihrer berühmtesten *gens*, der *gens Cornelia*. Zur großen Popularität des Scipio Africanus durch die Tradierung des Somnium Scipionis bei Macrobius und nach der Entdeckung der *Punica* des Silius Italicus im Jahre 1417 s. Chastel, L'Art et l'Humanisme 251 ff.

575 Land. D. C. 32, 6 - 8.

576 Land. D. C. 34, 6 - 16. Zum *consensus omnium* als traditionellem Beweismittel s. K. Oehler, Der *consensus omnium* als Kriterium der Wahrheit in der antiken Philosophie und der Patristik, A&A 10, 1961, 103 - 29. Als mögliche Ehrungen eines verdienten Mannes nennt Landino bezeichnenderweise wieder antik-römische wie *triumphus, ovatio, trophaeum, corona, titulus* und *statua*.

577 Federigo da Montefeltro: Land. D. C. 32, 9 - 21. Herakles: Ebd. 32, 22 - 33,6. Apostel Paulus: Ebd. 33, 7 - 33, 27.

578 Entscheidend ist hier das auf Numa Pompilius bezogene, jedoch auf alle Exempla übertragbare Dictum Land. D. C. 31, 26 - 27: At video eius sapientiam.

579 Bernard. Silv., Comm. Aen. 71, 25: Per Herculem intellegimus sapientem. Unde nomen congruit. Dicitur enim Graece Hercules latine gloria litis. Her enim lis,

macht Herkules zum selbstlosen Befreier der Völker, indem er die herkulischen Taten zu politischen Freiheitskämpfen stilisiert:

> *Nam maximam orbis partem peragrans horrendas feras sustulit, perniciosa ac inmania monstra perdomuit, crudelissimos tyrannos coercuit, plurimis populis ac nationibus ius libertatemque restituit.*[580]

Hätte Herkules seine *sapientia* nicht zum Wohle aller eingesetzt, so wäre er kein Held, sondern ein Sophist gewesen, der den Namen eines Jupitersohnes nicht verdient hätte.

An das Stichwort *filius Iovis* knüpft Lorenzo - freilich sehr gewollt - ein philosophisches Argument für die sich in der Bewegung vollziehende vita activa, das er Macrobius entnimmt und damit unter platonische Tutel stellen kann. Jupiter wird hierbei der alle Bewegungen im Kosmos lenkenden Weltseele, *anima mundi*, gleichgesetzt. Damit wird die höchste Instanz, die Lorenzo hier annimmt, denn er verwendet ja nur Versatzstücke aus dem neuplatonischen System, so als tätig vorgestellt, daß ihr Müßiggang den Stillstand des Universums zur Folge haben müßte, wie Lorenzo in einer breit angelegten Ekphrasis darlegt. Dieser philosophische Exkurs verdeutlicht damit den größten Schaden überhaupt, der durch Müßiggang entstehen könnte.[581]

Nach diesem unvermittelten philosophischen Einschub kehrt Lorenzo zu seinen Exempla zurück und verbindet mit dem Lob auf den Apostel Paulus und seiner Hinwendung zum Diesseits die Ablehnung des mittelalterlichen

---

cleos gloria. Videns vero Hercules laborem suum cassum ydram comburit, i. e. videns sapiens studium suum parum utile, vivacissimo igne mentis <ignorantiam> conburendam esse. Vgl. dazu Salut. De lab. Herc. I 145: Nam cum duplex sit anime nostre vis, superior videlicet que ratio dicitur et inferior que sensualitas appellatur, ex qua est appetitus sensitivus...Superior igitur pars per Herculem figuratur, que in philosopho nichil est aliud quam gloria contentionis et litis, quod per hoc nomen Hercules, scilicet heris, lis, et cleos gloria designatur. Oder ebd. I 230: Noster Hercules, verus philosophus. Ebd. I 214, I 253. In diesem Sinne auch Fic. Op. om. I 775: Ratio in nobis Hercules nominatur. und Chastel, L'Art et l'Humanisme 274 ff. Schließlich Land. D. C. 186, 16 ff.: Quae quidem res una movit poetas, ut Herculem, quem sapientem ferunt et rebus a se praeclarissime gestis caelum affectasse volunt. Und Land. De vera nob. 107 ff.; bes. 109: Hercules, id est vir sapiens ... Hercules id est nostra constantissima ratio ac robur animi. Huiusmodi igitur monstris perdomitis maximus Hercules in Oetam tandem montem ascendit, id enim est ad rerum divinarum speculationem erigitur ibique speculationis ardore mortalitatem exuit immortalisque effectus ad summam veramque nobilitatem perducitur, quam quidem nullus omnino hominum nisi omnium civilium heroicarumque virtutum via assecutus est.

[580] Land. D. C. 32, 24 - 26.

[581] Land. D. C. 32, 30 - 33, 6. Vgl. hierzu Macr. Comm. 1. 17, 8 und als Grundlage hierzu wiederum Plot. II 2 [14] 1 ff. und Plat. Phaedr. 245 c.

Mönchsideals.[582] Paulus habe den Pontifikat nicht aus Ehrgeiz, sondern aus Nächstenliebe, *non ambitione, sed ardissimo in alios amore*, übernommen und habe, statt sich in einer Klosterzelle einzuschließen, sein Leben aktiv in den Dienst der Völker gestellt.[583] Mit dieser Mönchskritik steht Landino in der Tradition einiger früherer Humanisten, die sich dieses Themas, das innerkirchlich zwischen Mönchs- und Laienorden im Mittelalter traktiert wurde, annahmen, um auf dem Hintergrund antimonastischer Polemik das aktive Leben zu preisen. Zu nennen sind hier Poggio Bracciolini und Leonardo Bruni, die dem Problem eigene Traktate widmeten,[584] oder auch Coluccio Salutati, der sich an verschiedenen Stellen in seinem Oeuvre kritisch zur monastischen Lebensweise äußerte.[585] So schrieb er 1398 an Pellegrino Zambeccari:

---

[582] Zur hohen Wertschätzung des Hl. Paulus s. Land. D. C. 33, 7 - 27 und 175, 6 - 9: Lege Apostolum Paulum! Libet enim unum hunc ex omnibus veluti nostrae religionis caput nominare, qui vitam humanam ad huiuscemodi normam dirigit, ut neque corporis necessaria subtrahenda et vero investigando semper vacandum censeat. Zum Hl. Paulus bei Landino vgl. auch Lentzen, Studien 141, 249 ff., 260 ff., 275 ff. Vgl. dazu die ebenfalls hohe Wertschätzung des Apostels bei Salut. Ep. I 273: Paulus etiam meus, vas electionis, doctor gentium, christiane fidei maximus athleta, cum cedi a principe pontificum iuberetur ad Deum recurrens dixit: percutiat te Deus paries dealbate!

[583] Land. D. C. 33, 20 - 27: Hic ergo vir itane in sua se cellula obcludens meditari perrexit, ut ceterorum salutem penitus negligeret? Lege quaeso, quae modestissimus vir de se scribat, quae etiam multi idemque sanctissimi viri referant: quot profectiones, quot navigationes adversus valitudinem suscepit, in quot pericula, in quot calamitates incidit, ut Petri naviculam atrocissimis fluctibus paene obrutam et acutissimis scopulis illisam in tutum tranquillumque portum reduceret. Vgl. hierzu II Cor. 11, 23 - 28. Zu einer ähnlichen Paulus - Rezeption bei Lorenzo Valla s. Panizza, Active and Contemplative 203 f. Mit diesem Tenor vgl. auch die Paulusdarstellung bei Fic. Op. om. I 483 ff. *De laboribus ac aerumnis D. Pauli Apostoli*, hier 483: Narrat autem Paulus labores suos, aerumnas vigilasque multas, famem, sitem, ieiunia multa, frigus, nuditatem et assiduas Ecclesiarum omnium curas, revelationesque subinde, ut authoritatem Apostolatus sui confirmet.

[584] Die Schrift von Poggio Bracciolini, Adversus Hypocrisim, wurde leider nicht in die Ausgabe der Opera omnia, ed. Tonelli/ Fubini, 1964 aufgenommen. Mir war lediglich eine ital. Übersetzung von G. Vallese, Poggio Bracciolini, Contro l'ipocrisia, Neapel 1946 zugänglich. Vgl. hierzu C. Vasoli, Poggio Bracciolini e la polemica antimonastica, in: Poggio Bracciolini 1380 - 1980, Istituto Naz. di studi sul Rinascimento, Studi e Testi 8, Florenz 1982, 163 - 296. Für Leonardo Bruni Aretino, Oratio in hypocritas, stammt die letzte Ausgabe von 1699, nachgewiesen bei Baron, Leonardo Bruni Aretino 164.

[585] S. z. B. Salut. Ep. II 453; III 263 ff.; III 576; IV 210 f. Salut. De sec. et relig. 81 f.; 108 ff.

> *An Jacob cum duodecim filiis tot pecorum et duabus uxoribus, tot divitiis tantaque suppellectili acceptiorem Deo non putas extitisse quam duos Macharios, Theophylum et Hilarionem?*[586]

Der Apostel Paulus aber, mit dem Lorenzo seine Reihe der Exempla schließt, hob sich ja gerade dadurch von Mönchen und Eremiten ab, daß er durch selbstloses Raten, Mahnen und Helfen den Menschen Nutzen brachte, statt sich in die egoistische, nur ihm selbst dienende Kontemplation zurückzuziehen.[587]

An dieser Stelle sei ein kurzer Hinweis auf die Funktion der Exempla gestattet, die Landino seine Unterredner zur Bekräftigung ihrer Thesen aufzählen läßt.[588] Diese Beispielreihungen, die einen festen Bestandteil der Prosaliteratur dieser Zeit ausmachen, zeugen nicht nur von Belesenheit und humanistischer Bildung des Autors, sondern spiegeln zugleich die große Bedeutung wider, die das Individuum in seiner historischen Einmaligkeit für diese Zeit gewonnen hatte.[589] Bedeutende Personen der Geschichte, ihre Schicksale und Taten werden exemplarisch vorgestellt, damit sich an den Wachstafeln der Ahnen der Ehrgeiz der Jungen entzünde.[590] Sie werden zu Vorbildern, an denen wie bei den antiken Historikern belehrt, gelobt und getadelt werden kann.[591] Durch die Bindung an bestimmte Personen verlieren ethische Normen ihren abstrakten Charakter, werden nachvollziehbar, nachahmbar. So ist das Interesse der Humanisten an diesen Exempla nicht in erster Linie ein antiquarisches, sondern ein pädagogisch-protreptisches. Ziel ist es, den Vorbildern auch durch eine "ethische *aemulatio*" nahezukommen oder sie vielleicht sogar zu überbieten.

---

586 Salut. Ep. III 303.

587 Land. D. C. 33, 27 - 34, 5.

588 Vgl. auch Land. D. C. 5, 13 - 7, 5; 7, 5 - 26.

589 Burckhardt, Kultur 405.

590 Sall. Iug. 4, 5.

591 Liv. Praef. 10: Hoc illud est praecipue in cognitione rerum salubre ac frugiferum, omnis te exempli documenta in inlustri posita monumento intueri, inde tibi tuaeque rei publicae quod imitere capias, inde foedum inceptu foedum exitu quod vites. Tac. Ann. 3, 65: Exsequi sententias haud institui nisi insignes per honestum aut notabili dedecore quod praecipuum munus annalium reor, ne virtutes sileantur utque pravis dictis factisque ex posteritate et infamia metus sit. Hinzu kommt noch die bereits von Cicero erhobene Forderung, daß der Rhetor die Exempla der Geschichte kennen müsse, Cic. De orat. 1, 18; 1, 158; 1, 201.

c) Die inutilitas philosophorum

Hatte sich Lorenzo bisher bemüht, die Vorteile des aktiven Lebens für den Staat zu erweisen, wird der Vorrang dieser Lebensweise im folgenden durch den Nachweis der Nutzlosigkeit des Philosophen für die menschliche Gemeinschaft nochmals untermauert. Um diese *inutilitas philosophorum* im Staat noch plastischer vor Augen zu führen, bedient sich Lorenzo dreier Gleichnisse, in denen der Staat mit einer Stadt, einem Schiff und dem menschlichen Körper, also drei geschlossenen, in sich arbeitsteilig funktionierenden Systemen gleichgesetzt wird.[592] Während aber Platon, auf den diese Vorgehensweise und die damit verbundene Art der breiten Ekphrasis zurückgehen, Aufbau und Befindlichkeit der menschlichen Seele und die Frage nach der Gerechtigkeit am Makrokosmos einer Stadt zu erläutern suchte, geht Lorenzo den umgekehrten Weg. Er verdeutlicht die Zusammenhänge der menschlichen Gesellschaft an immer enger begrenzten Einheiten bis hin zum Mikrokosmos des menschlichen Organismus.

Das erste Gleichnis, die Errichtung einer fiktiven Stadt und ihre Bevölkerung mit den für sie nützlichen Personen, hat seine literarische Vorlage in Platons Staat.[593] Das Auswahlkriterium für den Einlaß in das neue Gemeinwesen ist wie bei den Exempla die *utilitas*, denn es soll niemand in der Stadt leben, der nicht dem Ganzen dient. Daß jedoch ein *sapientissimus vir*, der eher dem von Alberti geforderten platonischen Philosophenkönig entspricht, diese Auswahl trifft, wird nicht als Widerspruch empfunden.[594]

In einer Anti-Klimax zählt Lorenzo von den *sapientes legum latores* bis zu den Verkäufern auf dem Forum Cupedinarium, z. T. in Anlehnung an die florentinischen Zünfte, alle Berufsgruppen auf, denen der Zugang in die Stadt gewährt wird, da sie durch *ingenium atque artificium* oder durch *opera et labor* der Gemeinschaft dienen.[595] Diese Aufzählung bis zu den am wenigsten angesehenen Berufen läßt die dann folgende Abweisung des Philosophen noch krasser erscheinen. Sein *otium* wird mit dem *negotium* der anderen kontrastiert, und da der Philosoph nicht nur jede Aufgabe oder jedes Amt im Staat ablehnt, sondern auch keinen normalen Umgang mit seinen Mitmenschen pflegt, seiner Bestimmung als ζῷον πολιτικόν also nicht gerecht wird, ist für ihn in der

---

592 Land. D. C. 28, 8 - 26: Stadt. Ebd. 29, 26 - 30, 11: Kriegsschiff. Ebd. 30, 11-26: Organismus.

593 Plat. Rep. II. 369 b - 373 d.

594 Land. D. C. 28, 12.

595 Land. D. C. 28, 19 - 29, 6.

neuen Stadt kein Platz.[596] Als Höhepunkt der Schmähungen gegen den Philosophen folgt sein Vergleich mit der faulen Drohne im Bienenstaat, die sich, ohne einen eigenen Beitrag zu leisten, von der Gemeinschaft unterhalten läßt.[597] Damit steht der Philosoph als Drohne im krassen Gegensatz zum Bienenvolk, dessen Emsigkeit - und hier folgt Landino Vergil - für das geschäftige Treiben in Karthago, also für die vita activa steht.[598] Bei der Ausgrenzung des Philosophen - so räumt Lorenzo ein - bestehe freilich die Gefahr, daß die weisesten Männer, die der Staat für Regierung und Gesetzgebung braucht, sich aus dem aktiven Leben zurückzögen, um sich allein der Philosophie widmen zu können, woraus dem Staat großer Schaden entstehe:

> *Qui enim praesens multum prodesse potest, eiusdem est absentis plurimum nocere.*[599]

Als Exemplum für diese Sentenz führt Lorenzo die Kampfesverweigerung des Achill an, die den Griechen zweifelsohne mehr schaden konnte, als ein desertierter Thersites.[600]

In den folgenden Gleichnissen wird das Thema variiert. Auf dem Kriegsschiff wird der Philosoph zur nutzlosen Last, zum *inutile onus*, weil er untätig den Platz okkupiert, auf dem jeder andere durch seine Arbeit der Gemeinschaft Nutzen bringen könnte, und er soll deshalb als Ballast über Bord geworfen, d. h. aus der Gemeinschaft ausgeschlossen werden.[601]

Ähnlich verhält es sich mit dem Körper, dessen Harmonie nur dann gewahrt bleibt, wenn jeder Körperteil die ihm zukommende Aufgabe erfüllt. Wenn nur einer den Dienst verweigert - wie der Philosoph den seinen im Staat -, so

---

596 Land. D. C. 29, 13 - 20.

597 Land. D. C. 29, 20 - 21: Profecto non erit, sed potius ipsum veluti ignavum fucum ad aliena mella venire omnes indignabuntur. Vgl. hierzu Verg. Georg. 4, 244 und Aen. 1, 430 ff.

598 Land. D. C. 181, 29 - 182, 3: Qua autem mente et quo consilio illos (sc. Carthaginienses) apibus comparaverit, quaeso diligentius animadvertite. Si enim huius insecti naturam consideretis, nihil illo aut industria ac sollertia acutius aut assiduo labore indefessius reperietis. Ducem in primis habent, quem sequantur, cuius imperium nunquam contemnant. Labores inter se summa aequitate distribuunt. Hier gelingt es freilich Landino, neben der arbeitsteiligen Gesellschaft auch ein monarchisches Herrschaftsprinzip, wie die Medici es anstrebten, als Ideal darzustellen, in ähnlicher Weise, wie Vergil dies mit Blick auf Augustus getan hatte.

599 Land. D. C. 30, 26 - 31, 8. Vgl. hierzu auch ebd. 159, 29 - 160, 2: Quis enim non intelligat, si ad contemplationem qui praestanti ingenio sunt viri accesserint, illos civiles actiones esse deserturos. Und Land. De anima I 42.

600 Zu Achill und Thersites s. Hom. Il. I 488 - 92; II 211 - 77.

601 Land. D. C. 29, 26 - 30, 11. Zum Schiffsvergleich und der Unbrauchbarkeit der Philosophen vgl. Plat. Rep. VI. 488 a ff.

erkrankt der Organismus und ist nach kurzer Zeit nicht mehr lebensfähig.[602] Daß Lorenzo im Philosophen tatsächlich eine staatszersetzende Gefahr sieht, wie dieses letzte Gleichnis zu suggerieren scheint, ist eher unwahrscheinlich, so daß diese Überspitzung wohl ebenfalls als Mittel der Polemisierung zu werten ist. Denn Lorenzo lehnt ja geistige Beschäftigung keineswegs rundweg ab. Seine Kritik gilt nur der völligen inneren Versenkung in die Kontemplation, die den Menschen von seiner Bestimmung als ζῷον πολιτικόν und seinen Pflichten als Staatsbürger abzieht.[603] Damit ist für Lorenzo die Bestimmung des Menschen klar definiert und läßt sich mit Cicero kurz resumieren:

Ergo hoc quidem apparet, nos ad agendum esse natos.[604]

Daß Landino das Ideal dennoch in einer Sythese dieser beiden bisher antithetisch kontrastierten Lebensweisen sieht, wird nach dieser Übung des *in utramque partem disserere* die erneut von Leon Battista Alberti vorgetragene Conclusio erweisen, mit der Zugleich das Herrscherideal Landinos dem jungen Lorenzo vor Augen gestellt wird.

---

602 Land. D. C. 30, 11 - 26: Ecquis ignorat animanti rem publicam simillimam esse, in quo summa quadam harmonia suum quodque membrum munus exequitur? Conficit ex se eum spiritum cor, qui animanti vitam praebeat, circa vero nutrimentum nonnulla stomachus, sed plura epar praestat. Quod vero sentiat animal, a cerebro est, quod respiret a pulmonibus. Sed ne in reliquis, quae latent propetereaque minus nobis nota sunt, nunc longior sim, videamus externa: ferunt pedes, operantur manus, vident oculi, audiunt aures. Ex quibus omnibus unus veluti concentus ex diversis vocibus in commune efficitur, quo animans et ea, quae sibi noxia sunt, propellat et amica salutariaque asciscat. Quod si aut pedes universi corporis molem ferre denegarent aut oculi, quae totius salutem pertinent, prospicere recusarent aut nares odorum rationem habere negligerent aut gustus inter salubria et insalubria nullum discrimen faceret, quomodo illi animanti consultum putares aut quamdiu duraturum?

603 Vgl. hierzu auch Cic. De off. 1, 28: Itaque eos (sc. philosophos) ad rem publicam quidem accessuros putant nisi coactos.

604 Cic. De fin. 5, 58.

3. Vita composita

Die Abschlußrede des Dialoges, in der mit der Synthese zugleich die Haltung Landinos zur Frage nach vita activa und vita contemplativa präsentiert wird, hält wieder Leon Battista Alberti. Während aber seine erste Rede vor allem darstellenden Charakter hatte, ist diese nun die direkte Erwiderung auf die Rede Lorenzos und daher im Stil eines Agons unmittelbar auf dessen Argumente bezogen, aus deren *refutatio* dann das eigene Konzept der besten Lebensweise entwickelt wird.

Hierfür bedient sich Landino des Kunstgriffes der Rede in der Rede, indem er Alberti eine fiktive Apologie des berühmten Physikers Paolo Toscanelli[605] wiedergeben läßt, in der sich dieser gegen die den Philosophen gemachten Vorwürfe verteidigt.

Alberti beginnt mit einer Wiederholung der bereits genannten Vorzüge der vita contemplativa. Als direkter Weg zum höchsten Gut wird sie um ihrer selbst willen erstrebt und bietet, da sie allein der *divinissima pars* des Menschen gerecht wird, die größte, niemals endende *voluptas* des Geistes.[606] Diese Zusammenfassung bietet Ausschnitte der bei Thomas im Rückgriff auf Aristoteles gegebenen Begründung des Primats der vita contemplativa.[607] Die Rekapitulation wurde durch die Reduktion auf vier Punkte gegenüber Thomas freilich stark gestrafft, da sie lediglich als Ausgangspunkt für die Auseinandersetzung mit den von Lorenzo vorgebrachten Argumenten dient.

a) Die Refutatio eines Primats der vita activa

Daß der Mensch aus Körper und Geist besteht, kann Alberti nicht leugnen, wertet dieses Argument Lorenzos aber durch das Sprichwort *agamus pinguiori,*

---

605 Zu Paolo Toscanelli (1397 - 1482) s. Land. D. C. 38, 5 - 8: Nam is solus ex omnibus, quos ego norim, apud nos est, quem cognitio summarum rerum adeo delectet, ut modo id assequatur nihil sit praeterea quod curet. Vgl. hierzu Wolf, Cristoforo Landino Anm. 36. und Burckhardt, Kultur 483.

606 Land. D. C. 36, 13 - 37, 10.

607 1. Land. D. C. 36, 13 - 22: *speculatio veri* entspricht der *mens*, dem göttlichen Teil des Menschen. 2. ebd. 36, 22 - 30: sie ist der direkte Weg zum *summum bonum*. 3. ebd. 36, 30 - 34: sie bereitet die größte voluptas animi. 4. ebd. 36, 34 - 37, 2: sie wird um ihrer selbst willen erstrebt. Vgl. dazu Thom. Sum. theol. II - II qu. 182, ar. 1 und Arist. EN X. 1177 a ff.

ut aiunt, Minerva[608] als popularphilosophischen Gemeinplatz ab. Für ihn bleibt der Mensch durch die *aeterna mens* bestimmt, die als ihre Nahrung nicht Handeln, sondern Kontemplation verlangt.[609] Dem Körper gesteht Alberti nur Hilfsfunktionen, *adminicula*, während des Aufenthaltes der Seele im κόσμος αἰσθητός zu, da die durch Kontemplation erstrebte Gotteserkenntnis der Vorstufe sinnlicher Wahrnehmung im Bereich des Körperlichen bedarf.[610] Die Sorge um den Körper darf zwar nicht vernachlässigt werden, soll sich aber auf die Befriedigung notwendiger Bedürfnisse beschränken, da die Natur in ihrer Ursprünglichkeit mit Wenigem zufrieden ist.[611]

Hierfür steht in der Allegorese der dreiköpfige Cerberus, dessen Gebell, *latratus*, die Unzulänglichkeit des Körpers, *indigentia corporis*, signalisiert.[612] Seine drei Schlünde, die den Grundbedürfnissen nach Speise, Trank und Schlaf entsprechen,[613] kann die Sibylle mit ein paar Brocken zufriedenstellen und damit den Weg zur Unterwelt, zur Erkenntnis aller *vitia* freimachen.[614] Denn im Gegensatz zur Cerberusgestalt bei Hesiod, die sich über jeden Ankommenden im Tartaros freut, verwehrt der Cerberus bei Vergil dem Ungeläuterten den Zutritt, weil sich, so Landino, in der *contemplatio vitiorum* die Erkenntnis von dem vollzieht, was gut und böse ist.[615]

Die unterschiedliche Bedeutung, die der Katabasis bei verschiedenen Dichtern zukommt, erklärt Landino, indem er fünf *descensus*-Typen unterscheidet und damit das vierteilige System Salutatis, auf das er wohl zurückgegriffen hat, um eine Variante erweitert.[616] So nennt Landino den platonischen Abstieg der

---

[608] Land. D. C. 41, 5. Vgl. Cic. Lael. 5, 19: Agamus igitur, pingui, ut aiunt, Minerva; und Otto, Sprichwörter 224.

[609] Land. D. C. 41, 3 - 5.

[610] Land. D. C. 41, 8 - 12.

[611] Land. D. C. 242, 6: Quam ob rem nullo pacto negligenda est cura corporis. Ebd. 242, 9 - 10: Paucis enim natura contenta est atque ea huiuscemodi sunt, ut sine labore, sine sumptu facile comparentur.

[612] Land. D. C. 241, 10 - 19.

[613] Land. D. C. 242, 1 - 5. Diese Deutung hat Landino wohl direkt aus Salut. De lab. Herc. II 539 - 40 übernommen: Et Cerberus quidem quid aliud in corpore nostro significat nisi connaturalem nostri corporis indigentiam? Hec autem triplex est, cibus scilicet, potus, et somnus. Unde triceps fingitur ista canis.

[614] Land. D. C. 244, 5 - 11.

[615] Land. D. C. 244, 26 - 28. S. hierzu auch Lentzen, Studien 140 ff. Dies erinnert an die Schöpfungsgeschichte, in der der Baum der Erkenntnis von Gut und Böse die Schwelle zum Göttlichen markiert. S. 1. Mose 2, 9 - 17.

[616] Salut. De lab. Herc. II 483 - 486 unterscheidet vier *descensus*-Typen: 1. *animae rationalis descensus in corpora*; 2. *descensus per artem magicam*; 3. *descensus vitiosus*,

Seele in den Körper, den christlichen Abstieg in die Hölle zur Läuterung der Seele, das lasterhafte Leben auf Erden, den Abstieg durch Zauberanwendung, eine Variante, deren Wahrheitsgehalt Landino in der Vergilvorlesung noch in Zweifel zog, und schließlich den *descensus* zur Erkenntnisgewinnung, wie Aeneas ihn vollzieht.[617] Vergleicht man diese Zusammenstellung mit derjenigen Salutatis, so hat Landino den christlichen Abstieg in die Hölle zur Läuterung der Seele hinzugefügt, im Vergleich mit der Vergilvorlesung wurde das lasterhafte Leben auf Erden als gesondertes Äquivalent zur Unterwelt ergänzt, indem Landino es aus dem Kontext des reinigenden Fegefeuers auskoppelte. In der Vorlesung findet sich folgerichtig diese Auflistung von vier Arten des Abstieges in die Unterwelt, die wie diejenige in den *Disputationes* mit dem Abstieg zum Zwecke der *speculatio vitiorum* schließt:

> *Quatuor modis in infernum homines descendunt uno modo, ut Platonici dicunt, cum animus a stellis purissimis descendit per septem caelos in corpus, quod infernum appellat Plato, ut supra dixi. Secundus est, cum animus exul a ratione dedit se vitiis relicta virtute, et ob id animae peccantes ad ignem aeternum mittuntur ... Tertius est, dubito tamen verus an falsus sit, cum per quaedam carmina magica umbrae revocantur ad corpus. Quartus est quotiens homines ipsi descendunt in speculationem vitiorum, ut illa reliquant, et virtutem sequantur ... Secundum hunc quartum modum Aeneam nunc ad infernum descendere vult. Cum enim homo sapiens sit et tendere velit ad ipsam speculationem, opus est ut ad infernum descendat, idest ad contemplationem vitiorum, et illis cognitis ea relinquat, et virtutes omnibus viribus sequatur.*[618]

Damit also der Körper diesen Erkenntnisprozeß nicht behindert - so folgert Alberti - sollen seine Grundbedürfnisse erfüllt, jeder diese übersteigende Luxus aber abgelehnt werden.[619] Dieses Postulat einer bescheidenen Lebensweise gibt Landino die Gelegenheit, nochmals Federigo da Montefeltro und Lorenzo de' Medici, seinen Adressaten und seinen Gönner, ob ihrer disziplinierten Lebensweise zu loben, in der sie den körperlichen Begierden nur sekundäre Bedeutung beimessen.[620]

---

non tamen magicus, sed vulgaris; 4. *descensus moralis et virtuosus, ad mundana ista et ad ipsorum falsitatem contemplandam.*

617 Land. D. C. 218, 8 - 21. Für den *descensus* als platonischen Seelenabstieg s. Land. De anima I 35. Zu den *descensus*-Typen bei Landino s. auch Kallendorf, Renaiss. Q. 36, 1983, 537 f.

618 Cod. Cas. 1368, fol. 215. Für Hinweise bei der Lesung dieser Passage danke ich Dr. J. Stohlmann.

619 Land. D. C. 242, 6 - 25.

620 Land. D. C. 242, 25 - 243, 27.

Das Argument Lorenzos, daß gerade die bürgerlichen Tugenden Körper und Geist am besten dienen könnten, weiß Alberti durch den Hinweis zu entkräften, daß alle Tugend letztlich aus der Erkenntnis stamme.[621] Denn wie einem Künstler sein Werk schon als Idee, *iam mente conceptum*, vor Augen stehen muß, bevor er zur Ausführung schreiten kann, so kann auch nur der gerecht handeln, der die Idee der Gerechtigkeit erfaßt hat:

> *Quis enim iuste vivere poterit, nisi prius quid iustum sit et iustum quod sit naturae nostrae consentaneum esse propterea que agendum mente investigaverit? Non possunt igitur sine mentis investigatione ea perfici, quae circa actiones adhibentur.*[622]

Die Umsetzung der platonischen Seelenlehre ist hier bei Landino klar erkennbar, und die die *Disputationes* krönende Forderung nach dem Philosophenkönig wird hier grundgelegt. Ein Leben in reiner *actio* ist nicht denkbar, da diese auf die Weisungen des Verstandes angewiesen ist, wie Martha auf die Hilfe ihrer Schwester Maria.[623] Denn während Martha durch die notwendigen Verrichtungen des Lebens abgelenkt wird, konzentriert sich Maria ganz auf den Herrn, den Weg zum höchsten Gut.[624]

Auch die tragende Funktion des aktiven Lebens und seiner Tugenden im Kampf gegen die Affekte weist Alberti zurück. Schmerz und Lust seien körperliche Phänomene, die nicht durch den täglichen Lebenskampf, sondern nur durch die Konzentration auf das Geistige und die allmähliche Lösung von der Körperlichkeit überwunden werden könnten. Auch die staatlichen Gemeinschaften, die für Alberti nur Hilfskonstruktionen während des irdischen Daseins des Menschen sind, entstehen seiner Meinung nach nur aufgrund der Unzulänglichkeit des menschlichen Körpers und nicht, weil der menschliche Geist ihrer bedarf.[625] Aber nicht nur für die Rückkehr zum göttlichen Ursprung, sondern auch für den Kampf gegen die Affekte sind die kontemplativen Tugenden von weitaus größerer Bedeutung als die bürgerlichen:

---

621 Land. D. C. 41, 12 - 15: Quapropter quod dicis virtutes civiles, quae a moribus sunt, et animum simul et corpus curare, fateor, id quidem, dummodo illud quoque intelligas eas omnes virtutes a vi cognoscendi originem ducere.

622 Land. D. C. 41, 15 - 18.

623 Land. D. C. 41, 23 -24.

624 Land. D. C. 36, 22 - 23.

625 Land. D. C. 42, 9 - 16: Quamquam et societas, qua humanum genus devincitur, non propter animi excellentiam, sed propter corporis indigentiam expetatur et hostes illi, quos oratione tua ita saevos oculis paene nostris subiciebas, ut horrorem incuteres, una cum corpore sepeliendi sint. Nam cum omni corporea contagione liberi in naturam suam animi nostri redierint, neque societas erit expetenda neque hostes formidandi cessabitque actio cum interim speculatio magis magisque corroboretur.

> *Voluit enim omnium rerum architectus deus hac potissimum re nobis significare, quae ad rerum publicarum administrationem utilia futura sint, non nisi per supremarum rerum investigationem ab hominibus excogitari posse. Quapropter et ad communem societatem conservandam et ad duos illos humanae tranquillitatis hostes superandos multo efficacius eae virtutes nobis proderunt, quae in veri cognitione versantur, quam illae, quae in rebus agendis laborant.*[626]

Damit wird die Erkenntnis zur Quelle ethisch vortrefflichen politisch-gesellschaftlichen Handelns. Deshalb wird man den Philosophen nicht - wie Lorenzo gesagt hatte - am Stadttor abweisen, sondern ihn aufnehmen und wie einen Helden ehren, da er allein dem Staat den wahren Nutzen bringt, den er in der *investigatio veri* erkannt hat.[627] Seine in der Kontemplation gewonnenen Erkenntnisse zu publizieren und für die Gemeinschaft nutzbar zu machen, entspricht der Pflicht des platonischen Weisen, in die Höhle zurückzukehren und trotz der Gefahr an Leib und Leben auch die Mitmenschen zum Licht der Erkenntnis zu führen.[628]

Der Philosoph beweist seine *utilitas* nicht, indem er die Stadt mit Bauwerken und anderen der Vergänglichkeit unterworfenen Objekten schmückt[629] oder - wie Landino es in antik-römischer Terminologie ausdrückt - im Senat oder auf dem Forum politisch aktiv wird,[630] sondern indem er in ihr die Eintracht der Bürger, die *concordia civium*, herstellt.[631] Daß allein der Philosoph die Harmonie unter den Bürgern schaffen kann, beweist Alberti, indem er die *harmonia* in einer logischen Ursachenkette auf das *otium* als ihren Ursprung zurückführt. Die Harmonie unter den Bürgern entsteht nämlich aus bester Gesetzgebung, der *optima institutio legum*, deren Überwachung von der *virtus* der Gesetzgeber abhängig ist. Jede Tugend aber stammt, da sie - wie

---

[626] Land. D. C. 42, 2 - 9.

[627] Land. D. C. 44, 26 - 45, 2.

[628] Plat. Rep. VII. 516 c ff.

[629] Land. D. C. 40, 2 - 4. Durch die Wahl der Verben *demoliri, diruere* und *contabescere* wird die Vergänglichkeit aller Werke der *actio* mit der des menschlichen Körpers selbst in Analogie gesetzt. Vgl. hierzu ebd. 41, 1 - 2: *dissolvere, confringere, veterascere, conterare.* Wie schon Augustinus und Gregor der Große identifiziert Landino hier die *actio* mit der Endlichkeit, während die *contemplatio* der Ewigkeit entspricht.

[630] Land. D. C. 39, 28 - 32.

[631] Land. D. C. 40, 4 - 9: Sed unica custos servatrixque fidelissima est concordia civium, quam actiones a singulis profectae in unum coeuntes ita conficiunt, veluti diversae a singulis in cithara fidibus venientes voces ita consonant, ut suavissimus inde concentus, quem Graeci harmoniam nuncupant, exoriatur. Zu dieser Definition von *harmonia* vgl. als Vorlage Cic. Tusc. 1, 19.

Platon festgelegt hat - ein Wissen und damit erlernbar ist,[632] aus der Erkenntnis, die ihrerseits aus dem Bemühen um das Wahre, der *exercitatio circa verum*, also der Philosophie entspringt. Diese wiederum kann sich nur im *otium* der Kontemplation vollziehen, welches damit zum Urgrund des harmonischen Staatswesens wird, da aus ihm die Normen für das menschliche Zusammenleben erwachsen.[633]

Auch wenn Landino an dieser Stelle Platon nicht explizit nennt, so erinnert sein Verständnis von *harmonia* im Staate doch an den platonischen Begriff der δικαιοσύνη, die sowohl in der Seele des Herrschers, als auch dann im Staat verwirklicht werden kann, wenn jeder Seelenteil das Seine tut und jeder Stand die ihm zukommenden Aufgaben erfüllt. Die rechte Ordnung der Seele, in der das vom θυμοειδές unterstützte λογιστικόν das ἐπιθυμητικόν beherrscht, erreicht der Philosophenherrscher erst durch die Erkenntnis der Idee des Guten und kann erst dann auch den Staat nach dieser Ordnung formen.[634] Die Pflicht der Umsetzung seiner Erkenntnis in die Praxis ist dabei im platonischen Modell dem Philosophen im Augenblick der Einsicht automatisch eingegeben. Damit entfällt auch der von Lorenzo wider den Philosophen erhobene Vorwurf des egoistischen Rückzuges in die Einsamkeit der Kontemplation. Denn der Weise - so führt Alberti aus - werde sich nur dann von der Leitung des Staates zurückhalten, wenn er bereits einen anderen Weisen in der Staatsführung sehe, da es ihm angenehmer sei, regiert zu werden, als zu regieren. Niemals aber würde er sich aus der Verantwortung stehlen, wenn der Staat ihn wirklich brauche, sondern stehe jedem gern mit seinem Rat zur Seite. Eingreifen werde der Weise dann, wenn solche an die Macht gelangten, denen wahre Erkenntnis fehle und die der Führung bedürften.[635] Der Philosoph werde also immer, aktiv oder beratend, am Staate teilhaben, eine Aussage, mit der sich Landino dem ciceronianischen *numquam esse privatum sapientem*[636] anschließt. Da darüber hinaus nur sehr wenige Menschen überhaupt abseits der Gesellschaft leben wollten, sei die Zahl derer, die dem Staat den Rücken kehrten, so gering, daß von ihnen keine Gefahr für das Gemeinwesen drohe.[637] Dagegen drohe der Gemeinschaft Gefahr von den Menschen, die nicht aus Liebe zur *virtus* in den

---

[632] Plat. Men. 87 C - 89 C. Cic. Ad Att. 10, 12, 7.

[633] Land. D. C. 40, 9 - 19.

[634] Plat. Rep. IV. 444 b - 445 e. Vgl. hierzu Borman, Platon 160 ff.

[635] Land. D. C. 46, 2 - 8: Est enim divini Platonis praeceptum, si sapientem rebus praeesse viderit sapiens, usurum illum otio suo, cum multo sit suavius regi quam regere, sin stulti erunt, qui praesint, aut ipse illorum vicem obire aut eas meliores reddere tentaturum; quodsi neque ipse admittetur neque illi meliores fieri patientur, rediturum ad se aliaque ratione hominibus profuturum.

[636] Cic. Tusc. 4, 91.

Dienst des Staates drängten, sondern wegen der zu erwartenden *honores*, mit denen - wie Lorenzo ja ausgeführt hatte - nach dem Willen des *consensus omnium nationum* die aktiv im Staat tätigen und nicht die ein kontemplatives Leben führenden Menschen ausgezeichnet würden. Hierin u. a. unterscheide sich das aktive Leben vom kontemplativen, daß es häufig nicht um seiner selbst willen erstrebt werde:[638]

> *Non enim virtutem amant, sed virtutis insignia, quae saepius malis quam bonis exhibetur. Inanis igitur atque adumbrata gloria in rerum publicarum administratione excellentioribus semper adhaeret.*[639]

In der Allegorese wird dieses Streben nach nichtigem Ruhm, *inanis gloria*, durch Misenus verkörpert, der daran schließlich zugrunde geht.[640] Er ist der Sohn des Aeolus, und nichts erscheint "windiger" als die Ruhmsucht, welche Aeneas dann auch in Gestalt des Misenus zu Grabe tragen muß, bevor er zur Sibylle gelangen kann.[641] An diese Allegorese schließt Landino zur Illustration eine Reihe historischer Exempla an, die belegen, daß die größten Eroberungen der Weltgeschichte durch die Ruhmsucht Einzelner motiviert wurden, aber auch, wieviel Leid damit über die Menschen gebracht wurde. Da dieser völlig veräußerlichte Ruhm nur der tumben Masse imponiert, von den Weisen aber verachtet wird, ermahnt Landino zugleich Lorenzo de' Medici, die Macht seines künftigen Amtes nicht für solches Tun zu mißbrauchen. In der Reihe der schlechten Beispiele nennt Landino Minos, Cyrus und Xerxes, Griechen, Spartaner und Hellenen zunächst nur summarisch, Hannibal, Sulla, Marius, Caesar, Cn. Pompeius, Antonius und Octavian.[642] Aufschlußreich ist hierbei vor allem die Beurteilung Caesars, bei dessen Negativwertung sich Landino den

---

637 Land. D. C. 45, 24 - 30.

638 Zur Kontemplation, die nur um ihrer selbst willen erstrebt wird s. Land. D. C. 25, 23 - 24; 36, 34 - 37, 2.

639 Land. D. C. 227, 8 - 11; vgl. ebd. 46, 25 - 32.

640 Land. D. C. 226, 25 - 227, 8: Sunt enim summo odio digni, qui virtutem negligunt, unde solida expressaque manat gloria, honores vero ac reliqua virtutis insignia sectantur, quam qui in vita civili res egregias adoriuntur in primis captare consueverunt. Hi enim non recti honestique amore, sed gloriae cupiditate laborant, quam dum assequi cupiunt, et rem publicam saepe perdunt et summum civium odium incidunt. Daß das Glück nicht im *honor* liege, hatte schon Bruni, Canz.mor. 150, 1 - 22 betont. Zu Allegorese s. Cod. Cas. 1368, fol 217 v: Misenus, de quo nunc agitur, laus odiosa interpretatur. Und Land. D. C. 227, 6 - 229, 4.

641 Land. D. C. 228, 10 - 13; 227, 21 - 27.

642 Land. D. C. 228, 1 - 9.

bürgerlichen Humanisten und ihrem Ideal der römischen Republik anschloß.[643] Als positive Exempla und selbstlose Kämpfer aus Liebe zum Vaterland, *caritas patriae*, werden diesen Themistokles, Epaminondas, Leonidas, Brutus, Scaevola und Decius gegenübergestellt, mit denen man auch das Ideal der Republik verknüpfen konnte.[644] In dieser Passage ist es Landino gelungen, mit der Ablehnung äußerer Ehrenzeichen eine klare politische Kritik zu verknüpfen, die die Intention seines Werkes als Fürstenspiegel für Lorenzo de' Medici erneut unterstreicht.

Daß die Vergabe von Ehrungen durch den Staat kein Indiz für die Wahl der zum *summum bonum* führenden Lebensweise sein kann, sondern daß diese *honores* nur als Lockmittel dienen, weist Alberti in einer scharfsinnigen Analyse nach, welche zeigt, daß auch der Staat bei der Vergabe von Ehrungen nach dem Utilitätsprinzip verfährt:

> *Eos enim res publica inprimis honorat, quos honorare sua maximi intersit. Interest autem plurimi huiuscemodi viros ad se defendendam atque augendam et ad suam maiestatem amplificandam omni honorum genere allicere.*[645]

Damit hat Alberti alle Argumente, mit denen Lorenzo de' Medici den Vorrang des aktiven Lebens vor dem kontemplativen hatte beweisen wollen, widerlegt. Ziel des wichtigeren Teiles seiner Rede ist es nun, sein, d.h. das von Landino bevorzugte, Lebensideal zu entwickeln. Daß es ihm hierbei trotz des von ihm vertreten Vorranges des Geistprinzips in der menschlichen Natur nicht um die starre Verfechtung des kontemplativen Lebensideals im neuplatonischen Sinne geht, haben die Bewertung der Martha-Maria-Episode und die häufigen Rekurse auf den platonischen Philosophenkönig bereits erkennen lassen.

b) Conclusio: Die Vereinigung beider Lebensformen

Nachdem in These und Antithese die Vor- und Nachteile beider Lebensweisen ausführlich erörtert worden sind, gipfelt der Dialog in der Synthese von vita activa und vita contemplativa, in einer vita composita - wie Augustinus[646] diese Form bezeichnet hat -, die mit ihrer Verschänkung beider βίοι deren gegenseitige Abhängigkeit so deutlich unterstreicht, wie Gregor der

---

[643] Zur Bewertung Caesars s. Baron, Crisis 147 ff., der als Beispiele Petrarca, Salutati, Bruni und Benvenuto Rambaldi da Imola behandelt.

[644] Land. D. C. 228, 18 - 24.

[645] Land. D. C. 46, 21 - 24.

[646] Aug. De civ. Dei 19, 2; CCL 48, 660. Ebd 19, 19; CCL 48, 686.

Große dies tat, als er schrieb, daß der Mensch vom aktiven zum kontemplativen Leben gelangen solle, dieses ihm aber wiederum zu einem verbesserten aktiven Leben verhelfen könne.[647] Da Landino, bei aller Bedeutung dieses Gedankengutes für sein Werk, nicht nur neuplatonische Philosophie vermitteln, sondern auch einen Fürstenspiegel für den jungen Lorenzo de' Medici verfassen wollte,[648] wird mit der vita mixta zugleich das Bild des Herrschers gefeiert, der das Ideal eines *homo universalis* in sich verwirklicht. Die Lobpreisung der hervorragenden Eigenschaften Lorenzos und Federigo da Montefeltros sowohl im aktiven als auch im kontemplativen Leben erfährt hier ihre philosophische Begründung.

Da bei dem Inhaber eines Staatsamtes durch seine exponierte Stellung Tugenden und Laster besonders deutlich zu Tage treten, *magistratus virum ostendit*,[649] muß sich jeder, der ein solches Amt anstrebt, fragen, ob er die hierfür notwendigen Voraussetzungen erfüllt. Denn nur der kann im Staate herrschen, der durch das Licht der Erkenntnis - hier greift Landino auf seine *lumen*-Theorie zurück - sehend geworden ist, d. h. die *cognitio veri* vollzogen hat,[650] denn jeder andere muß wie ein Blinder den Staat ins Verderben führen.[651] Die platonische Forderung nach dem Philosophenkönig, der aktives und kontemplatives Leben in sich vereint, nimmt Landino hier direkt auf:

> *Hoc sine ulla dubitatione sentire videatur divinus Plato: eas res publicas tum demum beatas futuras quas aut philosophi administraverint aut qui ministrant philosophari coeperunt.*[652]

---

647 Greg. Homil. in Ezech. 2, 2, 11; CCL 142, 228 - 29.

648 Die Intention der *eruditio* tritt vor allem in den Adhortationes Land. D. C. 10, 11 - 11, 14; 11, 24 - 31, sowie in zahlreichen, das aktive Leben und seine Gefahren betreffenden Passagen zu Tage. Vgl. z. B. Land. D. C. 6, 11 ff; 10, 31 ff; 12, 6 ff., 156, 11, ff.; 171, 17 - 30; 176, 10 ff.; 181, 14 - 183, 13; 227, 6 ff.; 242, 25 - 243, 27.

649 Land. D. C. 38, 26 - 28. Vgl. dazu Sall. Cat. 51, 12 und Hor. Carm. 2, 10, 9 - 12.

650 Land. D. C 39, 6 - 9: Quod si quis quaerat, quibus rebus exornatum eum esse oporteat, cui publica res conmitti possit, respondebo sine ulla dubitatione omnem laborem frustra illum suscepturum, nisi assit veri cognitio.

651 Land. D. C. 39, 15 - 19: Quod si quis hoc neglecto lumine ad eum quem dixi finem pervenire contendit, et ipse veluti caecus duxet qui eum sequuntur praecipites in omnium aerumnarum voraginem ruent, qua cum absorti fuerint, omnis remeandi spes concidat necesse est. Zum Bild des Blinden vgl. Plat. Rep. VI. 506 c: ἦ δοκοῦσί τί σοι τυφλῶν διαφέρειν ὁδὸν ὀρθῶς πορευομένων οἱ ἄνευ νοῦ ἀληθές τι δοξάζοντες. Und Matth. 15, 14: Sinite illos: caeci sunt et duces caecorum. Caecus autem si caeco ducatum praestet, ambo in foveam cadunt.

652 Land. D. C. 11, 22 - 24; 11, 14 - 19. Vgl. hierzu Plat. Rep. V. 473 c - d: 'Εὰν μή, ἦν δ' ἐγώ, ἢ οἱ φιλὸσοφοι βασιλεύσωσιν ἐν ταῖς πόλεσιν ἢ οἱ βασιλῆς τε νῦν λεγόμενοι καὶ δυνάσται φιλοσοφήσωσι γνησίως τε καὶ

Neben der Weisung für Lorenzo de' Medici, sich gerade als Herrscher den Studien und dem kontemplativen Leben zu widmen,[653] legt dieser Satz auch die Verpflichtung eines jeden Weisen, der die Spitze der Kontemplation erreicht hat, fest, sein Wissen in den Dienst der Gemeinschaft zu stellen; d. h. - um in der Terminologie des Gleichnisses zu bleiben - er muß aus dem Licht der Erkenntnis wieder hinabsteigen in das Dunkel der Höhle, um auch die anderen zur Wahrheit zu führen.[654] Denn nur der Philosoph hat durch die Erforschung der höchsten Dinge, der *investigatio rerum excelsarum*, erkannt, was für die Mitbürger von Nutzen ist, und ist damit allein zur Herrschaft über das Gemeinwesen befähigt.[655] Andererseits kann - wie in der neuplatonischen Seelen- und Tugendlehre gezeigt werden konnte - niemand in die Höhe der Kontemplation aufsteigen, bevor er nicht die Tugendstufen, beginnend mit den *virtutes civiles*, durchlaufen hat.[656] Ebenfalls in Anlehnung an Platon empfiehlt Landino, mit der aktiven Beschäftigung zu beginnen und sich erst im fortgeschrittenen Alter der Kontemplation zu widmen, um mit deren Umsetzung in die Praxis das Leben zu krönen.[657]

Auch Ficino verweist in einem Brief an Lorenzo de' Medici auf diese drei Phasen des platonischen Systems, subsummiert aber alle drei Stufen unter dem Stichwort *contemplatio*:

> *Tres vero sunt praecipui contemplationis gradus. Primus quidem a corpore per animam ascendit ad Deum. Secundus autem consistit in Deo. Tertius denique ad animam corpusque descendit.*[658]

ἱκανῶς, καὶ τοῦτο εἰς ταὐτὸν συμπέσῃ, δύναμίς τε πολιτικὴ καὶ φιλοσοφία, τῶν δὲ νῦν πορευομένων χωρὶς ἐφ' ἑκάτερον αἱ πολλαὶ φύσεις ἐξ ἀνάγκης ἀποκλεισθῶσιν, οὐκ ἔστι κακῶν παῦλα, ὦ φίλε Γλαύκων, ταῖς πόλεσι, δοκῶ δ' οὐδὲ τῷ ἀνθρωπίνῳ γένει, οὐδὲ αὕτη ἡ πολιτεία μή ποτε πρότερον φυῇ τε εἰς τὸ δυνατὸν καὶ φῶς ἡλίου ἴδῃ, ἣν νῦν λόγῳ διεληλύθαμεν. In diesem Sinne hatte Landino den Jungen Lorenzo auch beim Tode seines Onkels getröstet und ermutigt. Land. Ep. consolatoria, ed. Lentzen, Studien 199: Divinissimo enim consilio multa apud Platonem scripta reperies, sed haec imprimis tunc denique beatas res publicas futuras, cum aut illas philosophi administrabunt, aut ii, a quibus administrantur, philosophari coeperint; ego autem si quid in me ingenii, si quid doctrinae est, id omne, cum tu opera mea uti voles, in te libentissime atque officiosissime effundam; habes praeterea gentilem virum moribus et doctrina probatissimum, qui quanto tibi usui et olim fuerit et deinceps futurus sit, ipse pro tua prudentia optime intelligis.

653 Land. D. C. 36, 6 - 13 lobt Alberti Lorenzo, daß er die unterste Tugendstufe bereits überschritten habe und sich Göttlicherem zuwende.

654 Plat. Rep. VII. 514 a - 518 b. Zur Rückkehr in die Höhle ebd. 516 c.

655 Land. D. C. 44, 30 - 45, 8. Vgl. dazu Robb, Neoplatonism 47.

656 Robb, Neoplatonism 44.

657 Land. D. C. 171, 19 - 30. Vgl. dazu Plat. Rep. VI. 498 b.

658 Fic. Op. om. I 737.

Im Symposionkommentar betont er die zweifache Wirkmächtigkeit des Amor *Socraticus*, welcher sowohl zum aktiven als auch zum kontemplativen Leben befähige:

> *Quaeritis quid Amor Socraticus conferat? Primo quidem ipsi Socrati plurimum ad alas recuperandas, quibus in patriam revolet, deinde civitati sue magnopere ad honeste feliciterque vivendum.*[659]

Gestützt wird diese aus der heidnischen Philosophie übernommene Einsicht durch die allegorische Interpretation der Übergabe der zehn Gebote an Moses auf dem Berg Sinai.[660] Wie Moses aus dem Tal des Handelns mühsam aufsteigen mußte zum Berggipfel, um dort in der Offenbarung Gottes neue Anweisungen für das Leben in der Gemeinschaft zu empfangen, so muß jeder Mensch aufsteigen von den *virtutes civiles* über die *virtutes purgatoriae*, die ihn von allen Lastern und jeder Bindung an die Körperlichkeit befreien, zu den *virtutes animi iam purgati*, die ihn zur Gotteserkenntnis führen.[661] Wie Moses muß aber auch jeder, der zur Erkenntnis gelangt ist, wieder hinabsteigen, um seine Aufgaben in der Gemeinschaft wahrzunehmen. Denn die Gebote Gottes sind nicht Selbstzweck, sondern gegeben, um die Menschen zu besserem Handeln zu führen.[662]

Den letztgültigen Beweis dafür, daß der Mensch das höchste Gut durch die Verwirklichung seiner Anlagen im aktiven und kontemplativen Leben erreicht, erbringt Landino durch die Allegorese der Aeneis, denn gerade der Held Aeneas vereinigt in vorbildlicher Weise das aktive und das kontemplative Leben in sich. Nach seiner Lösung von der vita voluptuosa in Troia folgte die Bewährung in der vita activa und schließlich das Erreichen der vita contemplativa in Italien mit dem Besuch bei der Sibylle und dem Abstieg in die Unterwelt. Als er aber dieses höchste Ziel des Menschen erreicht, verheißt ihm die Sibylle noch härtere Proben als die bisherigen. Sie deutet voraus auf die Kämpfe in Latium und damit über den höchsten Akt der Erkenntnis hinaus und

---

659 Fic. De amore 260 - 61.

660 5 Mose 5, 4 - 21. Land. D. C. 41, 28 - 42, 5.

661 Land. D. C. 11, 14 - 19.

662 Land. D. C. 41, 29 - 30. Ebd. 113, 5 - 15: Nam apud Hebraeos vir bello invictus, qui et Aegyptios ab Aethiopibus et ab Aegyptiis Hebraeos liberavit, nonne suis versibus - versibus enim volumen conscripsit - omnem divinitatem complexus est. Vgl. dazu Land. Praef. in Virgilio 23, 2 - 13 und Land. De vera nob. 105 - 6. Erinnert sei an die Position des Moses im Grabmal Julius II. in der Mitte zwischen Lea und Rahel als Verbindung beider Lebensformen.

zurück in die Praxis.[663] Der also wählt den rechten Weg, der sich in der Kontemplation seines göttlichen Ursprungs bewußt wird und aus der Kontemplation heraus das Leben in der Gemeinschaft gestaltet, der - in christlicher Terminologie - Gottesliebe und Nächstenliebe im richtigen Maß verbindet. Dieses Lebensideal faßt Landino in den *Disputationes* zusammen:

> *Eum denique virum putabo, qui utriusque vitae rectam rationem habens utranque coniungat, qui actionibus tantum praebeat quantum rerum mortalium indigentia atque humanae societatis vinculum postulat, quantum Amor patriae impellit. Ad speculationem autem ita se convertet, ut ad eam, nisi quatenus inbecillitas nostra avocet, se natum meminerit. Investigabit igitur, ut summi boni compos fiat. Aget, ut sua suorumque incommoda fugiat.*[664]

Das Ideal der Verbindung beider Lebensweisen hatte Landino auch in der Vergilvorlesung vertreten:

> *Bonus autem et sapiens idem est. Deducendus ergo est ad felicitatem, quae duplex est secundum ipsos philosophos, altera in ea vita, quae cum actionibus plena sit, activa dicitur, altera divina potius, quae contemplativa et speculativa nuncupatur, quoniam in sola speculatione versetur. Et haec illa longe praestantior est, has autem duas Aeneam attigisse ostendit, et in ambabus summa cum laude versatum.*[665]

Die Junktur von vita activa und vita contemplativa wurde zum Grundmuster verschiedener landinischer Reden und Traktate,[666] und in seinem Dialog *De vera nobilitate* bestimmt die Verbindung beider Lebensformen die Definition der wahren *nobilitas*:

---

[663] Land. D. C. 209, 28 - 210, 3: Cum enim a communi vita ac hominum coetu te in solitudinem vendicaveris, tunc acriores quasdam veluti faces earum rerum, quas reliquisti, memoria admovet et illarum desiderio accerime insurgunt morsus. Vgl. auch Land. D. C. 211, 14 - 18: In Italia vero, cum nondum cupiditatem rerum humanarum deponere valeat animus, bella excitantur, aspera illa quidem, sed non in quibus veluti apud Troiam succumbat, sed unde victor triumphansque parto regno redeat.

[664] Land. D. C. 47, 10 - 16.

[665] Cod. Cas. 1368, fol. 203 v. Field, Beginning 530 abweichend: ... in ambabas summa cum laude versatum.

[666] So basiert die Leichenrede für Donato Acciaiuoli ganz auf den Koordinaten von vita activa und vita contemplativa und der Preisung der Leistungen des Verstorbenen in beiden Lebensbereichen, Land. Orat. funebris 66 - 72: vita activa; 72 - 75: vita contemplativa.

> *Nobilitas quae in homine perfecta sit, utrumque humanae vitae genus complectitur.*[667]

Daß die Führungsrolle in dieser Verbindung der vita contemplativa zukommt, steht für Landino fest, da aus ihr nicht nur die *praecepta* des Lebens entspringen, sondern sie vor allem den Menschen in seine göttliche Heimat zurückführen kann.[668] Eine göttliche Bestätigung dafür aber, daß - wie schon Augustinus[669] betont hatte - beide Lebensweisen gottgefällig seien, findet Landino in der Auswahl der Menschen, die das vergilische Elysium[670] bevölkern, denn sowohl Vertreter des aktiven wie des kontemplativen Lebens haben dieses höchste Ziel erreicht:

> *Nos autem si, quos viros ille in caelis reponat, diligentius considerabimus, ea omnia, quae primo disputationis die de utroque vitae genere a nobis exposita sunt, acutissime illum esse complexum animadvertemus, ut et qui in rerum cognitione religiose et qui in actionibus a vita civili iuste versati sunt digni omnino existant, qui in caelum veluti in originem suam redeant.*[671]

Dies ist zweifelsohne in mehrfacher Hinsicht eine Schlüsselstelle für das Verständnis der *Disputationes*, da der Autor nicht nur seine Meinung zur Frage von vita activa und vita contemplativa nochmals verdeutlicht, sondern im Blick auf seine eigene Konzeption der *Disputationes* die Verklammerung der sogenannten theoretischen Bücher mit der Allegorese betont, das Werk demnach also als Einheit verstanden wissen will.[672]

---

[667] Land. De vera nob. 101. Zur Definition des *nobilissimus vir* s. ebd. 99 f.: Nobilissimum denique et dicendum et habendum existimabo, cui uterque virtutum chorus ita concinet, ut et quae agenda sunt, recte agat, et, quae cognoscenda, scienter teneat, quandoquidem primae illae virtutes, nisi actio cognitionem sequatur, inanes omnino, sint hae autem sola scientia perficiantur.

[668] Land. D. C. 41, 25 - 28.

[669] Aug. Serm. 103, 2; Migne PL 38, 614.

[670] Verg. Aen. 6, 637 ff.

[671] Land. D. C. 255, 8 - 14.

[672] Vgl. dazu auch Land. D. C. 48, 5 - 8: Quid enim alter per Ulixem, per Aeneam alter nobis ostendere voluit nisi summum hominis bonum? Neque solum id ostendere, sed viam quoque certissimam, quae sine aliquo errore ad illud ducat, demonstrare voluerunt.

c) Cicero als Exponent beider Lebensformen

Als vornehmstes Exemplum der Verbindung von vita activa und vita contemplativa in einer Person nennt Leon Battista Alberti Marcus Tullius Cicero und widmet dessen Leistungen in *otium* und *negotium*[673] eine längere wertende Betrachtung. Für Landino mag dieses Beispiel besonders nahe gelegen haben, da er neben seiner intensiven Beschäftigung mit Cicero im Studio Fiorentino auch persönliche Anknüpfungspunkte zu dem Römer sah, der sich - wie Landino selbst - neben nicht immer erfolgreicher politischer Aktivität philosophischen Betrachtungen und dem Ziel hingab, die Bürger gelehrter zu machen.[674] Wie Titel, Aufbau und Diktion der *Disputationes* zeigen, lehnte sich Landino auch in seinen Werken sehr nah an Cicero an, was ihm von Ficino den Tadel einbrachte, er ahme Cicero *ad unguem* nach.[675]

An *gravitas* gewinnt dieses Beispiel freilich noch durch die allgemeine Hochschätzung, die Cicero in der italienischen Renaissance entgegengebracht wurde, und durch die *auctoritas*, die man ihm in vielen Bereichen zuerkannte. Schon Petrarca hatte in seinen *Trionfi* Cicero zusammen mit Vergil als die Augen seiner Sprache, *gli occhi della lingua nostra*,[676] bezeichnet und damit vor allem seinen stilistischen Vorbildcharakter gewürdigt. Der ciceronianische Stil galt nicht nur den Puristen unter den italienischen Humanisten als kanonisch. In der Rhetorik übernahm man Ciceros Ideal des *ornate copioseque dicere* und damit die Forderung nach dem philosophisch gebildeten Redner, wobei sich der auf Cato zurückgehende *orator perfectus* des Quintilian vollständig integrieren ließ.[677]

---

[673] Land. D. C. 42, 25 - 26 mit den von Cicero selbst geprägten Schlagwörtern.

[674] Cic. De fin. 1, 10.

[675] Fic. Op. om. I 667.

[676] Petr. Triumph. mort. 3, 21.

[677] Zum Stil und Rednerideal bei Cicero s. Cic. De orat. 1, 22; 3, 53; 3, 76 ff; 3, 142. Zum formalen Einfluß Ciceros s. einige Hinweise bei Zielinski, Cicero 179 - 191. Zur Wertung Ciceros in anderen Arbeiten Landinos vgl. Land. Praef. in Tusc. 13, 27 - 30 zunächst abwertend über die Literatur vor Cicero: Nam ante Ciceronis tempora praeter poeticam et annales quosdam nihil pene quod quidem dignum, ut in legentium manus veniret, esset, nostris litteris demandatum fuerat. Ebd. 14, 37 - 15, 8 das Lob auf Cicero: Quam ob rem ut quae a principio posui quandoque ad exitum deducantur, si ea demum perfectissima eloquentia existimanda est, quae a sapientiae studio non sit siuncta, sed et bene vivendi et bene loquendi simul rationem habeat, quid est, studiosi adolescentes, in quo hoc tempore vestrum omne ocium conterere, omnem industriam potius ponere velitis, quam in Cicerone nostro audiendo, apud quem recte agendi viam et comode alios suadendi, ut eadem consectentur eloquentiae praecepta, colligere potestis. Über die Verbindung von Weisheit und Eloquenz Land. De vera nob. 84: Quamobrem et apud

Bei Cicero konnte man weiterhin lernen, wie eine als vorbildhaft erkannte Literatur rezipiert und für die eigene Zeit umgesetzt werden konnte. Denn wie Cicero griechisches Philosophie- und Bildungsgut nach Rom transponierte, was ihm Landino als großes Verdienst anrechnete,[678] so versuchte man im Florenz des Quattrocento, die gesamte Literatur der Antike zum Zwecke der Neuschöpfung einer eigenen zu verarbeiten. Daß hierbei der Gedanke des konkurrierenden Wettkampfes, der *aemulatio*, nicht so sehr im Vordergrund stand wie bei Cicero, läßt sich vielleicht durch die größere zeitliche Distanz und ein anderes emotionales Verhältnis zur Vorlage erklären. Denn während sich in die Bewunderung Ciceros für die griechische Kultur auch die altrömische Kritik des Siegers an der Lebensweise des Besiegten mischte und dadurch der Ehrgeiz umso mehr entfacht wurde, stand die Renaissance der ganzen Antike aufgeschlossen gegenüber, da man in ihr nicht nur die eigenen historischen Wurzeln, sondern auch Impulse für die Gestaltung der Gegenwart und der Zukunft finden konnte.

So rezipiert Landino, um die von ihm für die Gegenwart geforderte Verbindung aktiven und kontemplativen Lebens zu legitimieren, die Moralphilosophie Ciceros, den er zugleich als *il platonico Tullio*[679] in seine platonische Argumentation integriert. Die auf das Diesseits ausgerichtete Philosophie soll - den Forderungen der Utilität genügend - durch ihre Weisungen, *praecepta ad bene beateque vivendum*, gleichsam als *magistra vitae* den Menschen in die Lage versetzen, sein irdisches Leben zu meistern.[680] Diese Einschätzung Ciceros kam der Forderung der Humanisten nach Vermittlung einer auf ethisch vortreffliches Handeln ausgerichteten Moralphilosophie im Gegensatz zur reinen Erkenntnisphilosophie der thomistisch-aristotelischen

---

Ciceronem huiusmodi verbis circunscriptum videmus oratorem, ut neque virum bonum neque rursus dicendi tantum peritum illum diffiniat, sed utrimque rem complectens et virum bonum et dicendi peritum nominet. Und Land. De vera nob. 85: Qua quidem in re ut neque sapientiam solum ad tantam rem consequendam sine eloquentia neque rursus copiam ornatumque dicendi sine sapientia satis virium habere posse aperte ostendit. Vgl. dazu Cic. De orat. 2, 85. Quint. Inst. 12, 1, 25 und Cic. De orat. 3, 142: Malim equidem indisertam prudentiam quam stultitiam loquacem. In ähnlicher Weise verknüpfte z. B. Leonardo Bruni *litterarum peritia* und *rerum scientia*, Bruni, De stud. et litt. 19: Nam et litterae sine rerum scientia steriles sunt et inanes, et scientia rerum quamvis ingens, si splendore careat litterarum abdita quaedam obscuraque videtur.

678 Land. D. C. 43, 12 - 19.

679 Land. Einf. Dantekurs § 25 oder Land. Praef. in Virgilio 20, 25: Platonicus Cicero.

680 Zur Philosophie als *magistra vitae* s. Cic. Tusc. 2, 16; 4, 5; 5, 5; Cic. De inv. 1, 65. Land. D. C. 44, 6 - 7.

Logik entgegen, da sie als *ars vitae*[681] das im Mittelpunkt des Universums und damit des Interesses stehende menschliche Individuum befähigt, theoretische Erkenntnisse zur Optimierung seiner an Raum und Zeit gebundenen Fähigkeiten zu nutzen und in praktische Lebensführung umzusetzen.

Eng verbunden mit dieser Ausrichtung am Diesseits sind auch das politische Bewußtsein und die Bejahung staatlicher Ordnung, wie sie Cicero in seinen staatstheoretischen Schriften und in seinen Reden und Briefen der Nachwelt übermittelte. Er, der *homo novus* ritterlicher Herkunft, glaubte an die Werte der römischen Republik und an eine *nobilitas*, die auf *virtus* und nicht auf senatorischer Abstammung beruhte, ein Ideal, dem Landino in seiner Würdigung Ciceros als *nobilissimus civis* Rechnung trug:

> *Municipalis ex Arpinati Tullius eques fuit, at tamen, dum sua prudentia suaque doctrina atque virtute rem publicam e sceleratorum civium eripit, nobilissimus civis iure dici potest.*[682]

Während für die Humanisten zu Beginn des 15. Jhs. bei der Cicero-Rezeption noch die Verteidigung republikanischer Freiheit im Mittelpunkt stand,[683] preist Landino am Leben Ciceros vor allem die Verbindung von aktivem und kontemplativem Leben, wobei zwar das politische Handeln zum Wohl der Bürger hochgeschätzt wird, die Frage nach der Staatsform verständlicherweise aber in den Hintergrund tritt, da Florenz zu dieser Zeit wohl eher dem Rom unter dem Prinzipat des Augustus vergleichbar war und der Adressat Federigo die monarchische Herrschaftsform vertrat.

Fälschlicherweise hatten zahlreiche Gelehrte des Mittelalters - wie schon eingangs erwähnt wurde - Cicero auf Basis einiger Textstellen zum Exponenten der sich in der Weltabgeschiedenheit vollziehenden Kontemplation stilisiert,[684] einerseits, da die fragmentarische Quellenbasis keine umfassende Beurteilung erlaubte, andererseits aber wohl auch, da dieses Bild des antiken Philosophen das eigene Ideal monastischen Lebens zu stützen schien. Daß schon im 13. Jh. das

---

681 Cic. Tusc. 2, 12: Sic philosophus in vitae ratione peccans hoc turpior est, quod in officio , cuius magister esse vult labitur, artemque vitae professus delinquit in vita. Vgl. auch Cic. De fin. 5, 18. Zur Philosophie als *ars vitae* auch Kessler, Philos. Jb. 1988, 15.

682 Land. De vera nob. 57.

683 Zielinski, Cicero 194 f. Baron, Crisis 147 ff.

684 Die maßgebliche Stelle war wohl Cic. De off. 3, 1: Numquam se minus otiosum esse, quam cum otiosus, nec minus solum, quam cum solus esset. Ita duae res quae languorem adferunt ceteris illum acuebant, otium et solitudo. Im Oeuvre Ciceros hat diese Passage ihre Vorlage in Cic. De rep. 1, 17, 27, aber in Mittelalter und Renaissance war diese Schrift bis auf die bei Macrobius überlieferten Passagen verschollen. Zur Bewertung Ciceros im Mittelalter vgl. Baron, BRL XXII, 1938, 78 - 80.

Speculum des Vincent de Beauvais Cicero als Vertreter beider Lebensformen würdigte,[685] zeigt aber, daß auch die das aktive Leben preisenden Passagen der erhaltenen Schriften rezipiert wurden.[686] Auch ein anonymer Biograph des 14. Jhs. ehrte Cicero als Vertreter beider Lebensformen,[687] möglicherweise schon unter dem Einfluß der neu gefundenen Texte, die nicht nur die ausgedehnte politische Tätigkeit und den großen Ehrgeiz Ciceros belegten, sondern auch deutlich machten, daß der Schöpfer des *otium cum dignitate* größten Wert auf eine "adäquate" Darstellung seiner politischen Taten gelegt hatte.[688]

Diesem Wunsch kam Leonardo Bruni in seiner Cicerobiographie insofern nach, daß er zwei Drittel seines Werkes dem politischen Handeln Ciceros und erst das Schlußdrittel einem Exkurs über Studien, Schriften und Lebensführung Ciceros widmete.[689] Die folgenden Passagen Brunis mit dem Preis auf Cicero als Exponent beider Lebensweisen dienten Landino als Vorlage seiner Cicero-Wertung:

> *Rursus autem, si res gestas eius, si contentiones, si occupationes, si certamina in re publica et privata consideres, nullum tempus illi reliquum fuisse existimes ad legendum vel scribendum. Ita solus, ut credo, hominum duo maxima munera et difficilima adimplevit: ut et in re publica orbis terrarum moderatrice occupatissimus plura scriberet, quam philosophi in otio studioque viventes; et rursus studiis librisque scribendis maxime occupatus plura negotia obierit, quam ii, qui vacui sunt ab omni cura litterarum.*[690]

Wie Bruni beginnt Landino mit einer allerdings kurzen Würdigung der politischen Taten Ciceros, da es ihm für seine vita composita mit kontemplativem Schwerpunkt vor allem auf das literarische Schaffen ankommt. Gewürdigt werden die Niederschlagung der catilinarischen Verschwörung durch Cicero in seinem Konsulatsjahr genau mit den Worten, die dieser ein Jahr später

---

685 Baron, BRL XXII, 1938, 81.

686 So z. B. Cic. De off. 1, 153: Placet igitur aptiora esse naturae ea officia quae ex communitate quam ea quae ex cognitione ducantur. Ebd. 1, 21. Vgl. hierzu Perlich, AU 1, 1970, 5 ff.

687 Baron, BRL XXII, 1938, 85.

688 Dies zeigt besonders deutlich der Brief Ciceros an Lucceius aus dem Jahr 56 v. Chr., Cic. Ad fam. 5, 12, 5 oder Cic. Sulla 33, die Passage, aus der Landino, Land. D. C. 42, 27 ff., das panegyrische Bild der Taten Ciceros schöpft.

689 Bruni, Cicero 114 ff. Einen Überblick über den Inhalt der beiden ersten Drittel s. bei Zielinski, Cicero 341 - 43.

690 Bruni, Cicero 115.

in seiner Rede *Pro* Sulla gebraucht hatte,[691] und die Führungsrolle Ciceros im Widerstand des Senats gegen Antonius nach der Ermordung Caesars, die in den Philippischen Reden ihren literarisch überlieferten Ausdruck fand.[692]

Dem sallustianischen Leitgedanken folgend, daß manche Menschen durch ihr *otium* von größerem Nutzen sein können als andere durch ihr *negotium*,[693] lobt Landino es als größtes Verdienst Ciceros, daß er alle philosophischen Grundprobleme bei den Griechen durchdacht und in eigenen Werken behandelt habe. Im Anschluß daran stellt Landino, in Anlehnung an Brunis Auflistung der Werke Ciceros,[694] die ihm wichtigsten philosophisch-staatstheoretischen Schriften zusammen[695] und gipfelt in einer Gesamtwürdigung des philosophisch-literarischen Schaffens Ciceros:

> *Quae omnia cum acutissime ingeniosissimeque inveniret ac distincte copiose graviter ornateque describeret, ut non modo facile doceat, sed vehementer rapiat et per summam suavitatem delectet, negabis eum civibus ac hominibus suis profuisse?*[696]

In dieser Laudatio werden auf engstem Raum sämtliche Hauptkriterien für die Beurteilung eines literarischen Werkes abgehandelt, die man bei Cicero alle in vorbildlicher Weise erfüllt findet. Die Durchdringung eines neu gefundenen Stoffes, *inventio*, geschieht mit höchstem Scharfsinn, *acutissime*, und mit höchster Begabung, *ingeniosissime*. Die Präsentation, *descriptio*, entspricht den Anforderungen an den *orator perfectus*, da sie klar, *distincte*, aber zugleich materialreich, *copiose*, der Bedeutung des Stoffes angemessen, *graviter*, und zugleich mit Ausschmückungen versehen, *ornate*, ist, so daß die Wirkung auf den Rezipienten, welche das dritte Kriterium darstellt, auf das Beste gewährleistet ist. Das *prodesse* ist durch den Lerneffekt, *ut non modo facile doceat*, das *delectare* durch den Stil, *summa suavitas*, sichergestellt. Zusätzlich wird der Leser, wie der Zuhörer bei einem guten Redner, in seinen Gefühlen

---

691 Land. D. C. 42, 27 - 30: Quis enim Marco Cicerone in agendo admirabilius excogitari potest, qui in consulatu suo ea prudentia eoque animi robore fuit, ut incendium ab urbe, servitium a populo Romano, vastitatem a cuncta Italia prohibuerit? Vgl. dazu Cic. Sull. 33.

692 Land. D. C. 42, 31 - 43, 3: Post vero Caesaris caedem armatum Antonium inermis et consulem privatus contra sententias multorum senatorum ita urbe prohibuerit, ut, quanvis non esset a senatu hostis iudicatus, pro hoste tamen haberetur. Vgl. hierzu Cic. Phil. 4, 1.

693 Sall. Iug. 4, 4. Vgl. dazu Cic. De div. 2, 1 - 4 und Cato (ed. Peter) Frgm. 2.

694 Bruni, Cicero 115 -16.

695 Land. D. C. 43, 9 - 26. Direkt oder indirekt werden erwähnt: *De finibus*: 43, 15; *De officis*: 43, 16; *Tusculanae Disputationes*: 43, 16 - 19; *De legibus*: 43, 19; *De re publica*: 43, 20.

696 Land. D. C. 43, 26 - 30.

ergriffen, *vehementer rapiat.*[697] Außerdem ist Cicero mit diesen Werken seines *otium* seinen Mitbürgern von Nutzen, da er ihnen *praecepta* für den Staat und das Leben im *negotium* der Gemeinschaft gibt.

Die Detailanalyse dieses Satzes unterstreicht freilich nicht nur die rhetorisch literarische Perfektion Ciceros, sondern beweist auch, zu welch hoher Aussagendichte Landino selbst durch die bewußte Verwendung einer Stichworttechnik imstande war.

In der abschließenden Synopse der Taten und literarischen Werke Ciceros, die er beide preist, gibt Landino, seiner Konzeption einer durch die Erkenntnisse der Kontemplation gelenkten vita composita entsprechend, den *speculationes* Ciceros den Vorrang, was durch die Zuweisung der Adjektive *divinae speculationes* und *praeclarissimae actiones* nicht nur unterstrichen, sondern auch an die Kategorien der Seelenlehre gekoppelt wird. Als Maßstab des Vergleiches von vita activa und vita contemplativa Ciceros dient wiederum die *utilitas*, als Koordinaten setzt Landino Raum und Zeit.[698]

Während die Taten Ciceros nur einem Staat nutzten, nämlich dem römischen, nützten und nutzen seine Schriften allen, die der lateinischen Sprache mächtig waren, sind und sein werden.[699] In dieser Beurteilung geht Landino erneut auf Bruni zurück, der über Cicero bemerkte:

> *Homo vere natus ad prodessendum hominibus vel in re publica vel in doctrina, siquidem in re publica patriam consul et innumirabiles orator servavit, in doctrina vero et in litteris non civibus suis tantum, sed plane omnibus, qui Latina utuntur lingua, lumen eruditionis sapientiaeque aperuit.*[700]

Hatten Ciceros Taten, so läßt Landino Lorenzo ausführen, nur eine Relevanz für die damalige Zeit, *tunc*, so werden seine literarischen Werke ihre Bedeutung für alle Zeiten, *omne tempus*, behalten. Wie in der Deutung der Episode von Martha und Maria wird hier dem aktiven Leben die Endlichkeit und Vergänglichkeit, dem kontemplativen Leben aber die Ewigkeit zugewiesen:

---

697 Hor. Ars 333 - 34: aut prodesse volunt aut delectare poetae aut simul et iucunda et idonea dicere vitae.

698 Land. D. C. 43, 30 - 44, 14.

699 Land. D. C. 43, 30 - 44, 2: At vide, quid inter illas praeclarissimas actiones et has divinas speculationes intersit! Illis enim uni civitati profuit, his vero omnibus, qui Latine norunt, praecepta tribuit.

700 Bruni, Cicero 114.

> *Actiones enim una cum hominibus suum finem sortiuntur. Speculationes autem cuncta saecula vincendo inmortales perdurant et aeternitati aequantur.*[701]

Ihre Wirksamkeit freilich können die *speculationes* nur dann entfalten, wenn sie immer neu in die Praxis umgesetzt werden und damit auch den Mitmenschen von Nutzen sein können. In dieser Einschätzung folgt Landino Cicero, bei dem sie sich in prägnanter Zusammenfassung findet:

> *Etenim cognitio contemplatioque naturae manca quidam modo et incohata sit, si nulla actio rerum consequatur.*[702]

Landino, dem es - wie gezeigt werden konnte - am Herzen lag, die in der Academia Platonica gepflegte neuplatonische Philosophie darzulegen, erweist sich insofern als ihr Anhänger, daß er dem kontemplativen Leben seinem Wesen nach den Vorrang vor dem aktiven Leben einräumt, da es dem Menschen ermöglicht, das Göttliche in sich zu verwirklichen. Dennoch fordert er nicht wie z. B. Ficino die konsequente Abwendung vom aktiven Leben und die ausschließliche Hinwendung zur Philosophie, sondern macht nicht zuletzt im Blick auf die Funktion der *Disputationes* als Fürstenspiegel klar, daß auch diese letzte von der Natur bestimmte Erfüllung des Menschen ihn seine Verankerung und Verpflichtung in Familie, Freundeskreis, Staat und Gesellschaft nicht vergessen lassen darf, da auch die Kontemplation nur in Verbindung mit ethisch einwandfreiem Handeln im geordneten Rahmen zwischenmenschlicher Bezüge ihren Sinn erhält, und daß der Mensch nur dann sein Individuum optimal ausprägen kann, wenn er seine aktiven wie kontemplativen Anlagen verwirklicht.

> *Mentis autem est et ratione agere et verum speculari.*[703]

So besteht das Ideal Landinos in einer Verbindung von vita activa und vita contemplativa im rechten Verhältnis, in der *aurea mediocritas* zwischen blindem Aktionismus und kontemplativer Weltflucht.

---

701 Land. D. C. 44, 18 - 21.

702 Cic. De off. 1, 153.

703 Land. D. C. 14, 17 - 18.

SCHLUSSBETRACHTUNG

Bei dem Versuch, die Haltung Cristoforo Landinos in der Frage nach vita activa und vita contemplativa, also nach der besten Lebensweise des Menschen, darzulegen und zu analysieren, sind die tiefe Verankerung dieser Fragestellung im Gesamtwerk Landinos und ihre enge Verknüpfung mit vielen, zu dieser Zeit häufig traktierten philosophischen Themen deutlich zutage getreten.

Drei Aspekte scheinen mir hierbei von besonderer Bedeutung zu sein: zunächst das Konzept der *Disputationes Camaldulenses* und ihre Stellung im gesamten Oeuvre Landinos; dann der Umgang Landinos mit seinen antiken, mittelalterlichen und zeitgenössischen Quellen; und schließlich das spezifisch Neue und Eigenständige in Landinos Ideal einer durch die Kontemplation gelenkten vita composita und die Einordnung dieser Lebenskonzeption in die geistesgeschichtliche Entwicklung der Frage von vita activa und vita contemplativa.

Wendet man sich den *Disputationes Camaldulenses*, der Hauptquelle dieser Untersuchung, zu, so ist festzuhalten, daß es nicht in Landinos Absicht lag, zwei allegorisierende, unterhaltsame Bücher an zwei der philosophisch-theoretischen Betrachtung anzuschließen, sondern daß er - wie sein eigenes Zeugnis belegt[704] -, bedingt durch seine Auffassung einer gottesnahen, wahrheitskündenden Dichtung, die *Disputationes* als eine Einheit verstand und verstanden wissen wollte. Alle durch die philosophische Erörterung der Gelehrten gewonnenen Erkenntnisse über Lebensweise und Lebensziel des Menschen finden durch die Allegorisierung des Epos, das Vergil als von göttlicher Inspiration ergriffener *vates* verfaßte, ihre Bestätigung. So erhält das Fazit des ersten Buches, daß es Aufgabe des Menschen auf seinem Wege zurück zu Gott sei, beide Lebensweisen zu verwirklichen, seine Salvation durch die Person des Aeneas, der sich auf seinen Irrfahrten zurück in die Heimat in vita activa und vita contemplativa zu bewähren hatte, um schließlich in Italien das zuvor im zweiten Buch als die Gotteserkenntnis definierte *summum bonum* mit dem Besuch bei der Sibylle zu erreichen. So verkörpert der Aeneas Vergils, den Landino als *Platonicus poeta* apostrophiert, die inkarnierte Seele auf ihrem Rückweg zum göttlichen Ursprung und wird damit für Landino zum Träger neuplatonischer Philosophie. Zugleich aber kann Landino - seiner Intention einer *eruditio* Lorenzo de'Medicis entsprechend - auf Aeneas das Ideal des platonischen Philosophenherrschers projizieren, dem, denkt man an die letzten sechs Bücher der Aeneis, nach der höchsten Erkenntnis die Bewährung in der Praxis noch bevorsteht.[705] Die zweifache Zielsetzung der *Disputationes*

---

704 Land. Introd. all' Eneide 232, 20 - 233, 5 und Land. D. C. 255, 8 - 14.

705 Vgl. hierzu Land. D. C. 209, 28 - 210, 3; 211, 14 - 18.

Camaldulenses, die sowohl durch die Vermittlung neuplatonischer Philosophie auf die vita contemplativa, als auch durch die Unterweisung des jungen Fürsten auf die vita activa ausgerichtet ist, wird so im ganzen Werk realisiert.

Zur Periodisierung des Gesamtwerkes Landinos nach inhaltlichen oder methodischen Kriterien läßt sich mit Blick auf die *Disputationes Camaldulenses* nach der Untersuchung des hier einbezogenen Materials sagen, daß dieses Werk keineswegs einen Wendepunkt im Schaffen Landinos markiert. Die allegorisierende Methode bei der Interpretation von Vergils Aeneis kann mit zahlreichen Belegstellen bereits für die Vergilvorlesung des Jahres 1462/3, also rund zehn Jahre vor den *Disputationes*, nachgewiesen werden. Trotz des unbestreitbar neuplatonischen Schwerpunktes in den *Disputationes* kann aber ebensowenig von einer neuplatonischen Wende gesprochen werden, da sich einerseits umfangreiches neuplatonisches Gedankengut bereits in der Vergilvorlesung oder in *De anima* hat nachweisen lassen, und sich andererseits in Einzelabhandlungen der *Disputationes* viel aristotelisch-thomistische Philosophie findet.

Dieses Ergebnis führt unmittelbar zur Frage nach den Quellen Landinos und ihrer Einarbeitung in seine Werke. Verläßt man sich dabei allein auf die Aussagen Landinos selbst, so bietet sich ein zwiespältiges Bild. Denn während er in einer Schrift wie *De anima* oder im zweiten Buch der *Disputationes Camaldulenses*, die jeweils einen Forschungsabriß über die Positionen der wichtigsten antiken Philosophen und Philosophenschulen zum Wesen der Seele oder dem des höchsten Gutes liefern, mit einer langen Reihe von Autoren brilliert,[706] womit er zugleich seine weitgefächerte Bildung und seinen philosophischen Überblick unter Beweis stellen konnte, nennt er die Quellen seines eigenen Denkens nur sehr selten, da es für ein sachkundiges Publikum genügte, sich auf stichwortartige Andeutungen des Kontextes zu beschränken. Wenn Autorennamen genannt werden, dann nicht, um nach heutigem Wissenschaftsverständnis den Fundort eines Gedankens offenzulegen, sondern um die dargelegten Gedanken, so auch eigenes und abgewandeltes Gedankengut, unter die Tutel der genannten Autorität zu stellen. Hierbei müssen - wie an einigen Beispielen gezeigt werden konnte - die Inhalte nicht einmal notwendig auf diese Autorität zurückgehen. So wird in den *Disputationes* das Gedankengut des Macrobius unter die Tutel Platons gestellt, während Macrobius selbst nur einmal in einem kurzen Hinweis auf verdiente Vergilinterpreten genannt

---

[706] Genannt werden in Land. De anima I 11 ff. und III 61 ff. u. a.: Demokrit, Leucipp, Anaximenes, Thales, Pythagoras, Epikur, Hesiod, Empedokles, Zenon, Heraklit, Hippokrates, Parmenides, Poseidonius, Hermes Trismegistos, Aristoteles, Platon, Lukrez, Cicero, Avicenna und Averroes.

wird.[707] Marsilio Ficino wird von Landino zumindest erwähnt,[708] während Coluccio Salutati, Leonardo Bruni oder auch Thomas von Aquin, aus deren Werken Landino mit Sicherheit geschöpft hat, ungenannt bleiben. Untersucht man nach der Quellennennung die Quellennutzung bei Landino, so kann man diese mit den Stichworten des Synkretismus und Eklektizismus am ehesten beschreiben. Statt sich einer philosophischen Richtung und ihrem gesamten System anzuschließen, schöpft Landino zu verschiedenen Themen aus den unterschiedlichsten Quellen, deren Material er dann zu einem einheitlichen Ganzen verschmilzt.

Für die Darstellung von Seelenaufbau und Seelenfunktion stützt er sich auf aristotelisch-thomistisches Gedankengut, während seine Ontologie und die Lehre der Seelenrückkehr aus dem neuplatonischen Denken stammen, das Landino wohl vor allem durch Macrobius, dessen Bedeutung für die Übermittlung neuplatonischer Philosophie nicht überschätzt werden kann, und durch Ficino im Kreis der Academia Platonica rezipieren konnte. Für seine Tugendlehre lassen sich sowohl ein aristotelisch-thomistischer als auch ein macrobianischer Traditionsstrang nachweisen, während in vielen Bereichen der Ethik stoisches und vor allem ciceronianisches Gedankengut verarbeitet wurde, das Landino bei Cicero selbst oder auch bei den Vertretern des bürgerlichen Humanismus aufnehmen konnte.

Zu Einzelproblemen wie dem Exkurs über die Engel oder die Arten der Kontemplation griff Landino wieder auf Thomas von Aquin zurück, der seinerseits Dionysius Areopagita, Richard von St. Victor oder Bernard von Clairvaux als seine Quellen nennt.

Zieht man jedoch die Fülle der Landino zu Gebote stehenden Quellen, welche durch Textneufunde noch permanent vermehrt wurde, und die Vielzahl von Überlieferungssträngen, auf denen Gedanken durch die Jahrhunderte transportiert den Autor erreicht haben können, in Betracht, so sind einige der hier vorgenommenen Zuweisungen möglicherweise nur die Vermutungen mit dem höchsten Wahrscheinlichkeitsgrad, während die letzte Sicherheit nur vom Autor selbst hätte kommen können. Aus der Quellenverwendung Landinos aber lassen sich auch über seine Person hinaus abschließend zwei wichtige Schlüsse ziehen. Zum einen bietet vor allem sein Umgang mit aristotelisch-thomistischem Gedankengut, das gleichberechtigt neben platonisch-neuplatonischem steht, ein gutes Argument für die eingangs vertretene continuità bestimmter Stoffe und Ideen und die frattura der Intentionen in der

---

707 Land. D. C. 190, 2 - 8. Bis auf die direkte Nennung Vergils, Platons, Ciceros und einiger auch wörtlich zitierter Dichter bleiben die Quellenhinweise in den *Disputationes* mit Bezeichnungen wie *Christiani, Platonici, Stoici* oder *Aristotelici* eher vage.

708 Land. D. C. 260, 24 ff.

italienischen Renaissance. Zum zweiten wird das Bemühen deutlich, die neu aufblühende platonische Philosophie, so wie es bei Thomas schon mit der aristotelischen geschehen war, so gut wie möglich mit dem christlichen Glauben zu einer Einheit zu verschmelzen. Hierin konnte sich Landino auf Ficinos Idee einer *pia philosophia* stützen, aber auch schon Augustinus hatte festgestellt, daß keine Philosophie den Christen näher stehe als die platonische.[709]

Eine Verschmelzung heidnisch-philosophischer mit christlichen Positionen findet sich schließlich auch in Landinos Haltung zu vita activa und vita contemplativa, deren Vorbilder wie auch eigenständige Akzente abschließend resümiert werden sollen. Wenn man die Positionen der Humanisten zur Frage nach vita activa und vita contemplativa in einem Spektrum von der Feststellung eines Primats bis zur Harmonisierung beider Lebensformen ansetzt, so ist Cristoforo Landino, zumal wenn man ihn mit Marsilio Ficino als Vertreter des reinen Primats der Kontemplation oder mit Coluccio Salutati als Verfechter des aktiven Lebens vergleicht, am ehesten als Repräsentant einer *armonizzazione*, einer Verflechtung beider Lebensweisen zu charakterisieren.[710] Denn obwohl Landino das kontemplative Leben seinem Wesen nach als das höherwertige erkennt, da sich in ihm der Teil des Menschen verwirklichen kann, der ihn von der übrigen Schöpfung abhebt und mit Gott verbindet, so sieht er den Menschen doch zugleich eingebunden in Familie, Staat und Gesellschaft, welche ihn mit Pflichten und Aufgaben konfrontieren, denen er sich nicht in egoistischer Flucht in die Kontemplation entziehen darf.

In dieser Haltung Landinos vereinigen sich mit dem aus dem neuplatonischen Denken resultierenden Primat der vita contemplativa drei gewichtige andere Strömungen, die diesen Vorrang relativieren und in eine vita composita einbetten, in der die Möglichkeiten des menschlichen Geistes nicht nur zur Errettung der eigenen Seele, sondern auch zum Nutzen der Gemeinschaft eingesetzt werden. Das erste Vorbild, das in dieser Weise auf die Haltung Landinos einwirkte, war das Ideal des Philosophenherrschers und der Werdegang seiner Erziehung, wie Platon dies im *Staat* dargelegt hatte. Aus erster praktischer Tätigkeit steigt der mit den entsprechenden Voraussetzungen versehene künftige Herrscher über die Stufen der Erkenntnis auf zur Idee des Guten. Jedoch darf er nicht im idealen Zustand dieser Schau verharren, sondern muß zurück in die Gemeinschaft der Menschen, die auf der Stufe der Meinungen verharrt haben, um auch sie zur Wahrheit zu führen. An die Erkenntnis in der

---

709 Aug. De civ. Dei 8, 5, CCL 47, 221: Si ergo Plato Dei huius imitatorem cognitorem amatorem dixit esse sapientem, cuius participatione sit beatus, quid opus est excutere ceteros. Nulli nobis quam isti propius accesserunt.

710 Anders hierzu Schalk, Tema 562, der für Landino ebenso wie für Ficino einen reinen Primat der vita contemplativa annimmt.

vita contemplativa schließt sich automatisch die Umsetzung dieser Weisheit in die Praxis an, denn nur wer die Idee des Guten erfaßt hat, kann auch den Staat im Sinne der Gerechtigkeit lenken. Dieses Ideal führt Landino Lorenzo de' Medici vor Augen und ermahnt ihn dadurch, vita activa und vita contemplativa in seiner Person zu vereinen.

Die zweite wichtige Tradition, die sich in Landinos Lebensideal widerspiegelt, ist die Verbindung von *contemplatio* und *charitas*, wie sie von Augustinus und Gregor dem Großen vertreten wurde, die beide den reinen Primat der vita contemplativa als zu elitär und egoistisch ablehnten. Diese Einschätzung hat Landino übernommen und von einer rein religiös verstandenen *contemplatio* auch auf die profanisierte Kontemplation von Gelehrten und Wissenschaftlern übertragen.[711] Daß Augustinus und Gregor beide Lebensweisen als gottgefällig werteten, zeigt sich vor allem in der harmonisierenden Interpretation beider Kirchenväter zur Episode von Martha und Maria und in der engen Verschränkung beider Lebensformen in Gregors Deutung von Jakobs Ehen mit Lea und Rachel, in der er den Lebensweg des Menschen von der *actio* zur *contemplatio* und zurück zu einer verbesserten *actio* zeichnete - ein Konzept, das in seinen Grundzügen demjenigen Platons entspricht.

Der dritte wichtige Faktor, der auf Landino einwirkte, waren die Ideale des bürgerlichen Humanismus. So konnte Landino in den Schriften Leonardo Brunis nicht nur eine detaillierte Cicerowertung oder die Einschätzung der Bedeutung der Bildung für den Herrscher finden, sondern auch eine Hochschätzung der Philosophen, die mit ihren Werken sowohl die Erkenntnistheorie als auch die Ethik bereichert hatten.[712] In der Hauptsache aber übernahm Landino von diesen seiner Generation vorangehenden Humanisten die stark durch Cicero beeinflußte Bejahung gesellschaftlicher Ordnung in Familie und Staat, wie sie z. B. der Kanzler der Republik, Coluccio Salutati, vertreten hatte,[713] und das republikanische Ideal der Beteiligung der Bürger am Staat und ihre Verantwortung für die *salus rei publicae*.

Aber gerade diese Verwendung des platonischen Ideals des Philosophenkönigs, des von den Kirchenvätern gepredigten Auftrages Christi zur Gottes-

---

711 Kristeller, Humanismus und Renaissance II 68 f.

712 Bruni, Ep. Polit. Arist. 72 - 73: Cum igitur duae sint (ut ita dixerim) vitae - una negotiosa et civilis in agendo posita, in qua iustitia, temperantia, fortitudo ceteraeque morales virtutes dominantur; altera otiosa, contemplationi vocans, in qua sapientia et mens et scientia cetreaeque intellectivae virtutes locum habent -, video philosophos illos, qui optimi fuerunt, in utraque istarum permulta tradidisse tum convenientia fidei tum utilissima ad disciplinam et cognitionem nostram, quae et recipienda sunt et in usum nostrum vertenda.

713 So z. B. Salut. Ep. II 307 - 312 über die Erfüllung der *vita negotiosa* in Familie und Staat oder ebd. I 20 ff.; III 184 zur Vaterlandsliebe.

und Nächstenliebe und des staatsbürgerlichen Bewußtseins der bürgerlichen Humanisten mit der aus Macrobius und Ficino geschöpften neuplatonischen Ontologie ist Landinos ureigene Leistung und bestimmt das von Leon Battista Alberti vorgetragene Lebensideal, das nicht durch den Antagonismus, sondern durch die Harmonisierung von vita activa und vita contemplativa bestimmt wird.

QUELLEN- UND LITERATURVERZEICHNIS

QUELLEN

Leon Battista Alberti, Della Famiglia, ed. R. Romano / A. Tenenti, Turin 1969; deutsch: Vom Hauswesen, eingel. v. F. Schalk, übers. v. W. Kraus, München 1986.

Aristoteles, Ethica Nicomachea, ed. I. Bywater, ND, Oxford 1962.

--, Politica, ed. W. D. Ross, Oxford 1957.

--, Ethica Eudemia, ed. F. Susemihl, Leipzig 1884.

--, Magna Moralia, ed. F. Susemihl, Leipzig 1883.

--, Physica, ed. W. D. Ross, Oxford 1955.

--, Metaphysica, ed. W. Jaeger, Oxford 1957.

A. Aurelius Augustinus, De civitate Dei, CCL 47/ 48, ed. B. Dombart/ K. Kalb, Turnholt 1955 - 70.

--, De Trinitate, CCL 50, ed. W. J. Mountain, Turnholt 1968.

--, Sermones, Migne PL 38, Turnholt 1841 - 1972.

--, Contra Faustum, Migne PL 42, 432 - 37.

Pseudo-Augustinus, De Spiritu et Anima, Migne PL 40, 779 - 832.

Bernardus Silvestris, Commentum super sex libros Eneidos Virgilii, ed. G. Riedel, Greifswald 1924.

Johannes Bessarion, In Calumniatorem Platonis libri IV, ed. L. Mohler, Paderborn 1927.

Biblia Sacra, Iuxta Vulgatam Versionem, I Genesis - Psalmi, Stuttgart 1969.

Vespasiano da Bisticci, Lebensbeschreibungen berühmter Männer des Quattrocento, übers. und eingel. von P. Schubring, Jena 1914.

Giovanni Boccaccio, Genealogiae deorum gentilium, ed. J. Reedy, Toronto 1978 (= Bocc. Gen. deor. gent.)

Poggio Bracciolini, Opera omnia, ed. R. Fubini/ Th. de Tonelli, 4 Bde, Turin 1964 - 69.

--, Lettere, 2 Bde, ed. H. Harth, Florenz 1984.

--, Contro l'ipocrisia, übers. v. G. Vallese, Neapel 1946.

Leonardo Bruni Aretino, Humanistisch-philosophische Schriften, ed. H. Baron, Leipzig/ Berlin 1928.

--, De studiis et litteris liber, ed. Baron 5 ff. (= Bruni, De stud. et litt.).

--, Isagogicon moralis disciplinae, ed. Baron 20 ff. (= Bruni, Isagogicon)

--, Le vite di Dante e di Petrarca, ed. Baron 50 ff. (= Bruni, Vite).

--, Epistola super translatione Politicorum Aristotelis ad dominum Eugenium Papam IV (= Bruni, Ep. Polit. Arist.).

--, Praemissio ad translationem Politicorum Aristotelis, ed. Baron 73 f. (= Bruni, Praem. Polit. Arist.).

--, Praefatio in libros Ethicorum Aristotelis, ed. Baron 75 ff. (= Bruni, Praef. Ethic. Arist.).

--, Cicero Novus seu Ciceronis vita, ed. Baron 113 ff. (= Bruni, Cicero).

--, Praefatio in librum Platonis qui dicitur Phaedrus, ed. Baron 125 ff. (= Bruni, Praef. Phaedr.).

--, Brief an Herzog Humphrey von Glocester, ed. Baron 138 ff. (= Bruni, Ep. Glocester).

--, Canzone morale, ed.Baron (= Bruni, Canz. mor.).

--, Epistulae libri VIII, ed. L. Mehus, 2 Bde, Florenz 1741. (= Bruni, Ep.).

M. Tullius Cicero, Tusculanae Disputationes, ed. u. erkl. O. Heine, Stuttgart 1957.

--, Epistulae ad Atticum, ed. Shackleton Bailey, Cambridge 1965 - 70.

--, De divinatione, ed. W. Ax, Stuttgart 1965.

--, De finibus bonorum atque malorum, texte établi et trad. p. J. Martha, Paris 1955.

--, Hortensius, Text, Übersetzung und Kommentar zu den Fragmenten 1-103 von L. Straume - Zimmermann, Frankfurt 1970.

--, Pro Sulla, ed. H. Kasten, Leipzig 1966.

--, De natura deorum, ed. W. Ax, Stuttgart 1961.

--, De re publica, ed. K. Ziegler, Leipzig 1969.

--, De officiis, introduction, analysis and commentary by H. A. Holden, Amsterdam 1966

Clemens Alexandrinus, Opera, ed. L. Früchtel, Berlin ^{3}1960.

Dionysius Areopagita, La hiérarchie céleste, ed. G. Heil, Sources Chrétiennes 58, 1958.

--, De divinis nominibus. On the Divine Names and the Mystical Theology, übers. v. C. E. Rolt, London 1920.

Marsilio Ficino, Opera Omnia, Basel 1573, ND Turin 1959 (= Fic. Op. om.).

--, Theologia Platonica seu de immortalitate animorum, ed. et trad. R. Marcel, Paris 1964-70 (= Fic. Theol. Plat.).

--, De Amore. Commentaire sûr le banquet de Platon. Texte du manuscrit autographe présenté et traduit par R. Marcel, Paris 1956 (= Fic. De amore).

--, De triplici vita et fine triplici, ed. Kristeller, Suppl. Fic. I 80 - 86.

--, The Philebus Commentary, ed. M. J. B. Allen, Berkeley 1975.

Fulgentius, Mytologiarum libri III, ed. R. Helm, Leipzig 1898.

Gregorius Magnus, Moralia in Iob Libri I-XXII, CCL 143, Turnholt 1979.

--, Homiliae in Ezechielem Prophetam, CCL 142, ed. M. Adriaen, Turnholt 1971.

Historicorum Romanorum Reliquiae, ed. H. Peter, Stuttgart 1967.

Homer, Ilias, ed. Th. Allen, Oxford 1902, ND Oxford 1969.

Q. Horatius Flaccus, Opera, ed. St. Borzák, Leipzig 1984.

Cristoforo Landino, Disputationes Camaldulenses, ed. P. Lohe, Florenz 1980 (= Land. D. C.).

--, Carmina omnia, ed. A. Perosa, Florenz 1939 (= Land. Carm.).

--, Vergilvorlesung 1462/63, Cod. Cas. 1368.

--, De vera nobilitate, ed. M. Lentzen, Genf 1970 (= Land. De vera nob.) und ed. M. T. Liaci, Florenz 1970.

--, De anima libri III, Buch I ed. A. Paoli/ G. Gentile, Annali delle Università Toscane 34, 1915. Buch 2 ed. A. Paoli/ G. Gentile, Annali delle Università Toscane NS 1, fasc. 2, 1916. Buch 3 ed. A. Paoli/ G. Gentile, Annali delle Università Toscane NS 2, fasc. 3, 1917 (= Land. De anima).

--, Scritti critici e teorici, ed. R. Cardini, 2 Bde, Bd. I: Text, Bd. II: Kommentar, Rom 1974. Die in dieser Edition enthaltenen Werke werden nach Seitenzahl und Zeile zitiert des Textbandes I zitiert. (= Cardini, Scritti).

--, Christophori Landini viri clarissimi Praefatio in Tusculanis Ciceronis habita in Gymnasio Florentino, ed. Cardini, Scritti 1 - 16 (= Land. Praef. in Tusc.).

--, Clarissimi viri Christophori Landini Praefatio in Virgilio habita in Gymnasio Florentino, ed. Cardini, Scritti 19 - 28 (= Land. Praef. in Virgilio).

--, Orazione fatta per Cristofano da Pratovecchio quando cominciò a leggere i Sonetti di Messere Francesco Petrarca in Istudio, ed. Cardini, Scritti 29 - 40 (= Land. Prolus. Petr.).

--, Comento di Cristoforo Landino Fiorentino sopra la Comedia di Dante Alighieri Poeta Fiorentino. Proemio, ed. Cardini, Scritti 97 - 164 (= Land. Proem. al. Comm. Dant.).

--, Orazione di Messere Cristoforo Landino Fiorentino avuta alla illustrissima Signoria Fiorentina quando presentò el Comento suo di Dante, ed. Cardini, Scritti 167 - 74 (= Land. Oraz. deprecat.).

--, Christophori Landini Florentini in P. Vergilii Interpretationes Prohemium ad Petrum Medicem Magni Laurentii Filium, ed. Cardini, Scritti 203 - 25, (= Land. Proem. al Comm. Virg.).

--, Christophori Landini Florentini ad Petrum Medicem Laurentii Filium in P. Vergilii Interpretationes Prohemium, ed. Cardini, Scritti 226 - 33 (= Land. Introd. all' Eneide).

--, Christophori Landini viri clarissimi Epistola consolatoria ad Laurentium Medicem, ed. Lentzen, Studien 194 - 200 (= Land. Ep. cons.).

--, Reden und Briefe, ed. M. Lentzen, München 1974 (= Lentzen, Reden).

--, Orazione di Messere Cristoforo Landino quando cominciò a leggere la Divina Comedia di Dante Alighieri, ed. Lentzen, Reden 22 - 35. Zitiert wird nach den Paragraphen dieser Edition. (= Land. Einf. Dantekurs).

--, Christofori Landini Oratio habita in funere Donati Acciaioli, ed. Lentzen, Reden 46 - 75 (= Land. Orat. funebris)

Titus Livius, Ab urbe condita, ed. R. M. Ogilvie, libri I - V, Oxford 1974.

Titus Lucretius Carus, De rerum natura libri sex, ed. C. Bailey, 3 Bde, Oxford 1959.

A.. Theodosius Macrobius, Commentarii in somnium Scipionis, ed. J. Willis, Leipzig 1963.

Adamantius Origines, Die Homilien zu Lukas, ed. M. Rauer, Berlin 1959.

Matteo Palmieri, Della vita civile, ed. G. Belloni, Florenz 1982.

Francesco Petrarca, De otio religioso, ed. G. Rotondi, Vatikanstadt 1958.

--, Epistolae familiares, 4 Bde, ed. V. Rossi/ U. Bosco, Florenz 1933 - 42 (= Petr. Ep. fam.).

--, Rime, Trionfi e Poesie Latine, ed. F. Neri/ G. Martellotti/ E. Bianchi/ N. Sapegno, Mailand/ Neapel 1952 (= Petrarca, Rime).

--, Prose, ed. G. Martellotti/ P. G. Ricci/ E. Carrara/ E. Bianchi, Mailand/ Neapel 1955 (= Petrarca, Prose).

--, De vita solitaria secondo lo pseudo-autografo Vaticano 3357, ed. A. Altamura, Neapel 1945.

--, De vita solitaria, ed. G. Martellotti, in: Petrarca, Prose 286 - 594 (= Petr. De vita sol.).

--, De remediis utriusque fortunae, lat. - dt. Auswahl, Übers. und Komm. R. Schottlaender/ E. Kessler, München 1975 (= Petr. De remediis).

--, De sui ipsius et multorum ignorantia, ed. P. G. Ricci, in: Petrarca, Prose, 750 ff. (= Petr. De ignorantia).

--, Invective contra medicum, ed. P. G. Ricci, Rom 1978 (= Petr. Invect. contra med.)

--, Triumphus mortis, ed. F. Neri, in: Petrarca, Rime,

--, Africa, ed. N. Festa, Florenz 1926 (= Petr. Africa).

Giovanfrancesco Pico della Mirandola/ Pietro Bembo, Epistulae de imitatione, ed. G. Di Santangelo, Florenz 1954.

Giovanni Pico della Mirandola, De dignitate hominis. Über die Würde des Menschen. Hrsg. und eingel. v. A. Buck, übers. v. W. Baumgarten, Hamburg 1990 (= Pico, De dignitate).

Matteo Palmieri, La vita civile, ed. G. Belloni, Florenz 1982.

Platon, Opera, 5 Bde, ed. J. Burnet, Oxford 1959 - 62.

Plotin, Opera, edd. P. Henry/ H.- R. Schwyzer, 3 Bde, Paris 1951.

Porphyrios, Sententiae, ed. Th. Lamberz, Leipzig 1975.

Prosatori Lantini del Quattrocento, ed. E. Garin, Mailand/ Neapel 1952.

C. Sallustius Crispus, Catilina, Iugurtha, Fragmenta Ampliora, ed A. Kurfess, Leipzig 1957.

Coluccio Salutati, De laboribus Herculis, ed. B. L. Ullman, 2 Bde, Zürich 1951 (= Salut. De lab. Herc.).

--, De nobilitate legum et medicinae. De verecundia, ed. E. Garin, Florenz 1947 (= Salut. De nob. leg. et med.)

--, De seculo et religione, ed. B. L. Ullman, Florenz 1957 (= Salut. De sec. et relig.).

--, Epistolario, ed. F. Novati, 5 Bde, Rom 1891 - 1911 (= Salut. Ep.).

L. Annaeus Seneca, Epistulae morales ad Lucilium, ed. L. D. Reynolds, Oxford 1965.

--, De otio, ed. R. Waltz, Paris 1909.

Stoicorum Veterum Fragmenta, 4 Bde, ed. J. v. Arnim, Leipzig 1903 - 64.

Novum Testamentum graece et latine, ed. E. Nestle und K. Aland, Würtemberg. Bibelanstalt 1964.

P. Cornelius Tacitus, Annales, ed. H. Heubner, Stuttgart 1983.

Thomas von Aquin, Opera Omnia, ut sunt in indice thomistico additis 61 scriptis ex allis medii aevi auctoribus, a cura di R. Busa, 2 Bde, Stuttgart 1980.

Lorenzo Valla, Opera omnia, ed. E. Garin, Turin 1962.

Lorenzo Valla, De voluptate. De vero falsoque bono, ed. M. de Panizza Lorch, Bari 1970.

--, De voluptate. On Pleasure. Engl.- lat. by M. de Panizza Lorch / K. Hieatt, New York 1979.

Terentius Varro, De lingua Latina, ed. G. Goetz/ F. Schoell, Leipzig 1910.

P. Vergilius Maro, Opera, ed. R. A. B. Mynors, Oxford 1983.

Xenophon, Memorabilia Socratis, ed. W. Gilbert, Leipzig 1912.

SEKUNDÄRLITERATUR

P. Alatri, Federico da Montefeltro, Lettere di stato e d'arte 1470 - 1480, Rom 1948.

B. Allen, The Platonism of Marsilio Ficino, London 1984 (= Allen, Platonism.)

M. André, La sociologie antique du loisir et son apport à la réflection moderne, in: Vickers, Arbeit, Muße, Meditation, 35 ff.

--, Recherches sur l'Otium romain, Paris 1962 (= André, Otium).

--, L'Otium dans la vie morale e intellectuelle romaine des origines à l'époque augusteenne, Paris 1966.

H. Arendt, Vita Activa oder Vom tätigen Leben, Stuttgart 1960 (= Arendt, Vita Activa).

R. Arnou, Θεωρία et Πρᾶξις Une étude de détail sur le vocabulaire et la pensée des Ennéades de Plotin, Paris 1921 (= Arnou, Θεωρία et Πρᾶξις).

F. Bandini, Specimen Literaturae Florentinae Saec. XV. in quo dum Cristofori Landini Gesta enarrantur virorum ea aetate doctissimorum in literariam rem publicam merita status gymnasii Florentini a Landino instaurati et acta Academiae Platonicae a Magno Cosma excitatae cui idem praeerat, recensentur et illustrantur, 2 Bde Florenz 1747 - 51 (= Bandini, Specimen).

H. Baron, Cicero and the Roman Civic Spirit in the Middle Ages and Early Renaissance, Bulletin of the John Rylands Library XXII, 1938, 72 ff.

--, In Search of Florentine Civic Humanism: Essays on the Transition from Medieval to Modern Thought, 2 Bde, Princeton 1988.

--, The Crisis of the Early Renaissance, 2 Bde, Princeton 1955/ 1956 (= Baron, Crisis).

Ch. Bec, Les marchands écrivains à Florence 1375 - 1434, Paris 1967 (= Bec, Marchands écrivains).

-- (Hg.), L'Umanesimo civile. Alberti, Salutati, Bruni, Bracciolini e altri trattatisti del 1400, Turin 1975 (= Bec, L'Umanesimo civile).

J. Benton, Martha and Mary, New York 1947.

W. Blum, Georgios Gemistos Plethon. Politik, Philosophie und Rhetorik im spätbyzantinischen Reich, Übers. u. Erläut., Stuttgart 1988.

R. Bolgar (Hg.), Classical Influences on European Culture AD 500 - 1500, Cambridge 1971.

R. A. Bonnell, An Early Humanistic View of the Active and Contemplative Life, Italica 43, 1966, 225 ff.

F. Boll, Vita Contemplativa, Sitzungsberichte der Heidelberger Akad. der Wissenschaften, Philos. - histor. Klasse 8, 1920.

K. Bormann, Platon, München ²1987.

E. Bréhier, 'Αρεταὶ καθάρσεις, Revue des études anciennes 42, 1940, 53 ff.

E. Brinckmeier, Praktisches Handbuch der historischen Chronologie aller Zeiten und Völker, Berlin 1882, ND, Graz 1972 (= Brinckmeier, Chronologie).

G. A. Bruckner, Renaissance Florenz/ Princeton 1969.

--, The Society of Renaissance Florenz/ New York 1971.

--, The Civic World of Early Renaissance Florenz/ Princeton 1977.

--, Florenz. Stadtstaat - Kulturzentrum - Wirtschaftsmacht. Aus d. Ital. v. H. Ried, München 1984.

A. Buck, Studia Humanitatis. Ges. Aufsätze zum 70. Gebutstag, Hgg. B. Guthmüller/ K. Kohut/ O. Roth, Wiesbaden 1981 (= Buck, Studia).

--, Renaissance: Krise und Neubeginn, in: Buck, Studia 9 ff. (= Buck, Renaissance).

--, Literatur und Gesellschaft in der italienischen Renaissance, in Buck, Studia 145 ff. (= Buck, Literatur).

--, Der Platonismus in den Dichtungen Lorenzo de'Medicis, Berlin 1936.

--, Italienische Dichtungslehren vom Mittelalter bis zum Ausgang der Renaissance, Tübingen 1952.

--, Dichtung und Dichter bei Cristoforo Landino, Rom. Forsch. 58/ 59, 1947, 233 ff.

--, Matteo Palmieri (1406 - 1475) als Vertreter des florentiner Bürgerhumanismus, AKG 47, 1965, 77 ff.

--, Der Einfluß des Platonismus auf die volkssprachliche Literatur im Florentiner Quattrocento, Schriften und Vorträge d. Petrarca Instituts Köln 19, Krefeld 1965.

-- (Hg.), Zu Begriff und Problem der Renaissance, Darmstadt 1969, (= Buck, Begriff).

A. Buck/ O. Herding (Hgg.), Der Kommentar in der Renaissance, Boppard 1975 (= Buck, Kommentar).

F. Buffière, Les Mythes d'Homère et la Pensée Grecque, Paris 1956.

J. Burckhardt, Die Kultur der Renaissance in Italien, Basel 1860, zuletzt Frankfurt a. M. 1989 (= Burckhardt, Kultur).

P. Burke, Die Renaissance in Italien, dt. München 1988 (= Burke, Renaissance).

C. Butler, Western Mysticism. The Teaching of Augustine, Gregory and Bernard on Contemplation and the Contemplative Life, London ^{3}1967 (= Butler, Mysticism).

S. I. Camporeale, Lorenzo Valla, Humanesimo e teologia, Florenz 1972.

R. Cardini, La Critica del Landino, Florenz 1973 (= Cardini, La Critica).

--, Alle origini della filosofia Landiniana, la Praefatio in Tusculanis, in: Rinascimento 10, 1970, 119 ff. und in: Cardini, La Critica 67 ff.

--, Cristoforo Landino e l'Umanesimo volgare, in: Rassegna della letter. Ital. 72, 1968, 267 ff. und erweitert in: Cardini, La Critica 113 ff.

--, La Critica del Landino dalla "Xandra" alle "Disputationes Camaldulenses", Rinascimento 7, 1967, 177 ff. und in: Cardini, La Critica 1 ff.

--, Cristoforo Landino e la poesia, La Rassegna della letter. Ital. 74, 1970, 273 ff. und in: Cardini, La Critica 85 ff.

--, Cristoforo Landino. Scritti critici e teorici. Edizione, introduzione e commento, Rom 1974 (= Cardini, Scritti).

E. Cassirer/ P. O: Kristeller/ J. H. Randall, The Renaissance Philosophy of Man, Chicago 1948.

--, Zur Frage der Eigenständigkeit der Renaissance, in: Buck, Begriff 212 ff.

J. Chance, The Medieval Sources of Cristoforo Landino's Allegorisation of the Judgement of Paris, Studies in Philology 81, 1984, 145 ff.

A. Chastel, Marsile Ficin et l'art, Genf 1954.

--, L'Art et l'Humanisme à Florence au temps de Laurent le Magnifique. Etudes sur la Renaissance et l'Humanisme Platonicien, Paris ^{2}1961 (= Chastel, L'Art et l'Humanisme).

J. Cleugh, Die Medici, München 1977 (= Cleugh, Medici).

C. H. Clough, Federigo da Montefeltre's Patronage of the Arts, JWCI 36, 1973, 129 ff.

E. Cochrane (Hg.), Platon et Aristote à la Renaissance, Paris 1976 (= Cochrane, Platon et Aristote).

F. Creuzer, Skizze der Philosophie Plotins, übers. von C. Zintzen, in: Die Philosophie des Neuplatonismus, Hg. C. Zintzen, Darmstadt 1977, 3 ff. (= Creuzer, Skizze)

F. Cumont, Plotin, in: Die Philosophie des Neuplatonismus, Hg. C. Zintzen, Darmstadt 1977, 14 ff.

R. Curtius, Europäische Literatur und lateinisches Mittelalter, Bern 1948.

A. Della Torre, Storia dell'Academia Platonica di Firenze, 1902, ND Turin 1968.

D. De Rosa, Coluccio Salutati: Il Cancelliere e il pensatore politico, Florenz 1980 (= De Rosa, Salutati).

W. Deuse, Untersuchungen zur mittel- und neuplatonischen Seelenlehre, Wiesbaden 1983 (= Deuse, Seelenlehre).

G. di Napoli, Il Cardinale Bessarione nella controversia fra Platonici ed Aristotelici, in: Il Cardinale Bessarione nel V, Rom 1974.

I. Düring, Aristoteles, Heidelberg 1966.

W. Eppelsheimer, Das Renaissanceproblem, in Buck, Begriff 96 ff.

A. J. Festugière, Contemplation et Vie Contemplative sélon Platon, Paris ^{2}1950.

A. Field, The Beginning of the Philosophical Renaissance in Florence 1454 - 1469, Ph. D. Univ. of Michigan, Ann Arbor 1980 (= Field, Beginning).

--, A Manuscript of Cristoforo Landino's First Lectures on Vergil, Renaiss. Q. 31, 1978, 17 ff.

--, An Inaugural Oration by Cristoforo Landino in Praise of Vergil, Rinascimento 21, 1981, 235 ff.

--, Cristoforo Landino's First Lectures on Dante, Renaiss. Q. 39, 1986, 16 ff.

--, The Origins of the Platonic Academy of Florence, Princeton 1988 (= Field, Origins)

K. Flasch, Augustin. Einführung in sein Denken, Stuttgart 1980 (= Flasch, Augustin).

--, Das philosophische Denken im Mittelalter, Stuttgart 1986 (= Flasch, Denken).

E. Garin, L'Umanesimo Italiano, Bari 1952.

--, Aristotelismo e Platonismo del Rinascimento, La Rinascita 2, 1939, 641 ff.

--, Medioevo e Rinascimento, Bari 1954.

--, Ricerche sull' Epikureismo del Quattrocento, in: Epicurea in memoria Hectoris Bignone, Genua 1959.

D. J. Geanakoplos, Byzantine East and Latin West, Oxford 1966.

--, Bizanzio e il Rinascimento, Rom 1967.

A. Gherardi, Statuti della Università e Studio Fiorentino dell'anno 1387, seguiti da un appendice di documenti dal 1320 - 1472, ND Bologna 1973.

P. Giannantonio, Cristoforo Landino e l'Umanesimo volgare, Neapel 1971 (= Giannantonio, Landino e l'Umanesimo volgare).

J. Gill, The Council of Florence, ND, Cambridge 1961.

V. R. Giustiniani, Alamanno Rinuccini 1426 - 1499. Zur Geschichte des florentinischen Humanismus, Köln/ Graz 1965.

E. H. Gombrich, Symbolic Images. Studies in the Art of the Renaissance, London 1972 (= Gombrich, Images).

E. Grassi, Einführung in die philosophischen Probleme des Humanismus, Darmstadt 1986 (= Grassi, Einführung).

H. Grotefend, Taschenbuch der Zeitrechnung des deutschen Mittelalters und der Neuzeit, Hannover 1915 (= Grotefend, Zeitrechnung).

V. Guazzoni, Michelangelo. Der Bildhauer, Darmstadt 1984.

A. M. Haas, Die Beurteilung der Vita contemplativa und activa in der Dominikanermystik des 14. Jhs., in: Vickers, Arbeit, Muße, Meditation 109 ff. (= Haas, Dominikanermystik).

J. R. Hale, Die Medici und Florenz, Stuttgart 1979.

J. Hall, History of Ideas and Images in Italian Art, New York 1983 (= Hall, History of Ideas)

J. Hastings, A Dictonary of the Bible. New York 1900.

D. Hay, Geschichte Italiens in der Renaissance, Stuttgart 1962 (= Hay, Geschichte).

The Cambridge History of Renaissance Philosophy, Hgg. Ch. B. Schmitt/ Q. Skinner, Cambridge 1988.

G. Huber, Bios theoretikos und bios praktikos bei Aristoteles und Platon, in: Vickers, Arbeit, Muße, Meditation 21 ff.

J. Huizinga, Das Problem der Renaissance, Darmstadt 1971.

M. F. Jerrold, Italy in the Renaissance, London 1927.

R. Joly, Le Thème philosophique des genres de vie dans l'Antiquité Classique, Brüssel 1956 (= Joly, Thème).

A. Jülicher, Dionysius Areopagita, RE I 5, 1, 1903, Sp. 996 ff.

V. Kahn, Coluccio Salutati and the Active and Contemplative Lives, in: Vickers, Arbeit, Muße, Meditation 153 ff. (= Kahn, Coluccio Salutati).

C. Kallendorf, Cristoforo Landino's Aeneide and the Humanist Critical Tradition, Renaiss. Q. 36, 1983, 519 ff.

D. Kent, The Rise of the Medici. Faction in Florence 1426-34, Oxford 1978.

E. Kessler, Der Platonismus der Humanisten, Philosoph. Jb. 1988, 1 ff.

P. O. Kristeller, The Platonic Academy of Florence, Renaiss. News 14, 1961, 147 ff. (= Kristeller, Academy).

--, The Classics and Renaissance Thought, Cambridge 1955 (= Kristeller, Classics).

--, Humanismus und Renaissance, 2 Bde, München 1974 (cit. nach UTB, 2 Bde, München 1980).

--, The Active and Contemplative Life in Renaissance Humanism, in: Vickers, Arbeit, Muße, Meditation 133 ff. (= Kristeller, Active and Contemplative Life).

--, Il pensiero filosofico di Marsilio Ficino, Florenz 1953.

--, Die Philosophie des Marsilio Ficino, Frankfurt a.M. 1972 (= Kristeller, Philosophie).

--, Eight Philosophers of the Italian Renaissance, Stanford 1964 (= Kristeller, Eight Philosophers).

--, The European Significance of Florentine Platonism, in: Medieval and Renaiss. Studies, Hg. J. M. Headly, Chapel Hill 1968 (= Kristeller, European Significance).

--, Supplementum Ficinianum, 2 Bde, Florenz 1937, ND 1973 (= Kristeller, Suppl. Fic.)

--, Renaissance Thought and its Sources, New York 1979 (= Kristeller, Renaissance Thought).

--, Die italienischen Universitäten der Renaissance, Schriften und Vorträge des Petrarca-Instituts Köln, Krefeld 1955 (= Kristeller, Universitäten).

--, Renaissance Concepts of Man, New York 1972 (= Kristeller, Concepts).

--, Iter Italicum, 3 Bde, London/ Leiden 1963 - 83 (= Kristeller, Iter).

P. G. Kuntz, Practise and Theory. Civic and Spiritual Virtues in Plotin and Augustine, in:Vickers, Arbeit, Muße, Meditation 65 ff. (= Kuntz, Plotin and Augustine).

J. Kurda, Platon und die Staatslehre der italienischen Frührenaissance, Breslau 1939 (= Kurda, Platon).

M. Lentzen, Cristoforo Landinos Dante-Kommentar, in: Der Kommentar in der Renaissance, Boppard 1975, 167 ff.

--, Studien zur Dante-Exegese Cristoforo Landinos. Mit einem Anhang unveröffentlichter Briefe und Reden, Köln 1971 (= Lentzen, Studien).

--, Cristoforo Landinos Antrittsvorlesung im Studio Fiorentino, Rom. Forsch. 81, 1969, 60 ff.

--, Zum gegenwärtigen Stand der Landino-Forschung, Wolfenbütteler-Renaissance-Mitteilungen 5, 1981, 95 ff.

--, Zu Problematik von "vita activa" und "vita contemplativa" in den Disputationes Camaldulenses von Cristoforo Landino, Wolfenbütteler-Renaissance-Mitteilungen 14, 1990, 57 ff.

J. Lindhardt, Rhetor, Poeta, Historicus. Studien über rhetorische Erkenntnis und Lebensanschauung im italienischen Renaissancehumanismus, Leiden 1979.

J. Link, Die Theorie des dichterischen furore in der italienischen Renaissance, Diss. München 1974.

N. Lobkowicz, Theory and Practice. History of a Concept from Aristotle to Marx, Notre Dame Ind. 1967 (= Lobkowicz, Theory and Practice).

P. Lohe, Die Datierung der Disputationes Camaldulenses, Rinascimento 9, 1969, 291 ff.

P. A. Lombardo, "Vita Activa" versus "Vita Contemplativa" in Petrarch and Salutati, Italica 59, 1982, 83 ff.

R. Marcel, Marsile Ficin, Paris 1958 (= Marcel, Ficin).

L. Martines, The Social World of the Florentine Humanists, Princeton 1963.

F. Masai, Le problème des influeces byzantines sur le platonisme italien de la Renaissance, Bull. Assoc. G. Budé, Suppl. lettres d'humanité 12, 1953, 82 ff.

--, La Renaissance Platonicienne et les controverses trinitaires à Byzance aux XV siècle, in: Cochrane, Platon et Aristote, 25 ff. (= Masai, Renaissance Platonicienne).

L. Mohler, Kardinal Bessarion als Theologe, Humanist und Staatsmann, 3 Bde, Paderborn 1923 - 42, ND Aalen 1967 (= Mohler, Bessarion).

Th. E. Mommsen, Petrarch and the Story of the Choice of Hercules, JWCI 16, 1953, 178 ff.

--, Der Begriff des "Finsteren Zeitalters" bei Petrarca, in: Buck, Begriff 151 ff. (= Mommsen, "Finsteres Zeitalter").

J. Moreau, De la Concordance d'Aristote avec Platon, in: Platon e Aristote à la Renaissance, Hg. E. Cochrane, Paris 1976, 45 ff. (= Moreau, Concordance).

E. Müller - Bochat, Leon Battista Alberti und die Vergil-Deutung der "Disputationes Camaldulenses". Zur allegorischen Dichtererklärung bei Cristoforo Landino, Schriften und Vorträge des Petrarca Instituts Köln 21, Krefeld 1969 (= Müller-Bochat, Alberti und die Vergil-Deutung).

--, Der allegorische Aeneas und die Auslegung des dantischen Jenseits im 14. Jh., dt. Dante Jb. 44/ 45, 1967, 59 ff.

R. Nierbuhr, The Nature and Destiny of man, 2 Bde, New York 1941/43.

K. Oehler, Der *consensus omnium* als Kriterium der Wahrheit in der antiken Philosophie und der Patristik, A & A 10, 1961, 103 ff.

G. Oestreich, Strukturprobleme des europäischen Absolutismus, in: G. Oestreich, Geist und Gestalt des frühmodernen Staates. Ausgewählte Aufsätze, Berlin 1969, 179 ff.

A. Otto, Die Sprichwörter und sprichwörtlichen Redensarten der Römer, Leipzig 1890. Nachträge v. R. Häussler Darmstadt 1968. (= Otto, Sprichwörter).

R. J. Palermino, Palmieri's "Città di vita". More Evidence of Renaissance Platonism, Bibl. d'Hum. et Renaiss. 44, 1982, 601 ff.

L. A. Panizza, Active and Contemplative in Lorenzo Valla. The Fusion of the Opposites, in: Vickers, Arbeit, Muße, Meditation 181 ff. (= Panizza, Active and Contemplative).

E. Panofsky, Hercules am Scheidewege und andere antike Bildstoffe in der neueren Kunst, Studien der Bibliothek Warburg XVIII, Leipzig/ Berlin 1930 (= Panofsky, Hercules).

--, Studies in Iconology. Humanistic Themes in the Art of the Renaissance, New York 1962 (= Panofsky, Studies).

D. Perlich, Otium oder accedere ad rem publicam, AU 1, 1970, 5 ff.

M. Pohlenz, Die Stoa, 2 Bde, Göttingen ^{4}1970.

M. Rauner - Hafner, Die Vergilinterpretation des Fulgentius. Bemerkungen und Absicht der *Expositio Virgilianae Continentiae*, M. Lat. Jb. 13, 1978, 7 ff.

E. Rice, The Renaissance Idea of Wisdom, Cambridge, 1958.

N. A. Robb, Neoplatonism of the Italian Renaissance, London 1935 (= Robb, Neoplatonism).

V. Rossi, Storia letteraria d'Italia, Il Quattrocento, Mailand ^{8}1964 (= Rossi, Quattrocento).

N. Rubinstein, The Gouvernment of Florence under the Medici, Oxford 1966.

G. Santinello, Leon Battista Alberti. Una visione estetica del mondo e della vita, Florenz 1962.

M. Santoro, Cristoforo Landino e il Volgare, in: Giornale storico della letteratura Italiana 131, 1954, 501 ff.

F. Schalk, Otium im Romanischen, in: Vickers, Arbeit, Muße, Meditation 225 ff. (= Schalk, Otium).

--, Aspetti della vita contemplativa nel Rinascimento Italiano, in: Classical Influences on European Culture 500 - 1500, Hg. R. R. Bolgar, Cambridge 1971, 225 ff. (= Schalk, Aspetti).

--, Il tema della "vita activa" e della "vita contemplativa" nel Umanesimo Italiano, in: Umanesimo e scienza politica. Atti del congresso internazionale di studi umanistici, Mailand 1951, 559 ff. (= Schalk, Tema).

--, Leon Battista Alberti und das Buch "Della Famiglia", Rom. Forsch. 62, 1950, 402 ff.

--, Rez. zu Baron, Crisis, HZ 1958, 416 ff.

F. H. Scivener, Bezae Codex Cantabrigiensis, Cambridge 1864.

Th. H. Stahel, Cristoforo Landino's Allegorisation of the Aeneid, Ann Arbor 1968 (= Stahel, Allegorization).

H. L. Stewart, The Platonic Academy of Florence, The Hibbert Journal 43, 1944/ 45, 226 ff.

C. Straw, Gregory the Great. Perfection in Imperfection, London 1988 (= Straw, Gregory the Great).

W. Theiler, Die Vorbereitung des Neuplatonismus, Berlin 1930.

--, Rez. zu O. Schissel von Fleschenberg, Marinos von Neapolis und die neuplatonischen Tugendgrade, Gnomon 5, 1929, 307 ff.

W. Totok (Hg.), Handbuch der Geschichte der Philosophie, Bd. 3 Renaissance, Frankfurt 1980.

Ch. Trinkaus, In Our Image and Likeness. Humanity and Divinity in Italian Humanist Thought, 2 Bde, Chicago 1970 (= Trinkaus, Image).

--, The Scope of Renaissance Humanism, Ann Arbor 1983 (= Trinkaus, Scope).

B. L. Ullman, The Humanism of Coluccio Salutati, Padua 1963 (= Ullman, Humanism).

--, Medieval Foundations of Renaissance Humanism, London 1977 (= Ullman, Foundations).

--, Renaissance - Das Wort und der ihm zugrundeliegende Begriff, in: Buck, Begriff 263 ff. (= Ullman, Renaissance).

-- (Hg.), Umanesimo e Rinascimento. Studi offerti a P. O. Kristeller, Florenz 1980.

C. Vasoli, Poggio Bracciolini e la polemica antimonastica, in: Poggio Bracciolini 1380 - 1980, Istituto Nazionale di Studi sul Rinascimento, Studi e Testi 8, Florenz 1982, 163 ff.

B. Vickers (Hg.), Arbeit, Muße, Meditation. Betrachtungen zur vita activa und vita contemplativa, Zürich 1985 (= Vickers, Arbeit, Muße, Meditation).

G. Voigt, Die Wiederbelebung des classischen Altertums, 2 Bde, Berlin 1960.

J. B. Wadsworth, Landino's Disputationes Camaldulenses, Ficino's De Felicitate and L'Altercazione of Lorenzo de'Medici, Modern Philology 50, 1952/ 53, 23 ff.

R. Weiss, Cristoforo Landino. Das Metaphorische in den Disputationes Camaldulenses, München 1981 (= Weiss, Das Metaphorische).

E. Wind, Heidnische Mysterien in der Renaissance, Frankfurt 1981 (= Wind, Mysterien).

R. G. Witt, Hercules at the Crossroads: The Life, Works and Thought of Coluccio Salutati, Durham 1983 (= Witt, Hercules).

--, Rez. zu G. Bruckner, The Society of Renaissance Florence, New York 1971, Bibl. H & R 40, 1978 , 651 ff.

E. Wolf, Cristoforo Landino, Camaldulensische Gespräche, Buch I und II eingel. und übers., Jena 1927 (= Wolf, Cristoforo Landino).

--, Die allegorische Vergilerklärung des Cristoforo Landino, Neue Jahrbücher für das klassische Altertum, 1919, Abt. I, 453 ff.

C. M. Woodhouse, George Gemistos Plethon. The Last of the Hellenes, Oxford 1986.

F. I. Worstbrock (Hg.), Der Brief im Zeitalter der Renaissance, Weinheim 1983.

Th. Zielinski, Cicero im Wandel der Jahrhunderte, Leipzig ^{3}1912 (= Zielinski, Cicero).

C. Zintzen, Zur Aeneis-Interpretation des Cristoforo Landino, M. Lat. Jb. 20, 1985, 193 ff.

--, Römisches und Neuplatonisches bei Macrobius. Bemerkungen zur πολιτικὴ ἀρετή im Comm. in Somn. Scip. I 8, Palingenesia 4, 1969, 357 ff.

-- (Hg.), Die Philosophie des Neuplatonismus, Darmstadt 1977 (= Zintzen, Neuplatonismus).

--, Bemerkungen zur Nachwirkung des Macrobius in Mittelalter und Renaissance, in: Roma Renascens, Festschr. f. I. Opelt, Hg. M. Wissemann, Frankfurt 1988, 415 ff (= Zintzen, Bemerkungen).

--, Grundlagen und Eigenarten des Florentiner Humanismus, Abhandlungen der Mainzer Akad. der Wissenschaften und der Literatur, geistes- und sozialwiss. Klasse 15, Wiesbaden 1989 (= Zintzen, Grundlagen).

--, Die Inspiration des Dichters. Ein Brief Ficinos aus dem Jahre 1457,in: Pratum Saraviense. Festgabe f. P. Steinmetz, Palingenesia 30, Stuttgart 1990, 189 ff. (= Zintzen, Inspiration).

--, Die Wertung von Mystik und Magie in der neuplatonischen Philosophie, Rhein. Mus. NF. 108, 1965, 71 ff.

STELLENREGISTER

* Aufgrund ihrer Häufigkeit wurden die Stellen aus Land. D.C. nicht aufgenommen.

PERSONEN- UND SACHREGISTER